KB072154

양심

양심

도덕적 직관의 기원
The Origins of Moral Intuition

패트리샤 처칠랜드 지음

박형빈 옮김

패트리샤 처칠랜드가 또 해냈다. 무엇이 잘못되고 옳은지에 대한 크나큰 의견의 불일치가 있음에도 불구하고, 어떻게 그리고 어떤 이유로 우리가 잘 지낼 수 있는가를 좀 더 온전히 이해시키기 위해 그녀는 뇌신경과학, 유전학, 진화론, 심리학, 인류학, 경제학, 정치학, 철학상의 최신 연구를 통해 독자들과 활기차게 동행하며 현명하게 인도한다. 이 재미있고 매력적인 여행은, 이 역작에서 제공하는 광범위하며 다양한 관점 및 과학적 지식 없이는 도덕성을 제대로 이해할 수 없는 이유를 보여준다.

《싱크 어게인(Think Again)》의 저자, 월터 시넛 암스트롱

패트리샤 처칠랜드만큼 철학과 뇌신경과학을 융합한 사람은 없다. 패트리샤는 이 책에서 도덕철학에서 추론과 논리를 강조하는 일반적인 관행에 절실히 필요한 보정을 가한다. 우리의 판단은 다른 포유류와 공유하는 고대의 직감과 뇌의 처리 과정에 의해 유도되는 것이다.

《동물의 감정에 관한 생각(Mama's Last Hug)》의 저자, 프란스 드 발

처칠랜드가 인용하는 연구는 아주 재미있으면서도 소중하다. 그녀의 사례들은 다양하며 도발적이다.

《뉴욕 타임즈》 올리비아 골드힐

영국의 지식인 C.P. 스노우는 강연에서 과학과 인문학은 다리를 놓을 수 없는, 즉 결코 연결될 수 없는 서로 다른 분야라고 주장했다. 처칠랜드의 선구적인 책 《신경철학(Neurophilosophy)》은 그 다리가 사실은 인간의 뇌라는 것을 여실히 보여주었다. 이제 그녀는 정통 철학자들의 마지막 아성인 인간의 도덕성 그 자체에 도전한다. 그리고 그녀는 도덕성에 대한 뇌신경과학적 접근법과 관련한 강력한 논거를 제공하며 이 일을 다시금 해낸다.

《명령하는 뇌, 착각하는 뇌(The Tell-Tale Brain)》의 저자, V. S. 라마찬드란

계몽적이고 유쾌하며 현명하다.

《네이처》 니콜라스 A. 크리스타키스

뇌신경과학과 심리학의 최신 발견에 대한 명쾌하고, 흥미를 불러일으키는 이야기

시셀라 복

견문을 넓혀주고, 접근하기 쉬우면서 매력적이다.

《사이칼러지 투데이》 글렌 C. 알츨러

옮긴이의 글

왜 시대는 도덕과 윤리를 고리타분하게 여기는가? 왜 부모들은 때로 우리 아이들이 도덕과 윤리로부터 보호받기보다는 오히려 위험에 노출될 수 있다고 우려하는가?('호구'라는 단어를 생각해 보면 이러한 현상을 쉽게 짐작할 수 있으리라) 그것은 아마 덕목의 일방적 주장을 도덕교육의 방식이라고 생각하는 데서 나타난 문제일지도 모른다. 이러한 것은 일찍이 콜버그Lawrence Kohlberg가 지적했듯이 도덕교육이 마치 덕목의 보따리를 던져놓을 뿐만 아니라 그 해석을 아이들 스스로가 아닌 누군가 주입하는 방식으로 간주하기 때문이다. 동시에 도덕교육을 아이들을 도덕적으로 교육하기보다는 그저 지켜야만 하는 목록의 단순 전달로 생각하기 때문이다. 이러한 교육은 도덕과 윤리를 고루하고 현실과 동떨어진 이론에 불과하다고 생각하게 하며 이를 경시하게 만든다. 왜냐하면 현실은 이론대로 흐르지 않기 때문이다.

그렇다면 우리 시대에 찾아야 하는 도덕교육의 참 모습은 어떤 것일까? 그것은 현실과 실질을 기반으로 경험과 그것을 대체할 상상력을 통해 이루어져야 한다. 이는 우리 모두가 삶 속에 마주하게 되는 선택 중에 왜 그러한 선택을 하게 되었는가 그리고 그것이 왜 도덕적인지, 혹은 윤리적이지 않은가에 대한 숙고와 성찰을 요구한다. 이것은 우리 자신의 내면에 대한 깊은 탐구와 이해가 전제될 때 더욱 빛을 발하게 된다. 더구나 우리 내면의 깊은 모습이나 실재라 할 수 있는 양심은 어떠한가. 우리는 양심을 너무나 자주 언급하지만 그 실체에 대해서는 제대로 아니 거의 알지 못한다. 양심을 두리뭉실한 추상적 용어로서가 아닌 구체적이고 실질적인 것으로서 어떻게 설명해 낼 수 있을까. 그렇다면, 우리의 양심은 어디에서 도출되는가? 우리의 심장에서 아니면 두뇌에서, 혹은 우리의 신체 어딘가에서? 대다수 우리는 아니 대부분 우리는 두뇌라고 답하지 않을까? 그런데 양심이라는 형이상학적 개념을 뇌라는 형이하학적 실체를 통해 설명할 수 있을까? 불과 수십 년 전의 우리만 하더라도 이것은 거의 불가능한 시도였을 것이다.

그러나 패트리샤 처칠랜드는 뇌라는 물질 용어로서 대체적으로(어쩌면 전적으로) 비물질 용어로 이해되어 온 양심이라는 개념을 논리적이고 분석적으로 규명해 내고 있다. 놀랍지 않은가!

그렇다. 놀랍다! 재미있다! 그리고 무척이나 흥미롭다! 내가 처음 이 책을 접하고 들었던 나의 생각과 느낌을 담아낸 단어들이다. 어쩌면 이처럼 우리 뇌의 해부학적 활동 기저들을 옛 이야기 풀어내듯 기술하고 있는가. 때로 그녀는 의식의 흐름을 따라 어려운 의학 용어, 신경과학 개념들을 차근히 진술한다. 나는 아마도 이것이 그녀가 철학이라는 견고한 디딤돌 위에 신경과학이라는 또 다른 디딤돌을 정성껏 쌓아 올린 덕택이라고 생각한다.

이 책은 단언컨대 과학 서적이다. 보다 엄밀히 말한다면 신경철학 전문서이다. 이 때문에 나는 번역자의 임무에 충실하면서도 동시에 원문의 의미와 뉘앙스를 최대한 살리려고 분투했다. 특히 원문을 한국어로 충실히 옮기려고 노력했다. 불필요한 미사여구를 활용하거나 나의 필요에 따라 원문에 제시되지 않은 단어를 사용하여 글을 매끄럽게 하기 위해 새로운 단어를 첨가하지 않았다.

이 책의 내용 가운데 일부는 내게 위로와 안도감을 안겨주기도 했다. 왜 이것이 가능했을까. 나는 양심의 물리적 기원에 대한 패트리샤의 장기간의 신중한 여정이 우리 인간 자체 그리고 우리 스스로를 보다 깊이 이해하는 데 도움을 주기 때문이라고 단언할 수 있다. 나는 이 책이 우리 인간의 본성을 천착하도록 돕는 데 매우 유용하다고 본다. 이 때문에 이 책이 교육학자뿐만 아니라 철학자, 뇌신경과학자, 심리학자 그리고 정치인, 법률가, 교사, 학부모 등 우리 사회 전반의 모든 사람들에게 필독서가 아닐까 싶다.

왜 그러한가? 교육계에 종사하는 사람들은 자신들이 교육할 대상인 학생, 즉 인간에 대한 통찰이 반드시 필요하다. 철학자와 심리학자는 어떠한가. 도덕철학자의 경우, 우리가 마땅히 해야 할 바를 제시하는 데에 있어 과연 우리가 어떤 존재인지를 먼저 반드시 알아야 하지 않을까? 인간의 심리를 연구하는 학자들은 그가 연구하고 있는 인간 자체의 본성에 대해 심층적으로 이해하고 알아야 하지 않을까? 그렇다면, 정치인은 어떠한가. 대다수의 정치인들은 결과적으로 인간의 삶과 인간을 다루고 있지 않은가. 그들에게 사람들의 성향, 본성, 특성 등 인간 그 자체에 대한 이해 없이 이들의 정치적 삶이 가능하지 않을 듯 보인다.

나는 이 책이 또한 자신의 삶을 보다 성공적으로 살고자 하는 모든 연령의 사람들에게 지혜와 용기를 안겨줄 것이라 확신한다. 헤아릴 수 없이 많은 자기 개발서를 모두 요약하여 책 한 권으로 담아내고자 한다면, 나는 이 책이 그러한 역할을 감당할 수 있다고 생각한다. 인간 자체에 대한 추상적 이해가 아닌 보다 구체성 있는 이해의 발판을 갖고 싶다면, 지금 당장 이 책을 읽기 시작하길 권한다.

그럼에도 불구하고 패트리샤가 지적하듯 '신경 메커니즘에서의 진전은 계속 이루어지고 있으며, 그중 많은 부분이 놀랍고 그 모든 것이 복잡하다. 많은 부분이 미지로 남아 있으며, 특히 전두피질의 하위 구역의 기여하는 바에 대한 정확한 본질과 관련해서 알려져 있지 않다.' 따라서 우리는 늘 능동적이지만 신중한 탐험가가 될 필요가 있다. 이 책은 물질적이지만 물질적이지 않다. 오히려 철학적이다. 다시 한번 강조하지만 그것은 아마도 패트리샤 본인이 분석철학적 기반을 가진 신경철학자이기에 가능한 일이리라.

번역을 마무리하던 2023년 3월, 나는 샌디에이고에서 패트리샤를 만났다. 탈고가 막 이루어지던 시점이었기에 그간 번역을 하며 가졌던 나의 의문점들에 대해 비교적 상세한 주석을 얻을 수 있는 기회가 되었다. 더불어 마지막 장의 탈고를 막 끝낸 참이었기에 몇 가지 나의 견해와 이에 대한 그녀의 생각을 들을 수 있었다. 그럼에도

2023년 3월
샌디에이고에서 패트리샤와 함께

불구하고, 나는 윤리학자, 교육학자, 사회과학자이며 엄밀한 의미에서 신경학자는 아니기에 어딘가 있을지도 모르는 한국어 번역의 부자연스러움에 대한 두려움은 여전히 남아 있다. 끝으로 수고를 아끼지 않은 씨아이알 출판사 분들께도 감사의 마음을 전한다.

서초동에서

박경빈

Contents

INTRODUCTION

돌봄으로의 접속

돌봄으로의 접속[1]

> 양심에 반하는 것은 옳지도 그렇다고 안전하지도 않기에 나는 어떤 것도
> 철회할 수도 철회하지도 않을 것이다. 내가 여기 있사오나 나는 달리 할
> 수 있는 바가 없사오니 하나님이여 나를 도우소서, 아멘.
>
> 마틴 루터

하냐니 캠프Hanyani Camp[2]는 북극 캐나다 나하니강 강둑 덤불들 사이로
십여 채의 통나무집이 옹기종기 모여 있는 데네족Déné族 마을이다. 나
는 착륙장에서 포트 심슨행 단발엔진의 비버[3] 항공기를 기다리고 있다.
그런데 기마경찰[4]들이 죄수 한 명을 데리고 나타났고, 비행기를 타는
데 우선권을 가질 것이기 때문에 나는 예상보다 오래 기다려야 할 수
도 있었다. 기마경찰들이 데리고 온 죄수는 22세쯤 되어 보이는 젊은

---

1 (옮긴이) '접속'이라 함은 기본적으로 뉴런이나 신경조직 또는 신경망의 물리적, 신경 회
　로적 연결 같은 뇌 내 접속을 뜻한다고 보면 된다.
2 마을 이름은 가명이다.
　(옮긴이) 포트 심슨은 캐나다 북서쪽 데초 지방의 유일한 마을이다.
3 (옮긴이) 여기서 비버는 드 하빌랜드 캐나다(De Havilland Canada)에서 만든 단발엔진(단발
　프로펠러)의 비행기 모델을 말한다.
4 왕립 캐나다 기마경찰(Royal Canadian Mounted Police)로 여기서는 기마경찰이라 줄여 부른다.

이였다. 그는 수갑을 찬 채 평화롭게 자리에 앉아 있었고, 약간 당황하기는 했지만 차분하고 품위 있어 보였다. 무슨 일일까? 아무도 말해주지 않았고, 작은 몸짓을 통한 힌트도 없었다. 하지만 합리적 추측으로 어느 정도 알고 있다. 싸움이나 살인일 가능성이 높다. 두 명의 경찰관과 수갑은 나쁜 징조였다.

그 남자는 분명 이 땅에서 살아갈 수 있는 고도의 기술들을 가지고 있으리라. 나는 휘몰아치는 바람 속에서 텐트 하나 그럭저럭 세울 수 있겠지만, 이 데네족 남자는 분명 강과 덤불을 파악해낼 수 있다. 그는 꼬박꼬박 무스moose를 잡아오고 곰을 추적할 것이며, 이는 내가 시도할 생각도 못하는 일이다. 그는 무자비한 8개월의 겨울 동안 잘 살아남는 법을 알 것이다. 나는 이 데네족 남자나 그의 상황에 대해 정확히 아는 것이 없음에도 그가 강도, 무스도, 가족도 없이 벽에 둘러싸인 교도소에서 지내지 않을 거란 희망적인 이야기를 제시하고 있는 나 자신을 발견하게 된다.

내 양심은 데네족 사람들의 '문명과의 조우' 이후 삶이 어떻게 산산이 부서져 갔는지에 대한 비통하면서도 익숙한 이야기를 생각해내며 요동쳤다. 번창하던 데네족 마을은 천연두로 인해 엄청난 피해를 입었고, 심오한 생존 지식과 사회적 지혜와 함께 전통적인 삶의 결속력이 무너졌다. 그들의 사냥터는 데네족 원로들에게 위스키들을 퍼주며 데네족 기술을 비웃던 탐욕스런 침략자들에게 '거저 넘어가 버렸다.' 경멸스런 '문명'이란 이름으로 데네족의 사랑하는 아이들은 수백 마일 떨어진 기숙학교에 강제로 보내져 자신들의 형제자매와 격리되었으며, 그들이 아는 유일한 언어인 자신들의 언어를 말했다는 이유로 구타당했다.[5] 나는 어린 시절 사랑하는 가족으로부터 붙잡혀갔던 잭슨

비어디Jackson Beardy라는 훌륭한 예술가를 기억한다. 성인이 된 그는 크리Cree족 가족과도 멀어졌지만, 자신이 어디에도 속하지 않으며 백인들은 결코 받아주지 않음을 감지했다. 1970년 오타와 국립 미술관은 그의 거장다운 그림들을 선보였으나, 정작 개막일에 경비원은 그의 입장을 거부했다.[6]

나는 잠시 그 데네족 남자에게 뭉그적거리며 다가가 혹시나 친절한 대화를 시작해볼까 생각해봤다. 그래 정신 차리자. 얼마나 주제넘고 거들먹거리며 자기 위안적인가. 우선 그는 당신을 안심시키기 위해 노력해야 한다는 의무감이 들 것이다. 젊은 경찰관들은 당혹해 하며 복잡한 상황 속에서 이 오지랖 넓은 여자를 어떻게 자기 자리로 쫓아 보낼지 생각할 것이다. 스스로에 대한 자책에도 불구하고 직감적으로 나는 확연한 긴장감을 느낀다. 무엇인가 해야 했지만 할 수 있는 일이 없었다.

내가 도롱뇽과 같이 혼자 있기 좋아하는 생명체라면 이런 일 중 그 어느 것도 나를 괴롭히지 않았을 것이며, 도덕적 갈등이나 사회적 양심을 갖고 있지 않을 것이다. 나는 먹이를 먹고 짝짓기하고 알을 낳으면 될 것이고 다른 도롱뇽에 대해 고민하지 않을 것이며, 바로 내 자신의 알조차도 부화시키지 않을 것이다. 나는 내 자신의 필요만 돌볼

---

5 쥐스탱 트뤼도(Justin Trudeau) 캐나다 총리는 2017년 캐나다 원주민 학대에 대해 공식적으로 사과했다. 2017년 11월 24일의 유튜브 "Justin Trudeau Offers Apology on Behalf of Canada for N. L. Residential Schools(쥐스탱 트뤼도, 캐나다를 대표해 뉴펀들랜드 래브라도 기숙학교에 대해 사과하다)" https://www.youtube.com/watch?v=p8CCAJzaT3I 참조.

6 그의 작품에 대한 이미지는 다음을 참조
   "Beardy, First Nations Painter(비어디, 캐나다 원주민 화가)", 구글 이미지, 2023년 10월 10일 검색, https://www.google.com/search?q=Beardy,+First+Nations+painter&safe=active&tbm=isch&tbo=u&source=univ&sa=X&ved=0ahUKEwiTyYKW_tDbAhWP7Z8KHfIKDjEQsAQIWA&biw=1002&bih=693

것이고, 다른 도롱뇽에 대해 털끝만큼도 관심을 가지지 않을 것이다. 그러나 나는 포유류이며, 다른 포유류처럼 나도 사회적 뇌를 가지고 있다. 특히 내가 애착을 가지는 사람들을 돌봄으로 접속하게 된다.

내 포유류의 뇌는 내 가족과 친구들에게 애착을 가지게끔 한다. 이는 내가 그들이 어떻게 지내는지에 대해 관심을 가진다는 뜻이다. 나는 공감과 동감을 하며, 때때로 도덕적 의분을 가진다. 나는 내 자신의 이익에 반하는 일이 뒤따를지라도 협력하고자 하는 강한 동기를 부여받을 수 있다. 나의 뇌는 또한 내 친지와 친척들의 전통을 배워왔다. 결과적으로 거짓말이 내 잇속을 차리게 해주더라도 나는 진실을 말하고 싶은 생각이 들지 모른다. 나는 약자를 괴롭히는 사람이나, 쉽게 속는 사람들을 착취하는 사람에게 벌주고 싶은 생각이 들 수도 있다. 나는 양심이 있다. 혹은 내가 종종 생각하듯 나의 뇌는 내가 양심을 가지게끔 한다.

인간의 도덕성에 대한 아주 심오한 생각 중 일부는 기원전 5세기 그리스 철학자들에게서 비롯되었다. 이에는 플라톤과 아리스토텔레스 그리고 독특한 스타일의 소크라테스가 포함된다. 흥미롭게도 고대 그리스인들에게는 우리의 양심conscience에 상응하는 단어가 없었다. 그들에게는 도덕 감정moral feelings의 설득력 있는 영향력을 제대로 인식하기 위한 해당 단어가 필요 없었다. 양심이란 특정 단어는 이후 로마인들에 의해 발명되었다. 라틴어에서 con은 '공동의'란 뜻이며, scientia은 '지식'이란 뜻이다.[7] 그래서 con scientia은 대략 '공동체 기준에 관한 지식'을 의미한다. 그러나 소크라테스처럼 로마의 철학자들은 양심con-

---

7 Paul Strohm, *Conscience: A Very Short Introduction* (Oxford: Oxford University Press, 2011). 이 개요서는 훌륭한 읽을거리이며, 역사적 연구를 제공한다.

science이란 것이 항상 공동체의 기준에 부합할 수 있는 것은 아님을 알았다. 왜냐하면 우리의 도덕감moral sense은 때때로 우리에게 바로 그 기준들에 대해 도전해볼 것을 요구하기 때문이다.

유명한 예로 종교개혁의 중요한 인물이었으며 사제이자 신학자였던 마틴 루터(1483-1546)는 1517년 대성당 문에 충격적인 반박문을 못 박아 걸어둠으로써 지배적인 교회 기준을 거부했다. 특히 돈을 갈취하고 권위에 대한 비열한 순종이 포함된 교회의 기준들을 루터는 도덕적으로 가증스럽다고 확신하였다. 루터는 양심을 도덕적으로 옳고 그른 것에 대한 더 포괄적인 지식, 즉 일반적인 기준을 넘어서는 감수성을 의미하는 것으로 봤고, 명확하게 이를 활용했다. 이와 같은 양심의 해석은 공동체의 기준까지는 아니라고 하더라도 사람들의 옳고 그름에 대한 지식의 원천에 대한 의문을 불러일으킨다.

소크라테스(B.C. 469-399)는 평생 우리의 도덕적 신념이 어디서 오는지에 대해 관심을 가졌다. 특히 옳고 그름에 대한 확신이 잘못된 경우라도 그 확신이 옳다고 주장하는 우리의 성향에 대해 고민했다. 소크라테스는 자신의 도덕적 숙의에 대해 밝히면서 우리가 양심이란 말 대신으로 쓸 수 있는 내면의 소리에 주목했다. 소크라테스는 항상 그의 내면의 소리가 전적으로 믿을 만한 것은 아니며 때때로 그릇된 길로 인도할 수 있다고 겸손하게 설명한다. 자신의 내면의 소리를 신뢰할 수 없다고 인정함으로써 소크라테스는 도덕적 지혜가 우리의 도덕적 무지와 불완전함에 대한 인정을 필요로 한다는 주장을 하게 된다. 그가 경고했던 거짓된 지혜는 교조적 신념의 모습을 하고 있다. 도덕적 입장에 대한 확신은 위안이 될 수는 있으나 우리가 초래할 피해를 눈감게 만드는 경향이 있다.

소크라테스는 내면의 소리가 오로지 도덕적 질문에 대해서만 말하고 있다고 시사하지 않았다. 사람에게 내면의 소리는 도덕적 쟁점의 양면을 검토할 뿐 아니라 도덕적인 것, 실천적인 것 그리고 합리적인 일과 어리석은 일 모두에 대한 수많은 이야기에 대해 떠들어댈 수 있다. 재정적 문제에서 내 내면의 소리는 보통 검소한 아버지의 목소리처럼 들린다. "얘야, 자동차 오일은 너 스스로 교체해라. 그거 하는데 다른 사람에게 돈 낼 필요 없단다." 글을 쓸 때 내면의 소리는 문법 선생님인 런디 선생님이 잘못된 위치의 수식어구를 잡아내던 목소리처럼 들린다. 종종 그 목소리는 철학자들이 내가 뇌를 연구한다는 이유로 맹비난할 동안 '재미있는 측면을 보라' 하거나 '내가 저들보다 더 오래 살 거다'라며 혼잣말을 하는 것처럼 들린다.

가끔 내 양심은 목소리가 아니라 거북함이나 해야 할 아니 어쩌면 피해야 할 일에 대한 잔소리의 느낌이다. 아니면 어떤 이미지가 내 관심을 낚아채어 가버리는 방식이다. 마치 멈출 수 없는 마음속 노래처럼. 폴 스트롬Paul Strohm이 비통하게 말하는 것처럼 "양심의 특징적 성향은 달래거나 진정시키기보다는 들들 볶고, 찔러대고, 꾀어내고, 맹렬히 비난하며, 괴롭히는 것이다."[8]

양심이란 단어의 정확한 정의가 있는가? 가령 채소와 친구 같은 수많은 단어의 경우 정확한 정의가 부족함에도 불구하고 우리는 그 의미를 충분히 잘 알고 있다. 양심의 의미는 시대에 따라 그리고 문화와 하위문화에 따라 서로 다른 방식으로 각기 다르기 때문에, 당면한 목적을 위하여 양심은 도덕적으로 옳고 그른 것에 대한 개인의 판단이

---

8   Strohm, *Conscience*, 2.

며, 항상 그런 것은 아니지만 일반적으로 개인이 애착을 느끼는 집단의 일부 기준을 반영한다는 실용 공식을 채택하는 것을 선호한다. 양심의 평결은 단지 인지적인 것뿐만 아니라 더 나아가 일반적인 방향을 촉구하는 감정과 그 촉구를 특정 행위로 구현하는 판단이라는 두 가지 상호의존적 요소를 가지고 있다.

어린이에게 양심이라는 단어를 배우는 것은 개라는 단어를 배우는 것과는 다르다. 편리하게도 개에 대해서 우리는 시각적으로 분명한 예들을 들 수 있으며, 어린이는 푸들부터 허스키와 코기corgi에 이르기까지 쉽게 일반화할 수 있다. 그것은 갈증이라고 불리는 내면의 느낌을 배우는 것과도 다르다. 이에 반해 양심은 좀 더 추상적일뿐만 아니라 공동체 기준에 대한 지식이라는 사회적 차원을 가지고 있다. 특히 처음에 어린이는 그러한 공동체 기준에 대한 가장 기초적인 지식만을 가지게 될 것이다. 게다가 사회적 관습을 배우는 것은 보통 아주 불분명하고 함축적인데, 우리는 흔히 그렇게 한다는 인식을 실제로는 하지 않으면서 행위를 흉내 내기 때문이다.

어린이들은 성장해가면서, 사회적 맥락이 다소 미묘할 수 있다는 것을 인식하기 시작하는데, 이는 공동체의 기준을 대충 파악하고 있다고 해도 마찬가지다. 때로는 누군가의 노랫소리에 대한 다정한 거짓말이 진실보다 더 낫고, 이웃의 장작더미를 정돈해 쌓아주겠다는 선의의 제안이 그 이웃의 체력을 얕잡아보는 것으로 인식될 수도 있다. 어떤 부모는 욕설을 허용하지만 어떤 부모는 금지한다. 우리가 할 수 있는 말과 할 수 없는 말, 그리고 보통은 하지 말아야 하는 말을 가장 잘 표현하는 방식 등 사회생활은 미묘함으로 가득 차 있다.

내면의 소리이든 외부의 소리이든, 양심이란 단어는 언제부터 우리의 대화에 일반적으로 적극 참여하게 되었을까? 예를 들어, 법이 요구하는 바와 함께 그 법을 준수함으로 인해 오히려 정직함이나 공정성과 같이 강력한 다른 가치를 침해하는 경우처럼 보통은 그로 인해 우리가 곤경에 처하게 될 때이다. 스티븐 스필버그 감독의 영화 〈쉰들러 리스트Schindler's List〉에 묘사된 바와 같이, 오스카 쉰들러는 독일이 점령하고 있는 자신의 폴란드 공장에서 일하던 유대인 직원 명단을 나치 동료들에게 거짓으로 알려주는 등 상습적으로 법을 어겼다. 쉰들러는 노동자들이 유대인이라는 것을 알아차린 사람들의 입을 틀어막기 위해 뇌물을 주기도 했다. 물론 거짓말과 뇌물은 말할 것도 없고 일반적으로 법을 어기는 것은 잘못된 것이라 간주되지만, 종종 양심에 따라 그렇게 해야 할 때도 있다.

상대 스타 플레이어 선수를 경기에 못 뛰게 하려고 빠른 공으로 그 선수 머리를 맞출까 생각해 보는 야구 투수의 경우처럼 우리는 게임에서 승리와 공정성이 충돌할 때 우리는 양심과 갈등할 수 있다. 혹은 직원이 범죄 공모 혐의로 기소받은 자신의 상관을 보호하기 위해 거짓말을 하는 것처럼 충성심을 위해 정직을 희생하라는 유혹을 받을 때도 마찬가지이다. 1975년 백악관 법률 고문 존 얼리크먼John Ehrlichman은 닉슨 대통령에 대한 오랜 충성심 때문에 거짓말을 했는데, 후에 위증죄로 유죄판결을 받고 후회하게 되었다.

가족의 사랑과 형제자매의 범죄에 대한 밀고 사이에 불일치가 발생할 수 있다. 자신의 형 테드Ted가 과학자들에게 살인 의도의 폭탄우편물 테러를 저지르던 치명적 유나바머Unabomber[9]가 분명하다는 것을 알

---

9   (옮긴이) '유나바머(Unabomber)'는 1978년에서 1995년 사이 미국에서 대학과 항공사를 대상으로 일련의 폭탄 테러를 일으켜 3명을 사망하게 하고 23명에게 부상을 입힌 테러리스트

앉을 때 데이비드 카진스키David Kaczynski가 겪었을 내면의 갈등에 대해 생각해 보자. FBI에 신고할 것인가? 아니면 자기 형을 지키기 위해 침묵할 것인가? 다행히도 데이비드는 첫 번째 선택지를 골랐다.

친구에 대한 의리와 당신이 지극히 잘못되었다고 의심하는 법의 준수 사이에 갈등이 있을 수 있다. 미하원 비미활동위원회the House Committee on Un-American Activities로부터 할리우드 내 공산주의 동조자들의 명단을 공개하라는 압박을 받았을 때, 이에 반항하는 것이 큰 대가를 치르게 할 것이라는 것을 알고 있었음에도 "올해의 유행에 맞추기 위해 내 양심을 재단할 수도 없고, 재단할 일도 없을 것입니다"[10]라고 말하면서 자신의 입장을 고수했던 극작가 릴리언 헬먼Lillian Hellman을 생각해 보자. 실제로도 그랬다. 그녀는 블랙리스트에 올랐고 50년대가 다가도록 일거리가 없었다. 많은 가족들이 고통스러운 삶을 연장할 것인지, 아니면 평화롭게 삶을 마감할 것인지 선택해야 할 때 양심의 혼란을 느낀다.

양심이 우리에게 요구하는 것에 대한 전통적인 토론에서 선택 간의 갈등은 보통 시작점이 된다. 2005년 허리케인 카트리나가 발생했을 당시 뉴올리언스 업타운에 있는 메모리얼 메디컬 센터의 의료진은 고통스러운 결정을 내려야 한다는 사실을 깨달았다. 병원은 해수면보다

이다. 그는 결국 1996년에 체포되었으며, 자신에 대한 모든 혐의에 대해 유죄를 인정한 전직 수학 교수 테오도르 카진스키(Theodore Kaczynski)로 밝혀졌다. 'Unabomber'라는 별명은 FBI가 그에게 부여한 것으로, 그의 초기 공격이 대학과 항공사를 대상으로 했기 때문에 'UNiversity and Airline BOMber'라는 이름이 붙은 것이다. 이 사건은 FBI 역사상 가장 길고 비용이 많이 드는 수사 중 하나였으며, 자신의 행동을 설명하기 위해 작성한 카진스키의 선언문이 일부 사람들에게 기술 및 산업화의 위험에 대한 논평으로 간주된다는 점에서 중요하게 인식되고 있다.

10 "Hearings Regarding Communist Infiltration of the Hollywood Motion-Picture Industry, House Committee on Un-American Activities," 82d Congress, May 21, 1952, in Ellen Schrecker, *The Age of McCarthyism: A Brief History with Documents* (Boston: Bedford Books of St. Martin's Press, 1994), 201–2.

약 1미터가량 아래에 있었다. 허리케인이 강타할 동안 병원은 정전이 되고 홍수로 물이 불어나고 있었으며, 발전기는 고장났으며 외부의 도움도 받을 수가 없었다. 중환자들의 대피는 더 이상 불가능했다. 의료진은 환자들 간에 우선순위를 정하고 나누어 치료를 배분하여 환자를 보호해야 했다. 약 45명의 환자가 사망했고, 그중 몇몇 사람들은 그 재난 상황이 아니었다면 더 오래 살아남았을지도 모른다.[11] 간혹 우리는 마땅히 해야 할 일이란 존재하지 않고 그나마 덜 끔찍한 일만 있다는 것을 배운다.

이러한 가치관의 충돌은 사회생활, 즉 모든 사람들의 사회생활의 일부분이다. 종종 우리가 최종적으로 정하는 선택지는 우리가 감수할 수 있다고 예상하는 것에 뿌리를 두고 있다. 우리가 가진 공동체의 기준에 따르면 그 선택지는 **도덕적 올바름**과 일치할 수도, 혹은 아닐 수도 있다.

양심은 보편적인 도덕적 진리를 전달하기 위해 활용될 수 있고, 양심에 주의를 기울이기만 하면 우리의 선택이 도덕적으로 올바른 선택이 될 것이라 믿고 싶은 유혹에 빠질 수도 있다. 그러나 고려해야 할 불편한 사실은 양심적인 사람들도 양심이 시키는 대로 행동하지 않는 경우가 많고, 따라서 선택도 다를 수 있다는 점이다. 비록 우리가 형제자매이거나 이웃 혹은 친구일지라도 당신의 양심이 말하는 것과 나의 양심이 말하는 것이 충돌하는 경우가 너무나 많다.

우리 중 일부는 인종적 특징과 관련된 유전학 연구가 의학 발전에 중요하다는 것에 동의할 것이고, 반면 다른 사람들은 그러한 연구를

---

11 Sheri Fink, "The Deadly Choices at Memorial," *New York Times Magazine*, August 30, 2009, 28-46.

끔찍하다 여길 수 있다. 우리 중 일부는 강간에 따른 낙태는 허용된다고 생각할 수 있지만, 다른 사람은 낙태는 도덕적으로 온당하지 않다고 주장할 수 있다. 때때로 우리 자신의 양심 내에 불화가 생길 때가 있다. 이웃이 구입하려는 집의 안전성에 영향을 미치는 건설상 결함을 우연히 알게 되었다면 이웃에게 그 사실을 알려야 할까? 아니면 조용히 침묵해야 할까? 내가 상관할 일이 아닌 걸까? 왜 내 양심은 내게 큰 소리로 분명하게 말해주지 않는가?

같은 신을 믿는다고 해서 우리의 양심적 판단이 일치하는 것은 아니다. 링컨이 관찰했던 바와 같이 남부와 북부의 미국인들은 같은 성경을 읽고 같은 하나님을 믿고 있었다. 그럼에도 불구하고 남부 사람들의 양심은 북부 사람들의 양심과는 완전히 반대되는 방향으로 향했다.

마틴 루터는 성령이 우리의 양심에 도덕적 진리를 기록하신다고 자신 있게 주장했다. 루터는 조금의 의심도 없이 성령의 주장이 "인생 그 자체 및 그 모든 경험보다도 더 확실하고 분명하다"고 주장했다.[12] 현실주의를 개입시켜 보면 서로 다른 독실한 마음들이 종종 반대되는 도덕적 주장을 전한다. 각 주장은 인(印)치심을 받을 수는 있겠지만 과연 둘 다 하나님의 축복을 받을 수 있을까? 당연히 아니다. 또한 세상 종교의 다양성을 상기할 필요가 있는데, 그중에서 도덕적 불일치는 드문 일이 아니다. 불자는 기독교인과 다를 수 있고, 기독교인은 유교인과 다를 수 있다. 기독교인들 사이에서도 이는 다르다. 진심 어린 신념은 아쉽게도 도덕적 품위에 대한 보장이 아니라는 점이다. 소크라테스는 자기망상적 확실성은 우리의 불완전함과 양심의 불안전한 본질

---

12 Michael Stoltzfus, "Martin Luther: A Pure Doctrine of Faith," *Journal of Lutheran Ethics* 3, no. 1 (January 2003), https://www.elca.org/JLE/Articles/898#ENDNOTES

을 드러내는 증상이라고 말했다.

　루터가 확신하던 양심의 무류성(無謬性)은 안타깝게도 착각이다. 바로 그 착각이 양심이 우리에게 촉구하는 일을 맹렬히 밀고 나갈 수 있는 용기를 준다고 할지라도. 우리는 마틴 루터나 노예제 폐지론자였던 존 브라운John Brown(1800-1859)의 경우, 그 흔들리지 않는 신념을 존경할 수 있다. 그러나 흔들리지 않는 양심으로 러시아의 적색 테러(1918)를 공개적으로 지지한 볼셰비키 지도자 레닌이나 비행기들을 폭파하고 여학생들을 납치한 지하드 투사의 경우, 우리는 그 착각이 파멸을 가져올 것임을 알고 있다. 확고한 도덕적 열정은 좋은 것일 수 있겠지만, 그것은 어디까지나 천사의 편에 섰을 때뿐이다. "그러면 언제가 바로 그 경우인가요?" 소크라테스는 분명 이렇게 물어볼 것이다. 그러한 답은 존재하지 않는다.

　확실성을 갈망할지라도 나는 내가 할 수 있는 최선을 다하며 살아야만 한다. 나는 당신의 확실성과 다른 나의 확실성이 보편적인 도덕적 진리를 활용한다는 것을 설명하기 위한 신화를 지어낼 수 있다. 현실은 바로 그러한 신화를 끝내버릴 것이다. 프랑스 계몽주의 철학자인 볼테르Voltaire(1694-1778)는 이 사태를 간결하게 정리했다. "불확실성은 불편한 상황이지만, 확실성은 터무니없는 상황이다."[13] 물론 볼테르가 옳지만, 그럼에도 불구하고 우리는 무엇인가 선택을 해야만 한다. 그리고 그중 최악의 선택은 행동하지 않는 것일 수 있다. 내가 보기에 나름 최선을 다하지 않았는가 같은 달갑지 않은 위로일 수 있지만, 여전히 내 내면에 있는 소크라테스의 목소리는 만족스럽지는 않더라도

13　"Letter to Frederick William, Prince of Prussia (28 November 1770)," in *Voltaire in His Letters: Being a Selection from His Correspondence*, trans. S. G. Tallentyre (New York: Putnam, 1919), 232.

달갑지 않은 그러한 위로에 만족하라고 충고한다.

우리의 가장 근본적인 도덕적 의무는 양심에 따라 행위하라는 것이라고 곧잘 말하곤 한다. 진정 이 말을 우리의 아이들에게 조언해줘야 할까? 다시 말하지만 그럴 수도 있고 아닐 수도 있다. 양심이 항상 신뢰할 만한 길잡이인 것은 아니다. 왜냐하면 양심의 확신에 찬 판단에도 불구하고 때로는 상황이 나쁘게 변하기도 하기 때문이다. 컬티시 이데올로기[14]에 따라 누군가는 극장에 화염병을 던질지도 모르고, 혹은 열차에서 신경가스를 누출시킬지도 모른다. 양심에 따라 행동하라는 소로[15]의 말은 매우 단순하며 단도직입적으로 들리지만, 그럼에도 불구하고 정직성은 우리에게 결코 그의 충고에 귀 기울이지 말아야 함을 인정하라고 한다.

양심을 지키는 것은 일반적으로 범죄에 대한 변호가 되지 못한다. 예를 들어 극비 정보를 폭로한 CIA 직원 에드워드 스노든Edward Snowden은 정부의 대중감시 프로그램에 양심의 가책을 느꼈다고 주장했다. 그러나 이에 상관없이 스노든은 1917년 방첩법Espionage Act of 1917 위반의 책임을 져야 했다. 만약 스노든이 지금 미국으로 돌아간다면 의심할 여지없이 교도소에 갈 것이다. 그렇다 하더라도 스노든이 지금이 아니라 15년

---

14 (옮긴이) 컬티시 이데올로기(cultish ideology)는 일반적으로 한 무리의 사람들에 의해 강하게 유지되는 신념 체계 또는 일련의 사상을 말하며 종종 극단적인 헌신, 경직성, 배타성을 특징으로 한다. 종종 카리스마적인 지도자를 가지고 있다. 그 구성원들을 통제하고 착취하기 위해 조작적인 기술을 사용하는 것으로 보이는 집단이나 조직인 컬트의 특성을 설명하기 위해 사용되기도 한다. 컬티시 이데올로기는 특정한 신념이나 관행에 집중하는 것, 독립적인 사고나 질문을 단념시키는 경향, 그리고 집단의 충성과 순응에 대한 강조로 식별될 수 있다. 어떤 경우에는, 컬티시 이데올로기가 위험하거나 파괴적인 행동을 조장하거나 취약한 개인에 대한 착취로 이어질 수 있기 때문에, 개인과 사회에 해로울 수 있다.

15 (옮긴이) 헨리 데이비드 소로(Henry David Thoreau, 1817-1862)는 미국의 수필가, 시인이자 초월주의 실천철학자로, 시민의 자유에 대한 적극 지지자이기도 하다.

정도 후에 귀국한다면 배심원이 이 사건에 대해 어떤 판결을 내릴지는 예측하기 어렵다. 다음 요점으로 넘어가보자. 시간이 흐르면 양심에 따른 평가가 바뀔 수 있음을 우리는 알고 있다. 가령 살아가는 동안 마리화나의 판매와 사용의 합법화 문제와 같은 사회적 이슈에 대한 태도가 바뀌는 일은 흔하다.

우리는 항상 우리의 양심에 걸맞은 것처럼 보이게 하기 위해 자신의 잘못된 행동을 합리화하는 방법을 찾는가? 때로는 그렇다. 흡연과 폐암 간의 강한 연관성을 보여주는 과학적 증거들이 있음을 아주 잘 알지만, 그 증거들을 없애고, 담배를 계속 팔기 위해 정치인들을 뇌물로 매수하는 담배회사 간부들의 양심에는 무슨 일이 일어나고 있는 것인가? 사제가 미사집전을 돕는 소년을 성추행할 때 그 사제의 양심은 어디에 있었는가? 양심이란 것이 무엇이든 간에 그것은 우리를 항상 한 방향으로 끌어당기는 지구의 중력과는 다르다는 것이다.

그렇다. 양심은 의미가 불분명할 수 있으며, 상황을 잘못 판단하는 일은 우리가 제대로 하고 있다는 우리의 신념만큼이나 양심이 있다는 것의 한 부분이다. 그러나 그 모든 혼란에도 불구하고 많은 사람들이 대부분의 시간을 공정하고 친절하며, 정직하려고 노력하며, 특히 가족, 일족 혹은 국가와 같이 자신들이 속한 집단 내에서 그러려고 한다. 우리는 일반적으로 서로 나누고 협력하며 곤경에서 벗어나도록 돕는다.

인간 행위의 유사성을 어떻게 설명할 것인가? 진실을 말하라는 혹은 신고해야 한다는 도덕적 의무의 한결같은 주장을 느낄 때 뇌에서는 어떤 일이 벌어지는가? 고의로 부패를 못 본 척할 때 양심에 괴로움을 느끼는 이유는 어떻게 설명할 것인가? 뇌신경과학은 왜 우리가 서로, 특히나 좋아하지 않는 사람들과도 협력하는지를 설명하는 데 도움이 될 수 있을까? 두 실타래는 여기서 서로 꼬이기 쉬우며, 나는 이 둘을 분리하는 것을 더 선호한다.

첫째, 과학은 어떤 특정한 도덕적 딜레마에 대해 우리의 양심이 택해야 하는 선택은 무엇인지, 다시 말해 어떤 것이 도덕적으로 옳은 선택인지를 말해줄 수 있을까? 아니, 과학은 그렇게 할 수 없다. 그러나 사실 증거는 그 결정에 도움을 준다. 모든 종류의 지식과 마찬가지로 과학은 관련성 있는 사실, 예를 들어 행위의 결과에 관한 불확실성을 감소시키는 사실을 제공할 수 있다. 관련 사실을 종합하면, 결국 선택을 후회할 가능성을 줄일 수 있다. 만약 특정 살충제를 사용하면 수분 (受粉)에 필요한 토종벌들이 죽는다는 것을 알고 있다면, 그 지식은 그 살충제의 사용 여부를 결정하는 데 도움이 된다. 청소년을 위한 성교육이 예기치 못한 십대의 임신을 줄이는 것으로 밝혀졌다면 그러한 지식은 성교육이 학교의 교과과정에 포함되어야 할지를 따지는 요인이 된다. 또한 장기 기증을 운전면허의 기본 옵션으로 만들면 그로 인해 이식용 장기의 입수 가능성이 커지는 것처럼 많은 정책의 사회적 영향에 과학이 관여할 수 있다. 하지만 여전히 과학 그 자체는 우리에게 무엇이 옳고 그른지에 대해 말해주지는 않는다.

둘째, 두 번째 질문은 첫 번째 질문과 매우 다르다. 종종 다른 사람에게 일어나는 일에 관심을 가지도록 동기부여되는 경우를 이해하는 데 과학은 도움이 될 수 있는가? 비록 우리의 양심이 어떤 판단을 내려야 하는지 알려주지는 못하더라도 과학은 조금이라도 양심을 가졌다는 것이 어떤 것인지 말해줄 수 있을까? 양심이 옳다고 하는 것에 대해 당신과 내가 다를 수 있는 이유를 과학은 설명해줄 수 있는가? 내 생각에 여기서의 대답은 그렇다이다.

아리스토텔레스, 다윈 그리고 그외 사람들이 깨달았듯이 우리는 천성적으로 사회적이다. 우리가 사회적이지 않다면 우리는 그 어떤 것에도 도덕적 입장을 가지지 않을 것이다. 좋다. 하지만 어떤 생물학적 증거가 인간이 천성적으로 사회적이라는 생각을 뒷받침해주는가? 뇌신경과학 연구는 인간의 뇌를 포함한 포유류의 뇌에서 우리를 사회적으로 만드는 것이 무엇인지에 대한 우리의 이해를 증진시켜왔다.

아주 개략적으로 말하면 우리의 유년기 뇌는 유전적으로 특정한 사람들과 함께 즐거움을 느끼고, 그들과 분리되면 괴로워하도록 설정되었다. 우리는 엄마와 아빠에게 형제자매와 사촌 그리고 조부모에게 애정을 가진다. 우리가 성숙함에 따라 우리는 친구와 동료들에게 애정을 가지게 된다. 이러한 애정은 우리 삶의 의미에 관한 심히 중요한 원천이며, 그 애정은 광범위한 사회적 행동에 동기를 부여한다.

유아들이 성장하고 발달하면서 사회라는 세상이 어떻게 돌아가는지를 배운다. 그들은 공정하게 경기하고 함께 일하며 모욕을 용서하는 법의 진가를 알아보게 된다. 우리는 모방이나 시행착오에 의하거나, 이야기나 노래를 통해 그리고 우리의 경험에 비추어 봄으로써 배우게 된다. 우리는 때로는 의식적으로, 때로는 무의식적으로 어떻게 행동해야 할지에 대한 규범을 내면화한다. 우리는 우리가 태어나게 된 이 사회라는 세상의 복잡성을 다루기 위한 습관과 스킬skill을 습득한다. 이 부분에서 신경과학neuroscience은 또한 뇌에서 우리가 학습함에 따라 변화하는 시스템의 관점에서 그리고 그러한 뇌의 변화를 영구적으로 만드는 것에 대응하는 유전자의 관점에서 사회적 스킬과 습관의 학습이 수반하는 바를 이해하기 시작했다. 외향적이든 아니든 간에 사람이 가진 독특한 인성도 양심에 색을 입히며 차별성을 가지게 한다. 5장에서 소개될 바와 같이 우리의 성격은 기본적 측면에서 깊은 차이가 있기 때문에 나의 양심은 당신의 양심과 충돌할 수 있다.

과학 그 자체는 도덕적 가치를 심사하지 않는다. 모든 가능한 사실들이 밝혀졌을지라도 우리는 여전히 다음의 질문에 직면할 수 있다. '우리는 무엇을 해야 하는가?' 그리고 '올바른 결정을 내리기 위해 우리는 사실을 어떻게 평가해야 하는가?' 물론 도덕적 가치를 가진 사람으로서 개개의 과학자들은 아마 무엇을 해야 할지에 대한 의견을 가질 것이다. 이렇게 하여 많은 과학자들은 인간의 유두종 바이러스와 자궁경부암 사이에 강한 인과성이 있다는 것을 알게 되면서 여성들에게 바이러스에 대한 백신 접종을 찬성하는 캠페인을 벌였다.

어떤 특정 질병의 위험요인을 발견한 연구자가 그 정보 공표를 열망하게 되는 그리고 피해를 줄이는 방법의 촉구를 열망하게 된다는 것은 놀랄 일이 아니다. 인간의 유두종 바이러스는 딱 들어맞는 유명한 사례 중 하나이며, 흡연이 폐암 발생률을 크게 올린다거나, 주사바늘을 돌려쓰는 것이 에이즈AIDS를 퍼뜨릴 수 있다거나, 임신한 엄마의 과다한 알코올 섭취가 태아의 인지장애와 운동장애 원인이 된다고 하는 다른 사례들이 존재한다. 모든 사례들에서 연구자들은 해당 자료를 대중에 알리는 것뿐만 아니라 사람들의 삶을 개선시키기 바라며 관련 문제에 관심 가진 시민으로서 일한다. 과학자들은 다른 사람들과 마찬가지로 그들이 관심을 가지기 때문에 이 일을 한다.[16]

말할 필요도 없이 과학자가 된다고 해서 저절로 당신이 도덕적 우위를 얻는 것은 아니다.[17] 공자(기원전 551-479)가 지적한 바와 같이 겸

---

16 "Nation's Cancer Centers Endorse HPV Vaccination," Cold Spring Harbor Laboratory, June 8, 2018, https://www.cshl.edu/nations-cancer-centers-endorse-hpv-vaccination.

손은 모든 덕목들의 기반이다. 항상 그런 것은 아니지만, 당사자 간 합의가 종종 사실의 적시만으로도 충분히 이루어질 수 있다. 그러나 간혹 그 사실은 복잡하며 명확하지 않을 수 있다. 그래서 테이블 위의 정보를 신뢰할 수 있는지 여부에 대해 의문이 생길 수 있다.

때로는 쓸 만한 사실들이 밝혀졌을지라도 아직 충분히 알려져 있지 않기 때문에 큰 불확실성이 남아 있다. 이는 임상실험의 데이터를 아직 이용할 수 없는 실험적 암 치료의 경우 발생할 수 있다. 말기 환자들은 검증되지 않은 치료를 시도할 권리를 가져야 한다고 느끼는 반면, 연구자들은 불행한 결과가 생길 시 그로 인해 연구의 발전이 지연될 수 있다는 우려를 하게 된다. 그리고 가끔 근본 가치들은 사실들이 아주 잘 확정되어 있을 때조차도 충돌한다. 노숙림(老熟林)을 완전히 벌목하는 것에 대한 사실에 의견이 일치할 수 있지만, 숲의 보존과 대비되는 재생 가능 자원의 벌목에 대한 도덕적 가치에는 불일치가 있을 수 있다. 사람이 말기 질환으로 인해 끔찍하게 고통 받고 있다는 것에 의견이 일치할 수 있겠지만 의사에 의한 안락사의 가치에 대해서는 불일치가 있을 수 있다.

일반적으로 자신의 도덕적 판단이 우월하거나 도덕적 진리에 대해 독특한 접근권을 가졌다고 스스로를 선전하는 사람들은 의심의 눈으로 볼 필요가 있다. 돈, 성별, 권력, 자부심 등이 자신을 도덕적 권위자인 척 행세하는 데 큰 이점이 되는 경우는 흔하다. 우리가 이러한 권위적 주장을 순순히 따른다면 쉽게 착취당할 수 있다. 사기꾼들은 다른 모든 사람들에게 우리의 양심이 어떻게 행동해야 하는지를 기꺼

---

17 다음 참조. Robert Wright, "Sam Harris and the Myth of Perfectly Rational Thought," *Wired*, May 17, 2018, https://www.wired.com/story/sam-harris-and-the-myth-of-perfectly-rational-thought.

이 말해주려 하면서 필요 이상으로 자주 스스로를 도덕적 권위자라 자처한다. 이들은 유달리 카리스마가 넘치거나 영적이거나 신념이 확고하기 때문에 권위 있는 것처럼 보일 수도 있다. 우리는 이 이슈에 대해 8장에서 다시 살펴볼 것이다. 겸손은 모든 덕목들을 위한 견고한 기반이라는 공자의 말을 다시 한번 되새겨볼 필요가 있다. 그러므로 우리는 자신의 도덕적 기준을 타인에게 강요하는 사람들과 도덕적 허풍쟁이들에 대해 의심을 품는 것이 당연하다.

도덕적 교만이 일반적으로 사람들을 교묘히 조정하려는 의도를 가려준다는 것을 간파했던 소크라테스는 도덕적으로 거만한 아테네 지도자들에게 질문을 제기함으로써 그들을 당혹케 했다. 소크라테스의 정중하면서도 집요한 질문에 대한 아테네 지도자들의 답변은 그들의 자기 확신이 단지 허튼 소리에 근거했음을 드러내는 것이었다. 도덕적 권위로서의 그들의 지위는 자기 위주의 겉만 번드르르할 뿐이라는 것이 판명되었다. 당황한 도시의 지도자들은 달가워하지 않았다.

아테네의 시민들로부터 젊은이들이 권위에 의문을 제기하도록 부추김으로써 젊은이들의 정신을 타락시켰다는 비난을 받은 소크라테스는 사형선고를 받았다. 사형 방식은? 독이 든 헴록(독미나리에서 추출한 독)을 마시는 방식이었다. 소크라테스의 사형선고에 충격을 받은 헌신적인 제자들은 그에게 도망갈 것을 간청했다. 관례적으로 여기저기에 약간의 뇌물만 쥐어주면 아테네에서 손쉽게 도망갈 수도 있었다. 독자들이 소크라테스의 입장이 되어 여러 선택지를 놓고 고민하는 것처럼 소크라테스가 도피를 거부한 이유에 대해서는 지금까지도 수많은 논의가 이루어지고 있다.

어쩌면 그 답은 소크라테스가 말한 것처럼 간단할 것이다. 소크라테스는 자신이 옳다고 생각하는 일을 했을 뿐이다. 필요 이상으로 더 복잡하거나 더 미묘하지도 않으며, 또는 실존적으로 얽힌 것도 없다. 그럼에도 불구하고 플라톤이 묘사했던 것처럼 헴록이 다리에서부터 퍼져감에 따라 소크라테스의 몸이 마비되가며 죽어가는 장면에서 우리는 소크라테스의 선택이 지닌 결연한 속성에 존경을 표하지 않을 수 없다. 이 사건은 2,500년 전 사건이었지만, 소크라테스의 처형과 그 사법상 구실에 대한 이야기는 여전히 현대 우리의 삶과 생생하게 관련되어 있다.

그 사이에서 신경과학과 심리학은 뇌가 어떻게 도덕적 가치를 포함하는 가치들을 얻어 가는지 그리고 어떻게 도덕적 가치가 판단을 유도하는지를 탐색하기 시작했다. 만약 우리가 양심을 공동체 기준의 내면화를 포함하는 것이라고 생각한다면 한 가지 의문은 그러한 내면화를 설명하는 프로세스에 관한 것이다. 또 다른 의문은 어떻게 공동체 기준이 바뀌는 일이 발생할 수 있는지 또는 가령 전족으로 여성의 발을 자라지 못하게 하는 것 같은 어느 정도 인정된 사회관습을 어떻게 개인이 부도덕한 것이라고 여기게 될 수 있는지[18]에 관한 것이다. 모든 세부사항이 아니더라도 해당 이야기의 전반적인 윤곽은 이제 뚜렷해졌다. 그것은 간단한 이야기가 아니다. 그러나 이제까지 그것은 비교적 간단한 방식으로 들리는, 일관적이고, 생물학적으로 타당할 것 같은 이야기이다. 그것은 도덕성과 우리 자신을 도덕적 행위자moral agent로서 생각하는 우리의 방식을 바꾸게 할 이야기이다.

한 가지 주의할 점을 특기할 필요가 있다. 신경과학이 포식자에 대

---

18 Kwame Anthony Appiah, *The Honor Code: How Moral Revolutions Happen* (New York: Norton, 2010).

CONSCIENCE

항하여 자신의 어린 자식을 지키는 부모에게서 보이는 공격성을 설명할 수 있다고 해도, 다른 그룹의 구성원에 적대하는 사회적 그룹에 의한 공격성은 뇌 수준에서 이해할 수 있는 바가 얼마 없다. 행동 데이터에서 분명해 보이는 것은 비록 압도적인 역경이 성공을 막고 있다 할지라도 이데올로기가 그러한 행동의 동기를 부여하는 강력한 힘이 될 수 있다는 점이다.[19] 이 냉소적 가설에 따르면 외(外)집단을 향한 공격의 이데올로기적 정당화는 포식자의 생기 넘치는 본능을 풀어놓기 위해 인간의 양심을 매수하는 기본적인 방식이다. 젊은 성인 남성은 그런 합리화에 특히 취약할 수 있다. 한 그룹이 다른 그룹에 대해 분노하게 하고 증오하게 할 때 그 적을 표현하는 전형적인 비인간적 언어는 이 가설에 부합한다.[20] 만약 다른 대상이 단순히 더러운 동물이라면 그 동물을 죽이는 일에서 오는 도덕적 혐오감은 약해진다.

신경생물학이 그 냉소적 가설을 반박할지, 혹은 증명할지의 여부는 두고 봐야 한다. 그러한 데이터가 우리에게 중요하기는 하나, 그 데이터가 나오기까지는 오래 걸릴 수도 있다. 신경과학이 이러한 문제에 대해 정보가 거의 없는 이유는 외집단에 대한 극도의 적개심에 사로잡혀 있는 사람으로부터 신경생물학적 데이터를 수집하는 일은 명백한 이유들로 인해 심히 곤란하기 때문이다. 예를 들어 생명이 오가는 전투 현장에서 싸우는 헌신적인 전사들은 뇌 스캔을 위한 휴식을 취하고 싶어 하지는 않을 것이다. 다른 한편으로 활성화되는 신경생물학

---

19 Ángel Gómez et al., "The Devoted Actor's Will to Fight and the Spiritual Dimension of Human Conflict," *Nature Human Behavior* 1 (2017): 673-79.

20 David Livingstone Smith, *Less Than Human: Why We Demean, Enslave, and Exterminate Others* (New York: St. Martin's Press, 2011).

적 특성을 감지하고 측정하기 위해 대학생 그룹에서 외집단에 대한 증오를 유발하는 연구실 실험은 다른 종류의 문제를 가지고 있다. 그러한 일은 도덕적으로 부적절하다. 전쟁에 대한 설치류 모델은 어떠한가? 침팬지가 드물게 집단적 적대행위에 가담하기는 하나 본질적으로 인간의 전쟁에 대한 동물 모델은 없다. 신뢰할 수 있는 뇌 데이터는 매우 유용하겠지만 그러한 데이터를 얻는 것은 현재로서는 거의 요원하다.

논의를 더 진행하기 전에 개념의 의미와 관련하여 그다지 엄격하지 않은 단서를 찾고자 한다. 그래야 우리는 이후 시간과 노력을 아낄 수 있기 때문이다. 심리언어학자들은 채소와 같은 일상적인 개념이 방사구조를 가지고 있다는 것을 보여주었다. 이 말은 즉 개념의 중심핵은 모든 사람이 해당 개념 범주에 속한다고 동의하는 예들로 이루어졌지만, 그 합의된 중심핵 외곽은 중심핵과 유사할지라도 모두가 해당 개념에 속한다고 동의하지는 않는 예들로 이루어졌다는 것을 의미한다.[21] 외곽 경계에서는 어떤 예가 해당 개념에 속하는지에 대한 합의가 거의 없기 때문에 그 경계는 흐릿하고, 불분명하다. 이와 관련하여 아주 흔한 개념들의 예로는 **야채**, **친구**, **정직**, **집**, **강**, **잡초**, **똑똑한** 등이 있다. 그 단어들은 모두 사전에 정의되어 있으며, 핵심사례들에 아주 잘 적용되긴 하지만, 그 어떤 범주도 명확하게 정의할 수 없다.

흥미로운 점은 그러한 막연함을 다분히 보여주는 데이터가 야채나 친구 혹은 집으로 간주되는 개념을 둘러싸고 있음에도 우리는 대부분

---

21 George Lakoff, *Women, Fire, and Dangerous Things* (New York: Basic Books, 1987); R. L. Solso and D. W. Massaro, eds., *Science of the Mind: 2001 and Beyond* (New York: Oxford University Press, 1995).

시간 동안 의사소통에 곤란을 겪지 않는다. 대부분의 경우 경계 케이스boundary case의 불분명함은 그다지 문제되지 않는다. 그 데이터는 당근이 야채의 핵심적인 예이고, 파슬리는 그 경계의 밖에 있다는 것을 보여주며, 토마토와 호박은 그 중간 어딘가에 있다는 것을 보여준다. 부정확성이 의사소통에 파국적인 실패 원인이 되지는 않는다. 나는 파슬리가 정말로 진짜 채소인지에 대해 슈퍼마켓에서 억지 쓰며 언쟁을 할 필요가 전혀 없다. 단 한 번이라도 말이다. 그것은 좋은 일이다. 왜냐하면 경계 케이스가 그 부류에 '진정' 맞아떨어지는지 여부에 대해 답해주지 않기 때문이다. 게다가 심리언어학자들은 채소나 친구에 대한 정확한 정의를 뽑아내려는 노력들이 실제로 대화를 더욱더 명확하게 해주는 것은 아니며, 오히려 비생산적 언쟁으로 나아가게 하고, 어쨌든 사람들은 이전의 방식대로 계속 말하게 된다고 지적한다. 경계의 모호성은 일반적으로 문제가 아니라, 화자(話者)들이 새롭고 유용한 방식으로 단어 용법을 확장함에 따라 언어적 변화를 가능하게 해준다는 장점이 있다.

반면, 법률적 맥락에서 운전면허를 취득할 수 있는 최소 연령이나 미국 대부분 주에서 혈중 알코올 농도 0.08 이상을 음주운전으로 간주하는 것처럼 핵심 개념에 대해 합리적으로 정확한 정의가 내려지는 경우가 많다. 어떤 청소년은 14세라도 차량 운전에 능숙하고 책임감이 강할 수 있지만, 어떤 청소년은 22세라 해도 준비가 되어 있지 않을 수 있다. 그러나 일관된 정책이 필요하기 때문에 대부분의 주에서는 16세부터 운전면허를 취득할 수 있도록 하고 있다.

그렇지만 법에서 정립된 법적 개념조차도 여전히 불가피한 모호성을 가지고 있다. 예를 들어 법은 '과실이란 사람이 통상적인 주의를 다하지 않은 것'으로 규정한다. 그러나 **통상적인 주의** 그 자체는 정확히 정의되지 않는다. 부정확함에도 불구하고 대부분의 해당 언어 사용자들은 그 의미를 충분히 잘 이해하고 있기 때문에 법은 일반적으로 적용되게 된다. 분명한 중심 사례와 애매한 경계를 가진 개념에 따라 도덕적 옳음은 음주 운전에 대한 법적 규정보다는 통상적인 주의에 더 가깝다.

과학적 맥락에서도 가령 **행성**이나 **단백질**과 같은 특정 범주의 이름에 대한 정확한 정의를 제공하고자 노력한다. 그러나 이 경우에도 과학자들은 데이터가 충분해져서 개념을 정확히 소개할 수 있기 전까지 전형적으로 급조한 정의를 사용해왔다. 대표적인 사례는 유전자라고 할 수 있으며, 이는 제임스 왓슨James Watson과 프랜시스 크릭Francis Crick이 DNA 구조를 발견한 1953년 전까지는 '형질에 관한 유전 정보 전달자'라고 대략 구분되었다. 지난 75년 동안 분자생물학이 DNA가 정보를 어떻게 코드화하는지 그리고 그 정보가 어떻게 단백질을 생성하는지에 관한 더 많은 발견이 이루어지며 **유전자**의 의미는 점점 더 명확해지고 있다. 1953년 이전에는 DNA에 대해 잘 아는 사람이 한 명도 없었기 때문에 누구도 DNA 염기 서열의 측면에서 유전자를 정의하지 못했다. 같은 맥락에서 18세기 중반 이전에는 아무도 산소나 산화 같은 과정에 대해 몰랐기 때문에 그 누구도 불(지금은 '급속 산화'로 알려진)에 대한 정확한 정의를 내리지 못했다. 그러나 그럼에도 불구하고 그들이 불에 대해 꽤나 제대로 언급하고 조사해냈다는 것을 주목해보자. 과학적 발견으로 정밀성이 추가적으로 높아지면서 의미 규정은 진화한다. 과학적 정의는 일반적으로 발견의 말엽에나 나타나며, 초기에는 꼭 필요한 것도 아니고 심지어 가능하지도 않다.

가령 양심, 도덕, 결정 등과 같이 논의 중인 중요한 개념들은 우리가 탐구하는 이 단계에서 정확하게 정의할 수 없기 때문에 이를 제쳐두는 것은 이제부터 말하려는 바에 유용할 수 있다. 우리의 모든 일상적인 개념이 그러하듯이 이는 중심핵과 모호한 경계를 가진 방사형의 구조를 가지고 있다. 뉴런과 뉴런의 네트워크가 어떻게 정보를 통합시키는지에 관한 지난 10년간의 신경과학에서의 발견 덕분에 **의사결정에** 추가적 정확성을 얻을 수 있게 되었다. 이러한 발견은 도덕적 의사결정에 관련되어 있음이 밝혀졌고, 인간 사회에서 도덕성의 본성에 대한 더 깊은 이해를 가져왔다.

CHAPTER 1

생존을 위한 포옹

생존을 위한 포옹[1]

자녀를 위한 엄마의 사랑은 세상에 견줄 것이 없다. 그 사랑은 법도 동정
도 모르며, 어떤 일도 마다하지 않으며, 그 길에 서 있는 모든 것을 무자
비하게 짓밟아버린다.

아가사 크리스티

기댈 사람

도마뱀과 가터뱀은 홀로 살아간다. 하지만 늑대나 고릴라 혹은 사람
은 그렇지 않다. 우리는 매우 사회적이다. 우리는 친구와 가족과 함께
크고 작은 즐거움을 느낀다.

외로움은 스트레스를 주는 반면, 사랑하는 사람들과의 재회는 즐거
운 일이다. 우리는 가족 내에서뿐만 아니라 가족 외의 친구들과도 강
하고 오래 지속되는 유대감을 형성한다. 우리는 귀찮은 자식, 노쇠한

---

1   Martin Nowak, an evolutionary biologist and mathematician at Harvard, coined this expression, to the best of my knowledge. For his contributions to understanding mammalian cooperation, see Martin A. Nowak, *SuperCooperators: Altruism, Evolution, and Why We Need Each Other to Succeed* (New York: Free Press, 2012).

부모, 그리고 성가신 이웃을 참아내고 애착을 갖는다. 장기간의 독방 감금은 특히 치명적인 형태의 처벌로 우리는 망명 생활을 매우 고통스럽게 생각한다.

사람들마다 원하는 친밀감의 다양성도 사회적 경험의 일부이다. 내향적인 사람도 있고 외향적인 사람도 있으며, 그 중간 어딘가에 속하는 사람도 많다. 동반자에 대한 열망은 나이와 삶의 경험에 따라 다양하지만, 완전히 고독한 삶을 추구하는 사람은 거의 없다. 과거의 모피 사냥꾼들은 어두운 겨울을 몇 달 동안이나 홀로 지내기도 했다. 하지만 그때도 사냥꾼들은 보통 자신과 함께 지낼 개를 키우는 경우가 많았다. 봄이 되면 다른 사람들과 환희를 만끽하며 재회하게 된다.

나는 최근 투스카니에 있는 세속화된 수도원(1343년 창건)을 방문했었다. 이곳은 이전에 카르투지오 수도회의 수도사들이 거주하고 있었다. 카르투지오 수도회 규율의 기본 원리는 수도사들이 빠짐없이 은둔자라는 것이다. 그러나 이 은둔자들조차도 다른 은둔자들과 동일한 수도원에서 같이 살고, 미사에 참석하며, 또 함께 (14세기에는 흔한 문제였던) 도적으로부터 서로를 보호하고, 공동 부엌에서 빵을 구우면서 그러한 삶의 소중함을 느꼈다. '보살피고 친구가 되려는' 우리의 강한 성향과 비교해 볼 때 약간의 고독에 대한 가변적 선호는 이따금 다소 수수해 보인다.[2]

공동체에서의 삶은 일반적으로 사람의 생존 및 번성할 기회를 증가시킨다. 우리는 음식을 나누고 추위를 막기 위해 옹기종기 모여 있을

---

2 The memorable expression "tend and befriend" was coined by Shelley Taylor and colleagues. See Shelley E. Taylor et al., "Biobehavioral Responses to Stress in Females: Tend-and-Befriend, Not Fight- or-Flight," *Psychological Review* 107, no. 3 (2000): 411–29, https://doi.org/10. 1037/0033-295X.107.3.411.

수 있으며, 사냥감을 공격하거나 침략자로부터 서로를 방어하기 위해 조직을 구성할 수 있다. 가령 염소들을 치거나 쇠를 두들겨 유용한 도구로 만드는 일처럼 뚜렷이 부각되는 전문지식을 감안해가며 생계를 위한 노동력을 배분할 수 있다. 날씨, 식량 자원 그리고 전염병의 예측불가능성으로 인해 빠르게 공동체가 완전히 붕괴될 수 있음에도 이러한 문제들은 독창성에 의해 조정될 수 있다. 배를 건조하고 도구를 발명하고, 동물을 길들일 수 있다. 백신은 천연두나 소아마비와 같은 전염성 질병에 의한 사망률을 낮춰왔다. 백신은 진실이 중시되고 지식이 축적되며, 협력이 승리하는 사회공동체의 산물이다.

사회성의 많은 이점에도 불구하고, 우리의 더 넓은 사회적 세계는 때때로 번영의 기회를 놓친다. 전쟁은 대지를 초토화시키고 그 거주민을 불구로 만들고 학살해 버린다. 역사상 한 무리의 사람들이 다른 사람들을 노예로 삼는 것은 특이한 일이 아니다. 그 외에도 부패는 번영하는 공동체에서의 신뢰를 훼손시킬 수 있으며, 사람들을 단결시키는 제도적 발판을 박살내고, 협력 기반을 약화시킨다. 그 후 그들은 불화가 심해질 수 있으며, 내전이 뒤따르게 된다.

우리의 사회성이 다른 사람들을 돌보는 동기를 부여하더라도, 우리가 곧잘 증오에 사로잡힐 수 있다는 것 또한 사실이다. 우리 인간은 자주 우리가 외부인이라고 생각하는 사람들을 증오하면서 기쁨을 얻는다. 우리는 증오에 동력을 공급하는 경향이 있다. 우리의 삶에서 일이 잘못될 때, 외부인이나 부적응자를 증오하거나 비난함으로써 기분을 북돋을 수 있다. 우리가 이방인이라고 여기는 사람들을 증오하는 것은 우리 패거리 내의 유대감을 강화시킬 수 있으며, 이는 그 자체로 우리를 마냥 우쭐하게 만들 수 있다. 다른 그룹의 그 불쌍한 놈들보다 우리가 얼마나 우월한지를 서로에게 말하며 우리의 자부심은 솟구쳐 오른다. 갱단에 속한 청소년들은 장난으로 기물을 부수도록, 교회를 파괴하도록, 노파의 헛간에 불을 지르도록, 배를 표류시키도록 부추김 당할 수 있으며, 무차별 폭력은 우리의 이해를 넘어서는 낯선 일이 아니다.

터무니 없는 난동은 제쳐두고라도 왜 우리는 전적으로 사회적 지향을 하게 되는가? 도마뱀과 달리 우리는 우리의 가족과 친구에 애착을 가진다. 우리는 그들과 많은 시간을 보내길 원하며, 떨어져 있으면 그리워한다. 우리는 그들이 우리를 좋아하는지에 대해 깊은 관심을 가진다. 우리는 공통의 프로젝트를 수행하며 서로가 문제해결에 도움을 준다. 어떤 경우 우리는 일부러 낯선 이를 돕기도 한다. 우리를 그러게끔 만드는 포유류의 뇌란 무엇인가? 우리는 곤경에 처해 버둥거리는 도롱뇽을 돕는 거북이를 결코 본 적이 없지만, 개가 버려진 새끼 고양이의 친구가 되어 준 것을 보고 놀라지는 않는다.[3]

즉답해 보자면 포유류 선조들의 뇌는 사회성에 적응하였다. 그러한 적응은 우리가 생물학적 진화에서 흔히 보는 묘책, 즉 생존 투쟁에 도움이 될 좀 더 새로운 무엇인가를 얻기 위한 기존 기능의 용도 변경이 포함된다. 종국적으로 옛 기능이 새로운 모습에 새롭게 적응을 하게 되면서 몇 개의 유전자들이 변형되거나 복제된다. 포유류 뇌의 진화에서 자기 생존을 뒷받침하는 즐거움과 고통의 감정은 친화적 행동affiliative behavior에 동기를 부여하도록 보완되며, 용도가 변경된다. 자기애는 동족이지만 새로운 영역인 타인에 대한 사랑으로 확장된다. 만약

---

3 "Adorable Friendship of a Shepherd Dog & an Owl," YouTube, September 30, 2015, https://www.youtube.com/watch?v=weL3N3W8VPg.

포유류의 사회성이 진화에 있어 선호된다면 그 이익은 정확히 무엇이며, 어떤 타인이 중요하게 되는가? 그 답은 명백하지 않은 것으로 밝혀졌고, 다소 우회적인 설명이 요구된다.

무력한 태생

우선적이며 가장 기본적인 진화의 요점은 사회성의 주요 목표 및 수혜자가 바로 자식이라는 점이다. 왜일까? 그 이유는 포유류의 새끼들은 태어날 때 미성숙하여 보살핌이 없다면 분명 죽을 것이기 때문이다. 알에서 부화한 후 새끼 거북은 즉시 모래를 파내어 나온 다음 물가로 종종걸음을 하여 먹이를 찾기 시작한다. 부모는 가까운 곳 어디에도 없으며, 필요하지도 않다. 그에 반해 새끼 쥐는 귀가 들리지 않고, 눈이 보이지 않으며, 몸을 따뜻하게 하는 털도 없다. 새끼 쥐의 피부는 얇아서 내장이 보일 정도이다. 먹이 찾기와 관련해 이야기해 보자면, 새끼 쥐가 가진 필요 최소한의 선천적 반사 신경은 코를 킁킁거려 주변의 돌출된 따뜻한 부분을 찾아 빨게 해준다. 운이 좋다면 그 부분은 모유가 나오는 젖꼭지일 것이다.

  무력한 자식을 낳는 모든 포유류와 새들에게 있어 어떻게 돌볼지에 관한 일은 진화적 복잡화로 이어진다. 이렇게 부담이 크고 시간이 많이 드는 일을 자진해서 할 동물은 없기에 새끼를 보살피도록 동기부여 하는 데에는 적응이 필요하다. 갓 태어난 새끼를 돌보기 위한 유일한 실현가능 후보는? 엄마들이다.[4] 알을 낳고 부화기까지 오랫동안 사라져버리는 이구아나의 어미들과는 달리 부화기까지의 오랜 기간 동안 포유류의 어미들은 새끼들이 살아서 태어났을 때 가까이에 있다. 다른 유전적 변화로 인해 어미와 아비가 서로 유대감을 형성하지 않는 한, 포유류의 아비는 가까이 있지 않을 수 있다. 그런데 그것은 별개의 이야기이다. 더불어 자궁, 태반 그리고 대단히 영양분이 많은 모유와 같은 신체의 변형과 함께 포유류 뇌 회로에서는 어미들이 자신들의 무력한 신생아들을 확실히 돌보게끔 보장하는 변화가 일어났다.

모든 동물들은 자기 보호를 위한 기본 회로망을 반드시 가져야 하며, 그렇지 않다면 번식에 필요한 충분히 긴 기간 동안 생존하지 못할 것이다. 포유류 뇌의 진화에 있어 나 자신의 범위는 내 아기를 포함시키는 영역까지 확장되었다. 성숙한 어미 쥐가 자신의 음식, 보온 그리고 안전에 신경 쓰는 것같이 그 어미 쥐는 자신의 아기 쥐에 대한 음식, 보온 그리고 안전에 신경을 쓴다. 유전자는 뇌를 만들고, 새로운 포유류의 유전자는 가령 보금자리에서 새끼가 강탈당할 때처럼 새끼가 어미로부터 떨어지게 될 때 불편함과 불안감을 느끼도록 뇌를 만들었다. 반면 포유류 뇌는 자신의 새끼가 가까이 있고, 따뜻하며 안전할 때 진정되고 기분이 좋아진다. 이 새로운 포유류의 뇌는 자신의 새끼들과 함께 있을 때 기뻐하며 그 새끼들은 자신의 어미를 바싹 끌어안고 있을 때 즐거워한다.

육체적 고통은 '자기 자신을 보호하라'는 신호이며, 고통 신호는 자기 보호 회로에 의해 구조화된 수정 행동을 하게 한다. 포유류에 있어 고통 시스템은 나 자신을 보호하고, 더불어 내 새끼를 보호하도록 확장되고 변형되었다. 고통의 종류를 판별하며, 통증자극painful stimulus 지

---

4 Sarah Blaffer Hrdy, *Mother Nature* (New York: Ballantine, 1999).

점의 정확한 위치를 찾아내는 신경로neural pathway 이외에도 정서적 고통을 담당하고 있는 신경로neural pathway가 있으며, 이는 피질cortex과 현저한 관련이 있지만 피질 아래의 더 오래된 조직과도 관련이 있다. 특별한 피질 영역인 뇌섬엽insula은 몸 전체의 생리적 상태를 관찰한다. 당신이 부드럽고 사랑스럽게 쓰다듬을 때 이 피질 영역은 '안전하다'는(지금 아주 잘하고 있다는) 신호를 보낸다. 그렇게 쓰다듬는 것은 정서적 접촉affective touch이라고 알려져 있다. 유아는 부드럽고 사랑스러운 쓰다듬음에 "아, 모든 게 잘 되어가고 있어. 아, 나는 안전해. 아, 배불리 먹었어" 하며 똑같이 반응한다. 안전하다는 신호는 스트레스 호르몬에 의해 제어되는 경계 신호들을 낮추도록 조절한다.[5] 불안과 두려움이 낮아지도록 조절될 때, 만족감과 평온감이 그 자리를 차지하게 된다. 이러한 사회적 감정들은 애착의 토대이며, 만족스럽게 꼭 껴안으면서 유년기 새끼와 어미와의 유대는 시간이 지날수록 강화된다.

전형적으로 포유류의 어미들이 최선을 다 해 자신의 새끼들을 먹이고 돌보는 동안 어미는 어린 새끼를 돌보는 일로 먹지 못할 수 있다. 게다가 포식자가 어린 새끼들에게서 저녁거리의 가능성을 감지할 경우와 같은 위험이 늘 도사리고 있다. 어미의 이러한 희생은 아기 돌봄으로의 접속이 어떻게 사소한 불편함이나, 하물며 주요 위험에 대해서도 매우 강건하게 진화하게 되었는지를 설명해준다. 모성애는 강력한 힘이지 온화한 성향이 아니다. 포유류 어미들은 무신경하게 자신의 어린 새끼를 포기하는 일이 거의 없으며, 그런 일이 있다면 그것은 대개 모성에 대한 뇌의 접속에 있어 큰 문제를 겪고 있을 때이다.

---

5   N. I. Eisenberger, "The Pain of Social Disconnection: Examining the Shared Neural Underpinnings of Physical and Social Pain," *Nature Reviews Neuroscience* 13 (2012): 421–34.

새로운 포유류의 뇌에서의 접속이 어떻게 새끼들을 돌보게끔 작동하는가? 그 해답이 완벽히 밝혀진 것은 아니지만, 몇 가지 주요한 사실이 밝혀졌다. 포유류 유아 돌봄을 지원해줄 신경생물학의 드라마에는 아주 작은 배우가 넷 있다. 그 배우들의 행위는 돌봄이 그들의 배우자, 친척, 친구들에게 확대됨에 따라 확장될 수 있다. 처음의 둘은 신경호르몬인 옥시토신oxytocin과 바소프레신vasopressin이다. 세 번째와 네 번째는 당신의 뇌가 만들어내고 기분을 좋게 만드는 오피오이드opioid와 카나비노이드cannabinoid이다. 에스트로겐(또는 에스트로젠)과 프로게스테론 같은 성(性)호르몬과 이에 더하여 포유류 뇌가 경험으로부터 배우게끔 해주는 도파민과 같은 다른 신경화학 물질들로 이루어진 오케스트라 배경에 대비하여 이 4중주는 돋보이는 존재들이다. 이 예비설명을 한층 상세히 하기 위해 좀 더 상술할 필요가 있으며 이는 다음 장의 목표가 될 것이다.

하지만 현재로서는 진화가 새끼 돌보기를 위한 접속의 재설계를 촉진하는 방법에 초점을 맞추고 있으므로 포유류와 조류의 새끼들이 왜 그렇게 무력하게 태어나는지에 대한 질문이 시급한 과제이다. 갓 부화한 거북이가 혼자서 부화할 만큼 조숙하다면, 포유류와 조류의 새끼는 왜 그렇지 않을까? **영양학적 유아기**(부화한 지 얼마 안 돼 아직은 어미 새가 돌봐야 하는, 즉 무력하게 태어나는 것)는 생물학적 진화의 역행하는 단계처럼 보인다. 이는 진화상의 오류일까? 아니면 새로 태어난 미성숙에는 어떤 이점이 있는 것일까? 그렇다. 분명 이점이 많다.

온혈(溫血)의 태생

왜 태어나서 한동안 어미가 돌봐야 하는지에 대한 설명은 영리하지 않으면 안 되는 포유류와 조류의 독특한 절박함에 기반하고 있다. 체외 환경의 온도 변화에 상관없이 자신의 체온을 일정하게 유지할 수 있는 능력인 내온성endothermy(內溫性)의 발생과 함께 그 이야기는 예상치 못한 곳에서 시작한다. 즉 온혈동물이 된 시점부터이다. 2억 5천만 년 전 처음으로 온혈동물이 등장했을 때 그 동물은 파충류에 속하는 작은 동물로, 진정한 의미에서의 포유류는 아직 아니었다. 온혈동물들은 냉혈동물(변온동물)인 경쟁자에 비해 태양의 온기가 없는 밤에도 먹이를 찾을 수 있는 탁월한 장점을 누리게 되었다. 다른 경쟁자들은 아무도 그 자리에 없었다. 생물학자들의 표현대로 온혈동물들은 야간의 빈 틈새vacant nocturnal niche를 침입해 들어왔다. 아마도 온혈동물들은 활력을 불어넣어줄 태양의 온기를 기다리는 느릿느릿한 외온성exothermic (外溫性) 곤충도 먹고살았을 것이다. 손쉬운 채집이다.

중요한 것은 온혈동물들이 냉혈동물인 공룡과의 두려운 경쟁 없이 먹이를 찾을 수 있었다는 점이다. 온혈동물들은 또한 더 추운 기후에서 번성할 수 있었으며, 그렇게 함으로써 사촌인 냉혈동물들에게 막혀 있던 새로운 먹이와 번식 영역을 이용할 수 있게 되었다. 내온성은 아주아주 대단한 일이었다. 오랜 진화 과정을 거치면서, 포유류나 조류같이 자기 자신뿐만 아니라 다른 이들을 돌보려는 강한 동기를 가진 매우 영리하고 사회적인 동물들이 탄생하는 일련의 상호 연동적 변화가 촉발되었다. 가령 인간, 명주 원숭이, 늑대와 같은 고도로 사회화된 포유류는 새끼뿐만 아니라, 배우자, 친척, 친구를 돌보는 것이 일상화

되어 있고 때로는 개나 염소와 같은 다른 종의 개체를 돌보기도 한다. 가장 초기의 온혈종들은 털이 많은 포유류가 등장하면서, 더욱더 번성하며 영리해질 동안 결국 멸종되었다. 몸에 직접 열을 발생시킬 수 있는 능력이 영리함과 사회성으로 어떻게 이어질 수 있었을까?

인생에서는 하나를 얻으면 다른 하나를 잃는 법이다. 온혈의 장점은 훌륭하지만, 하나를 얻으면 하나를 잃듯이, 온혈동물은 생존을 위해 냉혈동물의 10배나 더 많이 먹어야 한다는 큰 대가가 따랐다.[6] 도마뱀은 며칠이 지나도록 먹이를 먹지 않을 수 있지만, 같은 조건에서 쥐는 굶어 죽게 될 것이다. 이러한 규모의 에너지 요구량은 어마어마한 생태적 제약에 해당한다. 당신에게 필요한 칼로리를 얻지 못한다면 당신은 다른 누군가의 칼로리가 되어버린다. 칼로리에 대한 유난히 높은 수요에 대처하기 위해 온혈동물의 뇌에는 어떤 변화가 생겼을까? 바로 더 영리해지는 것이다.

6   A. W. Crompton, C. R. Taylor, and J. A. Jagger, "Evolution of Homeothermy in Mammals," *Nature* 272, no. 5651 (1978): 333–36; Nick Lane, *Life Ascending: The Ten Great Inventions of Evolution* (New York: Norton, 2009). 에너지의 제약이 미치는 광범위한 영향을 제대로 평가한 최초의 생물학자들 중 Peggy La Cerra와 Roger Bingh가 쓴 *The Origin of Minds* (New York: Harmony Books, 2002)도 참조해 보자.

영리한 태생

치열한 경쟁의 세계에서 다른 경쟁자들보다 더 영리하다는 것은 다른 부분이 동등할 경우 하나의 장점이 된다. 이러한 맥락에서 영리해진다는 것은 무엇을 의미하는가? 그것은 주로 자신의 환경을 이해하고, 그 지식을 수렵채집, 짝짓기, 생존에 적용하는 능력이 향상되었음을 의미한다. 그것은 당신이 자극들(깨질 수 있는 견과류와 깨지지 않는 견과류 혹은 건강한 잠재적 짝과 건강하지 못한 잠재적인 짝) 간의 구별을 좀 더 미세하게 할 수 있음을 뜻한다. 그것은 당신이 차이가 있으면서도 유사한 부류 간의 인과관계를 밝힐 수 있다는 것을 뜻한다(먹을 수 있는 곤충과 오히려 물릴 수 있는 곤충). 세상에 대해 학습 능력을 업그레이드하는 것은 영리함으로 가는 효율적인 경로다.

학습이 아닌 다른 방법으로 영리함을 향상시키는 방법은 전적으로 유전적 돌연변이에 의존하며, 이는 매우 오랜 시간에 걸쳐 나타난다. 운이 좋으면 돌연변이 유전자는 세계의 정보를 충분히 구현하는 뇌 회로를 구성해 유기체가 일반적으로 생존하고 번식할 수 있게 할 것이다. 이는 본질적으로 개구리처럼 더 단순한 유기체들이 하는 방식과 같은 처리방법이다. 만약 온혈동물이 이러한 유전자 돌연변이를 통해 지능이 향상될 때까지 기다려야만 했다면, 그대로 멸종되고 말았을 것이다.

돌연변이를 기다리는 전략의 또 다른 한계는 극도로 긴 시간에 의존한다는 점 외에도, (세상의 속성인) 세상의 변화에 그 내재된 지식은 유연성이 부족하다는 점이다. 어쨌든 만약에 유전자가 토끼는 반드시 먹어야 한다는 지식의 신경망 접속을 구축했다면, 토끼가 풍족할 때는 괜찮지만 부족할 때는 문제가 된다. 결국 수량이 풍부하고 영양분이 많은 타조나 송어를 무시하고 토끼를 찾아 헤맬 수 있다.

포유류와 조류의 경우 학습은 매우 크면서도 새로운 방식으로 확대되었다. 바퀴벌레나 개구리와 같은 유기체의 학습 메커니즘은 주로 본능에 의해 제어되는 신경회로망을 조금만 수정할 수 있도록 제한되어 있다. 반면 포유류는 빅 러너Big Learner[7]이다. 포유류는 태어난 이후 뉴런 간 연결이 훨씬 더 복잡한 패턴으로 발전하고 그 결과 행동에 대한 유전적 통제는 학습된 통제에 의해 완화되며, 뇌는 5배까지 성장한다. 빅 러닝Big Learnig은 환경상의 인과관계 지식에 기반한 별개의 옵션들에 대한 지능적 평가와 함께 장기 계획의 형성을 가능하게 한다. 편향된 행동 결정의 유전적 기반은 어떤 종에서도 사라지지 않지만, 학습 능력이 증가함에 따라 점점 더 지배적이지 않게 될 수 있다. 본능적 기반 위에 세워진 지식 구조는 쥐처럼 소박할 수도 있고, 혹은 인간의 경우처럼 대성당같이 거대할 수도 있다.

유연성은 세상이 변화할 때 당신도 변화할 수 있다는 것을 의미한다. 행동의 모든 측면에 대한 엄격한 유전자 지도는 세상이 바뀌거나 새로운 환경을 탐구할 때 장애물이 될 수 있다. 예를 들어 바퀴벌레는 피지Fiji에서 번성할 수 있지만, 알래스카에서는 그렇지 못하다. 반면 인간과 쥐는 어마어마한 환경 차이에도 불구하고 피지와 알래스카 양쪽 모두에서 번성할 수 있다. 결론은 진화에 있어 강력한 학습 플랫폼이 선호된다는 것이다. 그러나 매우 높은 수준의 유연성을 구현할 수 있도록 학습 능력을 향상시키는 데는 뜻하지 않은 걸림돌이 있다. 바로

---

7   (옮긴이) 엄청난 학습량의 학습자.

출생 시 신경계의 미성숙이다.

빅 러닝과 출생 시의 미성숙은 왜 서로 맞물려 있을까? 학습에 대한 기본적인 신경생물학적 사실이 그 해답을 제시하고 있다. 학습이 일어나기 위해서는 뇌에서 학습한 바를 인코딩하기 위한 구조적인 변화가 반드시 일어나야 한다. 좀 더 구체적으로 말하면 해당 네트워크의 개별 뉴런은 구조를 약간 변경하여 네트워크 아키텍처에서의 차이를 만들어야만 한다. 이러한 구조적 변화는 실제로 학습된 지식의 전형이다. 하나의 뉴런은 다른 뉴런들과의 연결을 추가하면서, 다시 말해 새로운 시냅스를 한두 개 만들면서 변화할 수 있다(그림 1.1). 또는 뉴런은 입력 가지나 출력 가지를 확장할 수도 있다. 반면에 별다른 활동을 하지 않는 가지를 잘라내어 활동성이 높은 뉴런이 새로 성장할 수 있는 공간을 확보하기도 한다.[8]

뉴런의 네트워크에서 경험의 영향을 극대화하기 위해 뉴런 그 자체의 연결은 태어날 때는 가능한 한 최소한이어야만 하지만 그래도 자궁 밖에서 생명을 유지하기에는 충분해야만 한다. 왜 그럴까? 뉴런은 배운 바를 인코딩할 때 발아하고 퍼져나갈 공간이 필요하기 때문이다. 만약 신생 뉴런이 이미 성숙 단계라면 뉴런 네트워크에서의 그 기능은 유전적 결정에 맡겨지게 된다. 결론적으로 유전자가 뉴런이 수행하도록 조직화한 본능적 반응을 손상시키지 않고는 많은 조직을 추가할 수 없다. 만약 새로운 시냅스와 새로운 성장이 축소된다면, 세상에서 어떻게 번성할 수 있는지에 대한 인과적인 지식 또한 축소된다. 그러므로 태어날 때 유연한 영리함의 운명을 가지게 된 뇌는 무엇이든 미

---

[8] 부수적으로 학습의 이러한 신경생물학적 특징은 육신과는 분리된 영혼이 어떻게 기억하고 배우는지에 대한 상상을 어렵게 한다. 무엇이 기억을 인코딩하는 것일까?

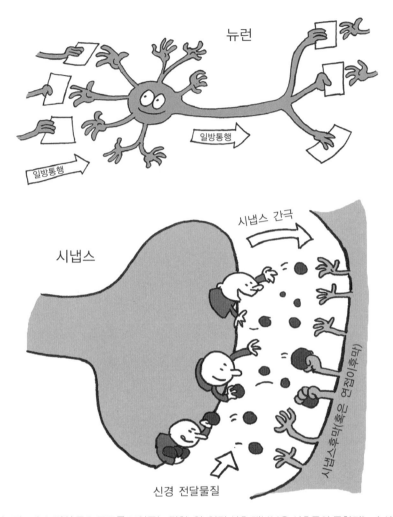

[그림 1.1] 뉴런의 주요 구조를 보여주는 만화. 위: 입력 신호 대부분은 신호들이 통합되는 수상돌기와 세포체로 들어간다. 출력은 축색돌기를 따라 시냅스로 이동한다. 아래: 시냅스는 뉴런 간의 의사소통 지점이다. 축색돌기는 신경 전달물질을 방출하며, 이 신경 전달물질은 뉴런 간의 공간(시냅스 간극)을 이동하고 이를 받아주는 쪽에서의 특화된 수용체에 결합한다. 신경 전달 물질에 의한 이러한 소통은 수용 뉴런이 활성화될 가능성을 바꾸게 된다. 피질 뉴런은 천 개에서 약 만 개의 시냅스를 가질 수 있다. 삽화 제공: 마그릿 드 히어(Margreet de Heer)

성숙해야만 하는 것이다. 포유류의 새끼는 빅 러너이며 이와 같이 만숙성(晩熟性)을 가지게 된다.

사실, 염소나 들소와 같은 조숙성(早熟性) 포유류는 일반적으로 새끼들이 태어나자마자 바로 서서 걸을 수 있다. 그러한 포유류는 그렇지 못하면 죽기 마련이다. 하지만 이러한 조숙성은 포유류의 진화상 훨씬 늦게 적응한 것으로 보이며, 주로 발굽이 있는 초식성의 군집 포유류에서 발생한다. 더군다나 이러한 조숙성 새끼들의 뇌는 만숙성 새끼의 전형적인 뇌의 엄청난 성장이 보이지 않는다.

그러나 조숙성의 포유류에서조차 상당한 칼로리 의존성은 새로 태어난 새끼에 있어 여전히 일반적이다. 새끼염소는 두세 달 동안 암염소의 젖을 먹고, 들소 송아지는 6개월에서 8개월 정도 젖을 먹는다. 그러한 조숙성은 대체로 서있는 상태에서 걷고 젖을 빨 수 있는 능력에 국한되는 것으로 보인다. 훌륭하기는 하지만 들소는 늑대나 너구리만큼 영리하지는 않다는 점을 또한 유념해 보도록 하자. 그러한 포유류는 하루의 대부분을 풀을 뜯어 먹으며 보내며, 필요한 경우 포식자들로부터 자신을 방어하기 위해 거대한 무리에 속해 있으면 유리하다는 통계적 장점에 주로 의존한다. 곰이나 퓨마가 낙오자를 쫓기 위해 넓은 대초원으로 모험을 떠날 수도 있지만, 무리 속 중앙에 안전하게 자리 잡은 곰이나 퓨마는 대체로 불운한 낙오자에 대해 미미한 신경을 쓸 뿐이다. 근처에 있는 들소 어미가 돌진하거나 발로 차기도 하지만, 교활한 곰은 보통 그런 들소 어미를 제압할 수 있다.

피질을 가진 태생

포유류에서 영리해지는 것과 사회성이 어떻게 독특한 방식으로 결합되었는지를 더 깊이 이해하려면, 포유류 뇌가 진화하는 동안 뇌의 접속은 어떻게 바뀌었으며, 그러한 접속은 원숭이와 늑대, 그리고 우리가 지능과 관련지어 생각하는 힘과 유연성을 어떻게 가능하게 했는지를 질문해야 한다. 다시 말해, 복잡한 문제 해결, 자기 통제, 상상, 양심과 같은 정교한 능력이 궁극적으로 어떻게 가능하게 되었는가?

피질. 이것이 그 답의 핵심이다. 피질은 포유류 특유의 뇌 구조이다.[9] 모든 포유류는 피질을 가지고 있으나 포유류의 조상 중에는 전혀 그렇지 않은 것도 있다.[10] 두개골을 꿰뚫어 내려다 볼 수 있다면, 당신이 보게 될 신경 조직은 윗부분에 놓여 있으며 고도로 상호 연결되어 있는 피질의 언덕과 골짜기다.[11] 그리고 그 아래에는 진화적으로 오래된 조직이 있다.[12] MRI는 이러한 신경 조직을 볼 수 있게끔 해준다.

피질의 구조는 아주 독특하다. 지정된 층에 정확히 위치한 특정 뉴런 유형과 함께 다른 뉴런에 원형적으로 연결되며 깔끔하게 적층된 6겹의 신경회로층(그림 1.2)이다. 박쥐든 개코원숭이든 아니면 우리 인류

---

9 조류에 대해서는 Harvey J. Karten, "Neocortical Evolution: Neuronal Circuits Arise Independently of Lamination," *Current Biology* 23 (2013): 12‒15 참조. 지금은 조류에 대한 부분을 상당 부분 생략하고자 한다. 이러한 생략은 유감스럽긴 하나, 지면 제한을 고려할 때 어쩔 수 없다.

10 Zoltán Molnár et al., "Evolution and Development of the Mammalian Cerebral Cortex," *Brain, Behavior, and Evolution* 83 (2014): 126‒39; Jennifer Dugas-Ford and Clifton W. Ragsdale, "Levels of Homology and the Problem of the Neocortex," *Annual Review of Neuroscience* 38 (2015): 351‒68.

11 (옮긴이) 작은 언덕들은 이랑(gyrus)이라고 부르며 그 사이의 골짜기는 고랑(sulcus)이다.

12 MRI는 이러한 신경 조직을 볼 수 있게 해준다. "패트리샤 처칠랜드의 뇌(Patricia Churchland's Brain)", 2018년 7월 10일 검색, patriciachurchland.com/gallery (스크롤을 내려 보기)

13 (옮긴이) 수초(髓鞘) 또는 말이집이라 한다. 신경섬유, 즉 뉴런을 지방질로 감싸며, 절연체 및 보호막의 역할을 한다.

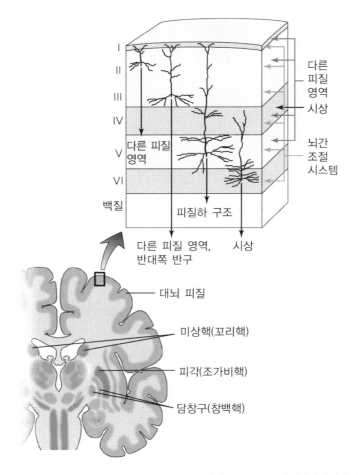

[그림 1.2] 왼쪽 아래: 사람의 뇌 단면을 묘사한 도해. 표면에 있는 짙은 회색의 가장자리가 피질이다. 좀 더 중앙에 위치하는 구멍들은 뇌실(ventricle)들이며, 액체로 채워져 있다. 피질 아래의 어두운 영역은 기저핵(basal ganglia; 담창구(globus Pallidus)), 피각(putamen), 미상핵(caudate Nucleus)과 같은 피질하 구조(subcortical structure)들이다. 피질과 피질하 구조 사이의 흰색 부분은 한 영역에서 다른 영역으로 신호를 전달하는 뉴런들이 빽빽이 채워진 축색돌기들이다. 뉴런의 축색돌기는 미엘린[13]이 부족한 회백질에서 신경조직보다 밝은 지방 절연체(미엘린)로 싸여 있기 때문에 흰색을 띤다. 사용되는 산소 비중은 회백질의 경우 94%이고 백질의 경우 약 6%이다.

오른쪽 위: 피질층(cortical laminae) 도해. 해당 도해는 뉴런의 입력 소스와 별개의 층에 위치한 출력 대상의 특이성을 나타낸다. 인간의 피질 조직 안에는 세제곱 밀리미터당 약 10만 개의 뉴런이 밀집되어 있다. Annual Reviews(http://www.annualreviews.org)의 승인하에 ANNUAL *Annual Review of Neuroscience*, volume 26 ⓒ 2003을 수정한 것

든 간에 피질은 모든 포유류에 있어 기본적으로 동일한 아키텍처를 가지고 있다. 시각 신호나 청각 신호를 처리하든 아니면 특화된 영역이든 또는 바늘에 실을 꿰는 작업을 해내기 위해 손가락 근육을 조직하든 간에 개개의 뇌 내 피질은 모든 영역에 있어 기본적으로 탁월한 조직 프로파일organizational profile을 동일하게 가지고 있다. 피질은 빅 러닝을 이끌어낸 구조적 혁신이었으며, 결과적으로 고칼로리를 필요로 하는 포유류들이 세상에서 성공할 수 있게 해줬다.

엄밀히 말해, 일반적인 용어로서의 **피질**은 신경회로층으로 구성된 신경구조, 즉 판상구조laminar structure를 가진 모든 신경조직에 적용된다. 피질구조와 대비되는 것은 대략 '덩어리'란 의미를 가진 **핵 구조**로, 뉴런이 신호를 주고받는 곳이 층층이 반듯하게 배열되어 있는 것이 아니라 덩어리로 뭉쳐져 있다. 예를 들면, 애착에 중요 역할을 하는 피질하 구조subcortical structure인 **중격의지핵**nucleus accumben(측좌핵)[14]이 있다. 그 앞쪽 끝은 즐거움의 반응에 영향을 주고, 뒤쪽 끝은 공포와 혐오의 반응에 영향을 준다.[15]

포유류의 선조이자 우리 모두의 공간 기억에 중요한 역할을 하는 고대 구조물인 해마는 매우 독특한 3층 조직을 가지고 있다. 해마는 아주 오래된 그 기원을 반영하여 **원시피질**이라고 부른다. 포유류에만

---

14 (옮긴이) 중격의지핵은 의지핵, (중격)측좌핵, 기댐핵, NAc(흑은 NAcc)로 불린다. 이 용어는 중격(septum)에 기대고 있는 신경핵이란 뜻에서 나온 말이다. 아마도 accumbent라는 단어에서 유래된 말로 생각이 된다. 라틴어로 accumbent는 눕다라는 뜻으로 나오는데, Merriam Webster 사전 등을 참조해 보면 단순히 눕는 자세가 아니라 고대 로마인 같은 고대인들이 식사 때 기대거나 누워 먹는 자세를 뜻하고 있다. 이때 어딘가 기대어 있는 모습에서 기대거나 의지하는, 측위(側位)의 뜻이 생겨난 것으로 보인다.

15 Kent C. Berridge and Morton L. Kingelbach, "Affective Neuroscience of Pleasure: Reward in Humans and Animals," *Psychopharmacology* 199 (2008): 457–80.

있는 6층 피질은 포유류 이전의 2~3층 구조와 구별하기 위해 신피질이라 부르기도 한다.

층 구조는 공학적 이점이 있다. 우선, 축색돌기axon와 수상돌기dendrite의 길이를 최소화하여 그 접속 비용을 줄이면서 신경의 연결성을 극대화하는 것이다. 또 다른 이점으로 층 구조는 일종의 발판을 제공하여 끊임없이 계속되는 뇌의 연산 작용에 적절하게, 심지어는 최적으로 기여할 수 있는 곳에서 특정 작업들이 발생하게 한다는 것이다.

그럼에도 불구하고 주의해서 생각할 점은 사회성과 영리함을 모두 갖춘 새의 신경구조가 대체로 엉성하다는 것이다. 새의 뇌에는 모든 포유류 종에서 흔히 볼 수 있는 6층 피질이 없다. 큰까마귀와 앵무새와 같은 조류 종의 영리한 행동에서 알 수 있듯이, 어쨌든 새들은 매우 영리할 수 있다.[16] 조류와 포유류 뇌 사이의 이러한 해부학적 대비점은 조류가 공룡에서 분리되었던 약 1억 5천만 년 전 진화상 포유류에서 발견되는 것과는 다소 다르게 지능이 향상되는 신경생물학적 혁신이 우연히 발견되었다는 것을 시사한다.[17]

포유류 피질 회로cortical circuitry의 놀라운 특징 중 하나는 확장이 가능하다는 점이다. 생쥐는 조그마한 피질을 가지고 있으며, 원숭이는

---

16 Nathan J. Emery, "Cognitive Ornithology: The Evolution of Avian Intelligence," *Philosophical Transactions of the Royal Society of London. Series B, Biological Sciences*, 361 (2006): 23-43. 동물행동학자 베른트 하인리히(Bernd Heinrich)는 큰까마귀에 대한 세심한 관찰자이다: National Geographic, "Genius Bird," YouTube, July 11, 2008, https://www.youtube.com/watch ?v=F8L4KNrPEs0. 동물행동학자 존 마즐러프의 TED 강연도 참고해 보자: "Crows, Smarter Than You Think" (TEDx Talks), YouTube, January 22, 2014, https://www.youtube.com/watch ? v=0fiAoqwsc9g.

17 우리가 현미경으로 보게 되는 그러한 구조물이 조류에서는 다르게 보인다라고 해야 한다. 즉 얇은 층이 아니다. 그럼에도 불구하고 눈에 보이지 않는 근본적인 원칙들은 아마 유사할 수도 있다. 유전자 데이터와 세포 유형의 식별에서는 그러한 유사성을 시사하기 시작했다. Dugas-Ford and Ragsdale, 앞의 논문.

훨씬 더 큰 피질을 가졌지만, 인간의 피질은 이보다 훨씬 더 크다(그림 1.3 참조). 특정(자극 혹은 감각) 양상modality(樣相)에서 신호 처리를 지원하는 피질은 종(種)들마다 그 비율이 다르다. 쥐는 청각 처리를 위한 피질의 비율이 낮은 반면, 어둠 속에서 길을 찾기 위해 반향 위치 측정을 사용하는 박쥐는 청각 피질의 비율이 높다. 원숭이와 인간은 시각 처리를 전담하는 피질이 상당히 높은 비율을 차지하는 반면, 땅속에서만 사는 벌거숭이 두더지쥐는 거의 없다.

　서로 다른 종에 따른 피질 특화상 차이에도 불구하고 피질의 뉴런 구성은 기본적으로 동일하다. 인간의 피질은 아주 많은 수의 뉴런을 가지고 있다는 것으로 크게 구별되며, 따라서 다른 영장류의 피질보다 더 크기도 하다. 피질 표준 회로의 질서 정연함이 아마도 피질회로를

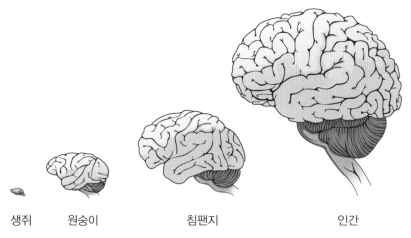

생쥐　　　원숭이　　　　　　침팬지　　　　　　　　인간

[그림 1.3] 성인 사람의 뇌와 다른 포유류의 비교. 생쥐는 조그마한 피질을 가지고 있으며, 원숭이와 침팬지는 더 큰 피질을 가지고 있고 인간의 피질은 이보다 훨씬 더 크다.
원서의 사진을 본문의 내용을 반영하여 새롭게 그림.
원본은 K. C. Catania 제공. K. C. Catania, "Evolution of the Somatosensory System - Clues from Specialized Species," *Evolution of Nervous Systems* 3 (2007): 189-206를 참조.

확장 가능scalable하게 만드는 원인일 것이다. 왜냐하면 태아의 피질 조직을 만들어내는 유전자는 좀 더 오랜 시간 동안 작동할 수 있고, 새로 추가되는 것이 기존 회로에 딱 들어맞기 때문이다. 피질의 확장성scalability은 또한 한 종에서 추가적인 피질을 만들기 위해 뉴런을 추가로 생성하는 데 관련된 유전적 조정이 쉽사리 일어난다는 점을 시사한다.

중요한 것은 배아와 유아의 피질 발달을 관장하는 유전적 포트폴리오와 원리가 모든 포유류 사이에서 널리 공유되는 것으로 보인다는 점이다.[18] 이는 약 2억 년 전 피질의 혁신이 초기에 잘 작동했으며, 여전히 제대로 작동하고 있다는 것을 뜻한다. 쥐와 영장류의 유전적 특질 간에는 몇 가지 차이가 있다.[19] 한 가지 흥미로운 변형은 설치류에 비해 영장류의 개별 뉴런들은 훨씬 더 작다는 것이며, 그 결과 영장류의 표준회로 1입방 밀리미터에 훨씬 더 많은 뉴런들을 가득 채울 수 있게 된다.[20]

뉴런의 소형화는 영장류의 적응 중 하나이다. 쥐 피질 뉴런은 약 1,400만 개에 불과하며, 이는 쥐의 작은 두개골에 편안하게 꼭 들어맞는다. 그러나 원숭이의 피질 뉴런은 약 20억 개, 인간의 피질 뉴런은

18 K. D. Harris and G. M. Shepherd, "The Neocortical Circuit: Themes and Variations," *Nature Neuroscience* 18 (2015): 170–81; Peng Gao et al., "Lineage-Dependent Circuit Assembly in the Neocortex," *Development* 140 (2013): 2645–55.

19 Harris and Shepherd, "Neocortical Circuit."

20 해부학자인 수자나 허큘라노-하우젤(Suzana Herculano-Houzel)이 지적한 바와 같이, 만약 쥐의 뇌가 쥐 뇌의 전형적인 충전밀도(充塡密度, packing density)와 뉴런 크기를 가진 채 인간만큼(약 860억)이나 뉴런을 많이 가지고 있다면 쥐의 뇌의 무게는 약 36kg에 달할 것이다. 그러한 크기로는 실효성이 없다. Suzana Herculano-Houzel, "The Human Brain in Numbers: A Linearly Scaled-Up Primate Brain," *Frontiers in Human Neuroscience* 3 (2009): 31, https://doi.org/10.3389/neuro.09.031.2009.

160억 개에 달하므로, 인간의 뉴런이 쥐의 뇌보다 훨씬 더 작고 밀집되어 있지 않다면, 재난 수준으로 거대한 머리가 필요할 것이다. 프로세싱 부품의 소형화는 컴퓨터 엔지니어들이 잘 알고 있는 부분이다.

피질의 진화적 기원은 잘 알려져 있지 않지만, 아주 초기의 포유류의 경우 후각과 촉각이 발달하여 어두운 밤에 길을 찾는 것을 가능하게 했기 때문에 수렵채집의 성공률이 높아졌을 가능성이 있다. 결국 주행성diurnal이 된 종의 경우 해가 뜰 때나 해질녘, 어둠 속에서도 좋은 정보를 얻을 수 있는 눈도 또한 상당히 유리하게 작용했다.

신경생물학적 진화의 어느 시점에서 감각(혹은 자극) 양상sensory modalities (感覺樣相)에 대한 이러한 유전적 변화는 다양한 종류의 감각 신호를 효율적으로 통합하여 고급 정보를 추출할 수 있는 새로운 신경 구조와 연결되기 시작했고 이는 수렵채집과 안전에 대한 결정을 내리는 데 보다 유리하게 작용했다. 예를 들면 먹이를 찾을 때 뇌는 단순히 '저기 움직임이 있다'와 같은 낮은 단계의 신호를 등록하는 것이 아니라 후각, 촉각, 시각 신호를 통합하여 '저기 먹을 수 있는 신선한 귀뚜라미가 있다'라든가 또는 '저기 지저분하고 먹을 수 없는 귀뚜라미가 있다'와 같은 보다 구체적이며 유익한 신호를 얻는 것이 유리하다. 수렵채집 관련 특정 정보는 시간과 에너지도 절약할 수 있다.

공학적 관점에서 볼 때, 피질의 매우 규칙적인 신경 조직은 다양한 신호를 통합하고 생존과 번식에 관련된 세상의 사건과 사물에 대한 추상적인 표현을 이끌어내는 데 매우 적합하다. 현재까지 밝혀진 바로는, 피질 회로를 더 많이 추가할수록 세상의 복잡한 인과관계 패턴을 파악하는 능력이 더 효과적이라고 한다.[21]

피질이 가진 마법의 주요 핵심은 그것이 학습하고, 통합하고, 수정하고, 기억해 내며 학습을 계속한다는 점이다. 유아의 뇌는 매초 약 1,000만 개의 시냅스neural connections(신경 연결)를 만들어 낸다. 사춘기가 되면 인간의 뇌는 출생 시보다 무게가 5배가량 증가한다. 피질의 출현과 함께 물리적, 사회적 세상에 대한 학습은 새로운 차원의 정교함에 도달했고, 이후 우리의 조상인 호모 에렉투스와 호모 네안데르탈인과 같은 호미닌[22]을 포함한 수많은 종(種)에서 피질이 확장되었다.

어떤 유전자들은 태아의 발달 과정에서 기본적인 접속을 구축하는 데 결정적인 역할을 하는 반면, 다른 특정 유전자들은 뉴런 가지가 활발하게 성장하는 동안 단백질 생성을 조절하여 학습을 지원하는 역할을 한다.[23] 삶에서 경험하는 규칙성과 가치를 모델링할 수 있는 회로를 만들기 위해 뇌는 새싹 뉴런 구조의 일부가 되는 단백질을 형성해야 한다.[24] 이것이 바로 지속적인 기억이 만들어지는 방식이다. 따라서 새로운 단백질을 조합하여 새로운 뉴런 구성 요소를 만드는 유전자는 학습하는 동안 발현되어야만 한다.[25] 대규모의 가소성은 우리 본

21 B. L. Finlay and P. Brodsky, "Cortical Evolution as the Expression of a Program for Disproportionate Growth and the Proliferation of Areas," in *Evolution of Nervous Systems*, 2nd ed., ed. Jon H. Kaas, vol. 3, *The Nervous System of Non-human Primates*, ed. Leah Krubitzer (Amsterdam: Academic Press, 2017), 73–96; Jon H. Kaas, "The Evolution of Brains from Early Mammals to Humans," *Wiley Interdisciplinary Reviews. Cognitive Science* 4, no. 1 (2013): 33–45.

22 분류학상 사람과에 속하는 현재 또는 과거에 사라진 인류의 조상을 말한다.

23 L. Hinckley et al., "Hand Use and the Evolution of Posterior Parietal Cortex in Primates," in Evolution of Nervous Systems, 2nd ed., ed. John H. Kaas, vol. 3, *The Nervous System of Nonhuman Primates*, ed. Leah Krubitzer (Amsterdam: Academic Press, 2017), 407–15.

24 Pico Caroni, Flavio Donato, and Dominique Muller, "Structural Plasticity upon Learning: Regulation and Functions," *Nature Reviews Neuroscience* 13 (2012): 478–90.

25 S. Cavallaro et al., "Memory-Specific Temporal Profiles of Gene Expression in the Hippocampus," *Proceedings of the National Academy of Sciences of the United States of America*, 99 (2002): 16279–84; Y. Lin et al., "Activity-Dependent Regulation of Inhibitory Synapse Development by Npas4," *Nature* 455, no. 7217 (2008): 1198–204, https://doi.org/10.1038/nature07319. See also B. Hertler et al., "Temporal Course of Gene Expression during Motor Memory Formation in Primary Motor Cortex of Rats," *Neurobiology of Learning and Memory* 136 (2016): 105–15.

질의 일부이다.

피질의 본질은 양육의 효과를 지도로 만들기 위해(매핑) 연결성을 조정하여, 본성 대 양육이라는 진부한 맥락에서 문제를 파악하는 것이다. 이것이 피질의 특수한 재주이다. 빅 러닝Big Learning에 관여하는 이러한 피질의 능력이 포유류의 행동에서 보이는 유연성을 가능하게 한다. 뉴런이 집약된 6층 구조는 종(種)과 관련된 세상의 속성을 모델링할 수 있는 능력을 제공한다. 이러한 유연성과 능력은 우리가 지능이라고 생각하는 두 가지 요소이다.

피질이 상황이나 사물에 가치를 할당하기 위한 시스템(위험하거나 안전한 것, 맛있거나 불쾌한 것)과 연동되어 있는 한, 환경의 특징을 매핑하도록 뇌를 조율하는 것은 매우 유리할 수 있다. 동기부여, 가치평가, 목표, 감정에 중요한 (대뇌)기저핵basal ganglia과 같은 고대 구조와 피질이 고도로 조직적으로 연결되어 있지 않다면, 피질은 자동차 후드 장식물만큼 거의 쓸모없는 장식품에 불과할 것이다. 이 오래된 구조는 동기 부여와 욕구, 성욕 및 배고픔과 갈증 그리고 동작 순서에 대한 원천이다. 또한 수면, 깨어남, 주의 전환을 조절한다. 사람의 양심조차도 피질 기능의 전부는 아니며, 어쩌면 그다지 큰 비중도 아닐 것이다. 사회지능은 피질의 기능에 의존하는 것은 사실이지만, 기저핵과 같은 진화적으로 더 오래된 구조들에 결정적으로 의존한다. 이러한 피질하 구조subcortical structure들은 가치 평가에 필수적인 역할을 한다.

포유류 피질의 전두부frontal region(이마 부위)는 기저핵을 포함한 피질하 구조subcortical structure와 연결되어 있으며, 이러한 연결은 접근해야 할 대상과 피해야 할 대상을 학습하는 과정을 지원한다. 또한 이 연결들은 충동을 억제할지 여부와 같은 가치 기반 판단도 가능하게 한다.

예를 들어 숲속에서 생존하기 위한 기본적인 교훈은 절대 곰에게서 도망치지 말라는 것이다. 곰은 어떤 사람, 심지어 우사인 볼트Usain Bolt 같은 선수보다도 훨씬 빠르게 달릴 수 있으며, 도망치는 경우 전력을 다해 쫓아온다.[26] 도망가고자 하는 강한 충동에도 불구하고 가만히 서 있으려면 위험스러운 자제력을 발휘해야 하지만, 인간은 이를 할 수 있다. 전투가 벌어지는 동안, 전두피질frontal cortex은 기저핵과 활발하게 상호작용하며, 후천적으로 습득한 기술을 활용해 치명적일 수 있는 본능적 행동을 억제한다.

오래된 기저핵과 새로운 피질 간의 악수가 정확히 어떻게 이루어졌는지에 대해서는 잘 알려져 있지 않다. 포유류와 파충류의 뇌에 대한 해부학적 비교에서 그것이 **성취되었음**을 명백히 알 수 있다. 비록 우리의 화려한 피질 아래에 오래된 파충류의 뇌가 있다고는 하지만, 이것은 기저핵과 같은 피질하 구조의 진화적으로 오래된 기원에 대한 농담조의 언급이라고 여겨야 할 것이다. 사실 나의 피질 아래에는 도마뱀과 상동(相同)하는 기저핵이 놓여 있지만, 그것은 어디까지나 포유류의 것이고 나의 피질과 고도로 통합되어 있다. 나의 기저핵은 도마뱀에서 기능할 수 없다.

---

26 우사인 볼트는 약 시속 20마일(32킬로미터)로 달릴 수 있다. 다음은 숲을 가로질러 사슴을 쫓는 곰에 대한 동영상이다: "사슴을 사냥하는 곰," YouTube, December 15, 2012, https://www.youtube.com/watch?v=JqGiLMpZdBw&frags=pl%2Cwn. 사슴은 잡히고 만다.

굶주림에 시달리는 태생

자식을 돌볼 사람이 필요하다는 것에 더하여 빅 러너Big Learner는 또 다른 큰 도전에 직면해 있다. 뇌는 에너지를 마구 퍼먹어대는 돼지energy hog와 같다. 왜냐하면 신호를 통합하고 보내는 신경 활동neural activity(신경 활성(도))은 에너지를 필요로 하기 때문이다. 인간의 뇌는 체중의 약 2% 정도에 불과하지만, 칼로리 섭취량의 약 25%를 소비한다.[27] 인간의 뇌는 약 860억 개의 뉴런을 가지고 있으며, 이는 하루에 10억 개의 뉴런당 약 6칼로리(총 516칼로리)가 뇌에 공급되어야 한다는 것을 의미한다. 따라서 온혈동물의 칼로리 섭취량은 단지 생존 범위 내에서 체온을 유지하는 것뿐만 아니라, 똑똑한 두뇌를 유지하기 위해 칼로리 섭취량이 크게 증가한다.[28] 근육뿐만 아니라 다른 장기(심장, 폐, 창자)가 작동하는 데 에너지가 필요하다는 점을 고려할 때 뉴런의 에너지 요구량은 뇌 크기를 제한한다. 때때로 진화는 들소처럼 골격근이 커지거나 풀을 발효시킬 수 있는 소화기관이 생기는 대신 영리함을 약간 희생하는 '멍청한 진화'를 선호한다.

칼로리 공급은 체내 온도조절 작용endothermy이나 기존 뉴런의 기능을 유지하기 위해 에너지를 공급하는 것에서 끝나는 것이 아니다. 출생 시 미성숙 상태에서는 경험을 통해 학습한 것을 구체화하기 위한 새로운 뇌 회로를 구축하기 위해 특히 높은 칼로리 섭취가 필요하다.

---

27 Suzana Herculano-Houzel, *The Human Advantage: How Our Brains Became Remarkable* (Cambridge, MA: MIT Press, 2016).

28 La Cerra and Bingham, *Origin of Minds*. 페기 라 세라(Peggy La Cerra)와 로저 빙엄(Roger Bingham)은 내게 처음으로 포유류 뇌에서의 강력한 통제에 관한 광의적 의의를 알려준 생물학자들이었다.

에너지와 관련된 또 다른 문제는 미성숙한 소화기 기관이 성인용 음식을 소화할 수 있는 준비가 안 되어 있다는 점이다. 모유는 포유류 새끼에게 완벽한 음식이지만, 어미는 잠재적으로 똑똑한 새끼의 두뇌 형성에 필요한 칼로리를 얻을 수 있도록, 풍부한 모유를 만들 수 있는 추가 에너지원을 반드시 찾아야만 한다. 만약 어미가 충분한 칼로리를 섭취하지 못하면 새끼들은 영양실조에 걸리게 되고 이로 인해 인지능력이 떨어지는 뇌를 갖게 될 것이다.

칼로리에 대한 것은 별개로 하고, 일부 종(種)의 경우 막 출산한 어미가 태반(혹은 태)뿐만 아니라 결함이 있거나 기형인 갓 태어난 새끼를 잡아먹기도 한다. 이런 행동은 흑곰, 설치류, 영장류를 포함한 많은 종에서 관찰된다. 이러한 동종포식 행위는 우리에게 충격적일 수 있지만, 사실 이러한 포식 행위는 어미의 칼로리 지수를 높이고 수유 의무를 줄이며, 번성 가능성이 있는 새끼들에게 더 풍족한 젖을 제공하는 풍부한 단백질 식품을 제공한다.[29] 인간(산모)이 통상적으로 태반을 먹지 않는 이유에 대해서는 알려져 있지 않다.[30]

포유류와 조류에서의 다른 삶의 방식 변화는 생물에너지적 제약에 의해 형성된다. 포유류는 비슷한 크기의 파충류보다 훨씬 더 많이 먹어야 하기 때문에 주어진 한 뙈기의 땅에서 더 적은 수의 포유류가 서

---

29 Bill Schutt, *Cannibalism: A Perfectly Natural History* (Chapel Hill, NC: Algonquin Books, 2017). 예를 들면 기아 상태라면 인간이 태반 물질을 먹을 수도 있다는 몇 가지 증거가 있다; 다음을 참조. Jack Miles, *God: A Biography* (New York: Vintage Books, 1995). 그리고 16세기 의학 문헌인 약물학 개요(Compendium of materia medica)에서는 (아마도 말린) 태반을 먹는 것에 대해 언급하고 있다.

30 그러나 다음을 참조. Corinne Purtill, "No Mothers in Human History Ate Their Own Placentas before the 1970s," Quartz, July 7, 2017, https://qz.com/1022404/no-mothers-in-human-history-ate-theirown-placentas-before-the-1970s.

식하게 된다. 수십 마리의 도마뱀들은 조그만 서식지에서도 꽤나 잘 먹고살지만, 그 정도 크기의 서식지에서 다람쥐는 더 적은 수, 보브캣은 훨씬 더 적은 수만 서식할 수 있다. 한 가지 시사점은 한 배에 난 새끼 수가 더 줄어드는 것과 같은 적절한 조정이 이루어지지 않는다면, 진화는 더 큰 뇌를 가지게 해줄 영양분 공급에 조력할 수 없다는 점이다. 따라서 성공적인 적응을 위해서는 새끼를 많이 낳기보다는 적은 수의 새끼를 낳고, 새끼가 독립할 때까지 복지에 집중적으로 투자하는 것이 중요하다. 쥐가 한 번에 8마리의 새끼들을 낳는 것은 인간에게는 많아 보일 수 있지만, 50~90마리에 달하는 가터 얼룩뱀 새끼에 비하면 상대적으로 적다.

칼로리 제한은 다른 이유로도 발생한다. 포유류 뇌의 진화 과정에서 어미들은 일반적으로 자신의 새끼를 보호하기 위해 때로는 격렬하게 방어하도록 연결되어 있다. 가령 대초원 들쥐와 늑대들과 같은 일부 종에서는 아비도 새끼를 적극적으로 지키려 한다. 포식자에 대한 방어는 힘들고 많은 에너지가 필요하다. 문제는 새끼들이 포식자에 대항해 상당한 양의 식사를 할 수 있을 만큼 충분히 클 때까지 어미 동물이 어린 새끼들에게 상당한 에너지를 투자해야 한다는 것이다. 오랜 임신 후 한두 마리의 새끼만 낳는 종의 경우, 모든 새끼는 엄청난 투자를 상징한다. 가망 없는 어린 새끼들을 포기하고 후일을 기약하는 것이 최선의 행동임을(간혹 미묘하게 오는 이 신호를) 인식하도록 (신경 회로가) 접속된 어미들뿐만 아니라, 기를 쓰며 새끼들을 방어하도록 접속된 어미들도 선호한다.[31]

---

31 유튜브에는 "광분한 엄마 다람쥐가 아기다람쥐들을 구하다!(Mother Squirrel Goes Nuts and Saves Baby!)"와 같은 영웅적인 포유류 어미들에 대한 동영상이 많이 있다. YouTube, March 1,

신체 크기에 비해 뇌 크기가 클수록 지능이 높아지지만, 뇌가 더 커진 종들의 경우 어미의 출산율이 낮아지는 경향이 있다. 즉, 침팬지와 인간과 같은 동물은 쥐나 생쥐보다 출산 간격이 더 길다. 대략적으로 뇌의 뉴런 수가 많을수록 출생에서 성숙될 때까지의 기간이 더 길어진다. 성숙 기간이 길어지는 것은 주로 빅 러닝의 에너지 수요 덕분이며, 미성숙한 뉴런이 많다는 것은 훨씬 더 많은 칼로리가 필요하다는 것을 의미한다. 쥐는 침팬지와 인간에 비해 아주 작은 뇌를 가지고 있다. 새끼 쥐는 출생 후 약 22일에서 24일 후에 보금자리를 떠날 준비를 갖추게 되며, 약 65일에서 70일이 되면 성적으로 성숙해진다. 이와 대조적으로 새끼 침팬지는 그 어미로부터 5년 동안 젖을 먹으며, 약 10년 동안 함께 지내고, 암컷은 13년에서 14년 때쯤에 첫 새끼를 낳는다.

하지만 출산율의 제한은 조금 완화될 수 있다. 어떻게 그럴 수 있을까? 어미들이 도움을 받으면 된다. 가령 어미가 먹이를 구하는 동안 어미에게 먹이를 가져다주거나 새끼를 데리고 있거나 또는 보금자리를 지켜줄 친구와 같은 다른 동료가 있다고 가정해 보자. 생물학자들은 이러한 활동을 에너지 조력energy subsidies이라고 한다. 그러면, 뇌 크기를 일정하게 유지하면서, 어미는 더 자주 출산할 수 있게 된다.[32] 넉넉한 에너지 조력을 누릴 정도로 운이 좋은 인간 엄마들은 좀 더 작은 뇌를 가진 침팬지보다 2~3년에 한 번씩 더 자주 출산할 수 있다.

어미에 대한 에너지 조력은 인간, 명주 원숭이, 대초원 들쥐와 같이 부모가 함께 새끼를 키우는 종에 있어 전형적이다.[33] 이러한 종에서는

2009, https://www.youtube.com/watch?v=T2wxVdo2osQ.

32 Sarah Blaffer Hrdy, *Mothers and Others: The Evolutionary Origins of Mutual Understanding* (Cambridge, MA: Belknap Press of Harvard University Press, 2009).

33 Ngogo Chimpanzee Project, accessed July 8, 2018, http://campuspress.yale.edu/ngogochimp/project.

티티원숭이처럼 어미가 먹이를 찾을 동안 수컷이나 때로는 형제가 새끼를 업어주는 방식으로 어미를 돕는다. 많은 암컷이 다른 암컷을 돕는 협조적 양육cooperative mothering은 여러 종의 꼬리감는원숭이Capuchin monkeys, 개코원숭이, 쥐여우원숭이, 사람에게서 관찰되었다. 공유하는 보금자리에서 서로의 새끼를 동종수유allo-suckling하는 것은 생쥐에서 흔히 볼 수 있는 일이며, 반드시 친척일 필요도 없다.[34] 침팬지 무리에서는 암컷이 다른 암컷을 도와 새끼를 돌보는 짝을 이루는 것은 흔한 일이지만,[35] 면밀한 분석 결과, 이러한 특별한 에너지 조력 정도는 뇌의 크기나 출산율을 증가시키기에 충분하지 못한 것으로 나타났다.[36]

화석 기록상으로 볼 때, 포유류 출현 이후 초기 백만 년 정도의 기간 동안 많은 진화 실험이 있었다. 대부분의 종은 다양한 이유로 (십중팔구는) 멸종되었다. 아마도 새끼들이 너무 컸거나 뇌가 심장이나 폐에 비해 상대적으로 컸을 수도 있고, 생태적 조건을 고려했을 때 수천 가지 결함 중 하나가 종을 몰락시켰을 수도 있다. 수많은 멸종 속에서도 포유류와 조류는 매우 성공적인 진화적 혁신이었다. 현재 우리는 대략 5,400종의 포유류와 약 18,000종의 조류를 알고 있다. 종들 간의 사회생활 관리법에 있어 가변성은 생태적 조건들이 진화가 선호하는 바를 형성한다는 것을 상기시켜준다.

포유류와 조류의 경우 어미에 대한 애착, 경우에 따라서는 아비나

34 A. Rusu, B. Knig, and S. Krackow, "Pre-reproductive Alliance Formation in Female Wild House Mice (*Mus domesticus*): The Effects of Familiarity and Age Disparity," *Acta Ethologica* 6, no. 2 (2004): 53–58.

35 K. Langergraber, J. Mitani, and L. Vigilant, "Kinship and Social Bonds in Female Chimpanzees (*Pan troglodytes*)," *American Journal of Primatology* 71 (2009): 840–51.

36 Adrian Viliami Bell and Katie Hinde, "Who Was Helping? The Scope for Female Cooperative Breeding in Early Homo," *PLoS One* 9, no. 3 (2013), https://doi.org/10.1371/journal.pone.0083667.

친척, 친구에 대한 애착은 일반적인 사회적 행동 특히 도덕적 행동을 위한 플랫폼이다. 이 기본 플랫폼은 물속에서만 사는 고래나 땅에서만 사는 원숭이 등 신체 형태에 상관없이 작동한다. 환경에 대한 적응은 놀랍도록 다양하며, 각각의 종은 그 유전자를 물려줄 만큼 생존에 꽤나 적합한 사회적 스타일로 독특하게 보완해 왔다. 예를 들어 마모셋과 티티원숭이는 협동 양육자cooperative breeder(수컷과 암컷이 육아 의무를 함께 하는 것)이며, 평생 동안 짝을 유지하지만, 침팬지와 보노보는 그렇지 않다. 늑대 떼와 미어캣 무리는 오직 하나의 번식쌍이지만, 개코원숭이는 그렇지 않다. 일반적으로 암컷 침팬지는 성숙하면 출생한 무리를 떠나지만 개코원숭이는 수컷이 무리를 떠난다. 불곰과 오랑우탄과 같은 많은 종은 무리지어 살지 않고 짝짓기와 새끼를 돌보는 정도까지만 사회성을 발휘한다. 묘한 매력과 다양성을 가진 이러한 예들은 한도 끝도 없다.[37] 기본적인 애착 플랫폼에 기반한 발판은 서로 다른 생태학적 압력에 따라 변화하여 종 특유의 애착 패턴을 만들 수 있다.

인간은 왜 그렇게 큰 피질을 가지고 있는가?

포유류의 사회성은 벌, 흰개미, 물고기와 같이 피질이 부족한 사회적 동물들에서 보이는 바와는 질적으로 다르다. 포유류의 사회성은 좀더 유연하고, 덜 반사적이며, 환경의 우발적 사태에 더 예민하기에 증거에 민감하다. 그것은 단기뿐만 아니라 장기적 고려사항에 대해서

---

37 E. A. D. Hammock and L. J. Young, "Neuropeptide Systems and Social Behavior: Noncoding Repeats as a Genetic Mechanism for Rapid Evolution of Social Behavior," *Evolution of Nervous Systems* 3 (2017): 361–71.

민감하다. 포유류의 사회적 뇌는 다른 이의 의도나 기대하는 바를 알기 위한 사회적 세계의 탐색을 가능하게 해준다. 보디랭귀지는 감정과 목표의 신호를 보내기 위해 진화해 왔으며, 뇌는 그러한 신호를 해석하도록 진화해왔다. 일부 포유류의 뇌는 선조들이 발견한 바를 새끼들이 배우게 함으로써 세대를 거쳐 지식의 축적을 가능하게 한다. 이러한 일이 인간에게는 대규모로 일어나지만, 침팬지, 꼬리감는원숭이 및 일부 조류 종에서는 보다 적은 수준으로 발견된다.[38] 포유류에 있어 피질은 바로 그러한 행동과 많은 관련이 있다.

호미닌hominin과 침팬지의 공통 조상은 약 5백만~8백만 년 전까지 살았다. 침팬지는 호미닌과 정확히 같은 기간 동안 그 공통 조상으로부터 진화해 왔다.[39] 호미닌의 뇌, 특히 호미닌의 피질은 엄청나게 확장되었다. 반면, 침팬지의 뇌는 예전과 거의 같은 크기로 남아 있다. 호모 사피엔스의 뇌는 침팬지 뇌의 약 3배 크기이다.

크게 확장된 호미닌 뇌는 에너지 자원을 증가시키거나 에너지 소비를 줄이는 대가를 지불해야만 했다. 음식을 불에서 요리하는 법을 배우는 것은 인간의 뇌가 침팬지의 뇌를 훨씬 넘어 진화의 시간에 다소 빠르게 확장할 수 있게 해준 결정적인 행동 변화일 가능성이 높다. 침팬지는 불을 사용하거나 요리하지 않는다. 뇌의 크기와 요리에 불을 사용한 것 간의 연결은 인류학자인 리처드 랭엄Richard Wrangham[40]이 제

---

38 A. Whiten, V. Horner, and F. B. M. de Waal, "Conformity to Cultural Norms of Tool Use in Chimpanzees," *Nature* 437, no. 7059 (2005): 737–40; C. P. Van Schaik, R. O. Deaner, and M. Y. Merrill, "The Conditions for Tool Use in Primates: Implications for the Evolution of Material Culture," *Journal of Human Evolution* 36, no. 6 (1999): 719–41.

39 헨리 지(Henry Gee)는 자신의 저서에서 이러한 사실을 통찰력 있게 상기시킨다. *The Accidental Species: Misunderstandings of Human Evolution* (Chicago: University of Chicago, 2013), 74.

안했고, 해부학자인 수자나 에르쿨라노-후젤Suzana Herculano-Houzel[41]이 지지했다. 해당 주장은 요리된 고기와 뿌리가 영양과 칼로리를 날고기보다 더 많이 전달함을 보여주는 데이터에서 도출된 것이다.[42] 초기 호미닌, 아마도 호모 에렉투스는 호모 사피엔스가 나타난 30만 년 전보다 훨씬 전인 150만 년 전에 불을 사용하기 시작했다. 요리에 불을 사용하는 것은 호미닌들이 뇌에서 대량으로 늘어난 뉴런들에 대한 비용을 지불하는 방식이었을 것이다.

즉, 뉴런 수의 확장은 긴급한 생태학적 필요에 의해 추진되었다기보다는 요리에 의해 제공되는 추가 칼로리에 의해 가능하게 되었을 수 있다. 피질에서 뉴런 수를 증가시키기 위한 유전적 변화는 빈번히 그리고 다소 쉽게 일어날 수 있지만, 추가된 뉴런들이 칼로리를 자체적으로 해결할 수 없다면 그러한 유전적 변화를 감행한 동물은 같은 종의 다른 개체처럼 성공하지 못하는 경향이 있다.[43] 만약 뇌에 제공할 충분한 칼로리를 얻지 못한다면 함께 살아가는 종들에 비해 매우 영리해진다는 것은 거의 도움이 안 될 것이다.

그러므로 그 가설에 따르면 일단 요리하기가 추가된 뉴런에 대한

---

40 Richard Wrangham, *Catching Fire: How Cooking Made Us Human* (New York: Basic Books, 2000).

41 Suzana Herculano-Houzel, "The Remarkable, yet Not Extraordinary, Human Brain as a ScaledUp Primate Brain and Its Associated Cost," *Proceedings of the National Academy of Sciences of the United States of America* 109 (2012): 10661-68. See her TED talk here: Suzana Herculano-Houzel, "What Is So Special about the Human Brain?" (TED Talks), TEDGlobal, June 2013, https://www.ted.com/talks/suzana_herculano_houzel_what_is_so_special_about_the_human_b rain.

42 Rachel N. Carmody, Gil S. Weintraub, and Richard W. Wrangham, "Energetic Consequences of Thermal and Nonthermal Food Processing," *Proceedings of the National Academy of Sciences of the United States of America* 108 (2011): 19199-203.

43 Marta Florio and Wieland B. Huttner, "Neural Progenitors, Neurogenesis and the Evolution of the Neocortex," *Development* 141 (2014): 2182-94.

에너지 비용을 지불한다면, 더 커진 뇌를 가지게 된 호미닌들은 생존하고 번식할 수 있었다. 뉴런의 사치를 고려해 본다면 **호모 에렉투스와 호모 네안데르탈인**과 같은 호미닌들은 그저 하루 종일 먹을 것을 찾기보다는 자신들의 확장된 뇌를 좀 더 복잡한 일을 사회적으로 하기 위해 사용하기 시작했을 것이다. 침팬지와 달리 새벽부터 해질녘까지 먹이를 찾을 필요가 없다면 이야기를 하거나 그림 그리는 그런 일을 할 수 있는 여가시간을 가질 수 있다. 보트, 음악 그리고 더 멋진 도구를 만들 시간을 가졌을 것이다.

진창, 영광스러운 진창[44]

우리가 도덕성이라고 부를 수 있는 것을 포함해 궁극적으로 포유류의 사회성 스타일로 이끌었던 진화적 조정의 세트는 다른 무엇보다도 음식에 관한 것이다. (다른 이에게 이익을 주기 위해 자기 자신에게 대가를 치르게 하는) 이타심은 어미가 자신의 새끼를 돌볼 필요의 결과로서 나타났다. 그리고 결국 내온성(內溫性)의 혁신에 대한 대응이었다. 에너지의 제약은 멋지거나 철학적이지 않을 수 있겠지만, 그것들은 빗물처럼 현실적이다.

우리 양심의 변변치 않은 기원은 그 가치를 비하하는 것일까? 내 대답은 단연코 '그렇지 않다'이다. 생물학에서는 일반적으로 훌륭한 일들은, **실로시베 큐벤시스**Psilocybe cubensis 버섯[45]이 소의 배설물에서 생겨

---

44 This is from a favorite Flanders and Swann song: "The Hippopotamus Song (Mud, Mud, Glorious Mud)," YouTube, November 7, 2008, https://www.youtube.com/watch?v=1QW85kfakJc.

나고, 나비는 보기 흉한 애벌레에서 나오는 것처럼 다소 추한 근원으로부터 생겨난다. 인간의 도덕성에 대한 아주 오래된 기원에서의 에너지 요건들이 가지는 지배적 역할이 품위와 정직의 가치 저하를 의미하지 않는다. 또한 그 요건들이 진짜가 아니라는 것을 의미하지도 않는다. 이러한 덕목들은 그 비천한 기원에 상관없이 사회적 인간인 우리에게 전적으로 존경스러우며 가치 있는 것으로 남아 있다. 그 덕목들은 우리가 인간이게 만드는 필수적인 부분이다.

이번 장에서 사회성의 진화적 기원을 다루었지만, 친척이나 친구에 대한 애착과 같은 복잡한 사회적 행동을 가능하게 한 포유류 뇌의 메커니즘에 대한 의문은 여전히 풀리지 않은 채로 남아 있다. 뇌신경과학자들은 부모와 자식 간 또는 배우자, 친척, 친구 간의 애착 연결과 신경화학에 대한 세부 사항을 밝혀내는 데 괄목할 만한 진전을 이루었다. 이러한 세부 사항은 양심을 가진다는 것, 협력하고자 하는 강한 동기를 느끼는 것, 고의적으로 슬픔을 주는 사람을 방어하고 처벌하는 것이 무엇인지에 대한 더 깊은 통찰력을 제공한다. 다음 장에서는 양심의 내면을 좀 더 자세히 살펴볼 것이다.

---

45 (옮긴이) 환각버섯류 중 하나.

CHAPTER 2

애착 가지기

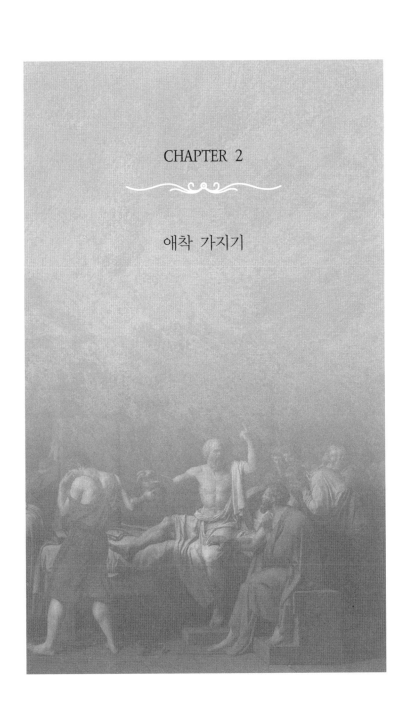

애착 가지기

> 애착은 우리 존재에 대한 생물학적 깊이에서 영적으로 가장 먼 범위까지
> 도달하는 통합된 원칙이다.
>
> 존 보울비[1]

부모, 형제자매, 친구, 연인에 대한 애착은 시간이 지남에 따라 매우
견고해진다. 특히 매우 큰 피질을 가진 동물들의 경우 이 애착은 복잡미
묘할 수 있다. 자기성찰이 소속감이나 소속욕구의 신경기질neural substrate
에 대해서 밝혀주는 것은 아무것도 없지만, 애착이 우리에게 얼마나
큰 의미를 갖는지에 대해서만은 알게 해준다. 소속감과 애착은 의식
과 언어 학습에 대한 기질substrate과 함께 신경생물학적 난제 목록에 올
릴 수도 있는 정신 현상의 종류이다. 그러나 DNA를 발견한 프랜시스
크릭Francis Crick이 지적하듯 거시적 생물학[2] 수준에서 복잡성을 풀기

1　Jeremy Holmes, *John Bowlby and Attachment Theory* (London: Routledge, 1993) 참조.
2　(옮긴이) 생물학은 크게 미시생물학(Micro Biology)과 거시생물학(Macro Biology)으로 구분된
　다. 생태학, 동물행동학, 뇌 과학은 큰 생물학에 속하며, 작은 생물학은 생명체를 세포,
　DNA, RNA 단위로 분석한다.

위한 열쇠는 미시적 생물학 수준에서 믿을 수 없을 정도로 단순한 메커니즘일 수 있다.

뇌 깊숙이 숨어 있는 단순한 구조적 시스템이 다양한 상호작용을 통해 다양한 형태로 퍼져 나가는 효과를 낼 수 있을까? 아마도 가능할 것이다. 어쨌든 DNA는 이와 매우 유사하다. 코딩을 위해서 A, T, G, C(아데닌, 티민, 구아닌, 사이토신), 단 네 가지 염기(鹽基)만을 사용하는데, 이 염기는 30억 개의 긴 염기서열base sequence에 따라 다양한 순서로 배열되어 있으며 사람마다 고유하게 존재한다. 모든 생명체는 DNA에 의존하지만, 생명체의 형태는 놀라울 만큼 다양한 범위로 퍼져 있다.

특정 신경생물학적 발견으로 인해 나는 조만간 사회성에 대한 설명이 상대적으로 단순하게 될 수도 있겠다는 생각에 의구심을 가지게 되었다. 뇌 호르몬을 연구하는 신경과학자 래리 영Larry Young은 강연을 위해 솔크 연구소Salk Institute에 초빙되어 강연을 했는데, 영이 발표한 주제인 '들쥐에 있어 짝에 대한 애착'은 다소 흥미로워 보였지만, 블록버스터급은 아니었다. 우리는 영이 여러 들쥐 종의 짝짓기 행동을 설명하며 강연하는 동안 정중하게 앉아 있었다. 그때 극적인 신경과학이 등장했다.

대초원 들쥐prairie vole(프레리들쥐)와 산악 들쥐montane vole(몬탄들쥐)는 언뜻 보기에는 매우 비슷한 종류의 설치류처럼 보인다. 그럼에도 불구하고 둘은 행동에 있어 현저한 차이가 있다. 대초원 들쥐 수컷과 암컷은 처음 짝짓기 이후 평생 서로에게 애착을 갖는다.[3] 이와 대조적으로

---

3   이러한 대초원 들쥐의 행동은 로웰 게츠(Lowell Getz)와 조이스 호프만(Joyce Hofmann)에 의해 발견되었다. L. L. Getz and J. E. Hofmann, "Social Organization in Free Living Prairie Voles, *Microtus ochrogaster*," *Behavioral Ecology and Sociobiology* 18 (1986): 275–82.

산악 들쥐는 만나서 짝짓기한 다음 각자의 길을 간다.

대초원 들쥐의 특이한 사회적 행동은 야생에서 관찰할 수 있지만, 영과 연구팀은 암수 결합이 정확히 무엇인지를 좀 더 명확히 알기 위해 실험실에서 들쥐의 행동 측면을 연구했다. 그 결과 암수 결합을 한 대초원 들쥐는 서로 가까이에서 시간을 보내기를 선호하지만, 산악 들쥐들은 혼자 있기를 선호한다는 것을 발견했다. 일단 암컷과 결합한 수컷 대초원 들쥐는 다른 암컷 들쥐를 포함하여 둥지에 들어오는 침입자를 공격한다. 일반적으로 대초원 들쥐는 큰 공동체에서 다른 들쥐들과 함께 있는 것을 좋아한다. 반면 산악 들쥐는 그렇지 않다. 산악 들쥐들은 혼자 있기를 더 좋아한다. 두 종(種) 모두 암컷은 새끼들을 돌보지만 대초원 들쥐 수컷만이 둥지를 지키고 갓 태어난 새끼를 따뜻하고 안전하게 보호하기 위해 감싸 안는다. 만약 대초원 들쥐 암수가 헤어진다면 그 둘 각각은 침울해지며 스트레스 호르몬 수치가 올라간다.

일부일처제라는 단어는 결합한 개체가 외도를 저지를 수도 있기 때문에 정확한 표현은 아니지만, 대초원 들쥐는 대부분의 시간을 자신이 결합한 짝과 더불어 새끼들과 함께 보낸다. 조금 덜 엄격한 의미에서 장기적으로 결합한 짝을 **사회적 일부일처제**라고 부른다. 우리는 어떠한가? 대체로 인간은 평생은 아니더라도 적어도 상당 기간 동안은 사회적 일부일처제serial monogamy(연속적 일부일처제)를 유지하는 경향이 있다.

대초원 들쥐의 사회적 일부일처제는 영과 연구팀에게 '대초원 들쥐와 산악 들쥐 뇌에는 어떠한 차이점이 있으며 이는 짝에 대한 애착의 현저한 차이를 설명할 수 있을까?'[4]라는 질문을 던지게 했다. 연구진은 놀랄 정도로 간단한 답을 찾았다. 그것은 옥시토신과 바소프레신이라고 하는 한 쌍의 단순한 호르몬들이었다. 산악 들쥐와 비교해 대초원 들쥐는 피질 하부 뇌의 매우 특수한 부분 중 하나인 **중격의지핵**nucleus accumben에서 옥시토신 수용체 밀도가 훨씬 더 높다(그림 2.1). 또한 수컷 대초원 들쥐는 인접한 피질하 구조subcortical structure인 복측담창구 ventral pallidum(배측창백)에서의 바소프레신 수용체 밀도도 훨씬 더 높았다. 산악 들쥐는 그렇지 않았다. 이는 극적인 해답이었다. 그렇다. 불완전하지만 놀랍도록 단순하다. 바로 옥시토신과 바소프레신 수용체의 밀도 변화이다.

수용체란 올바른 신경화학 물질이 이동하여 정확히 슬롯에 맞춰지기를 기다리며 뉴런의 막에 자리 잡고 있는 잘 구성된 단백질이라는 점을 기억해 두자. 신경화학물질은 뉴런의 막 위에 있는 개별 전용 수용체에 결합하지 않는 한 뇌에 아무런 영향도 미치지 않는다(1장 그림 1.1). 일단 신경화학물질이 결합하면 뉴런의 응답 패턴은 신경전달물질neurotransmitter에 의존하여 다른 뉴런들과의 소통 가능성을 증폭시키거나 줄이든가 하면서 변경될 수도 있다. 기본적으로 뇌 회로에서의 옥시토신 수용체 밀도 증가는 주변에 표류하는 옥시토신의 영향력을 증가시키는 경향이 있다. 왜냐하면 더 많은 분자들이 결합할 곳을 찾게 될 것이기 때문이다. 이는 신 것에 대한 미뢰(味蕾: 수용체)가 증가하는 것과 다소 비슷하다. 만약 신맛에 대한 미뢰가 전혀 없다면 레몬주스 맛은 마치

---

4 내가 〈콜베어 르포(*The Colbert Report*)〉에서 스티븐 콜버트(Stephen Colbert)에게 이 이야기를 들려주었을 때, 그는 몸을 기울이며, "대초원 들쥐는 기독교인인 셈이군요"라고 말했다. "Patricia Churchland," *Colbert Report*, January 23, 2014, http://www.cc.com/video-clips/fykny6/the-colbert-report-patricia-churchland. See C. S. Carter et al., "Oxytocin, Vasopressin, and Sociality," *Progress in Brain Research* 170 (2008): 331–36; L. Young and B. Alexander, *The Chemistry between Us: Love, Sex and the Science of Attraction* (New York: Current Hardcover, 2012).

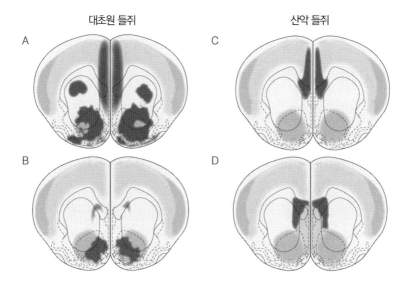

[그림 2.1] 들쥐 뇌의 단면들: 옥시토신과 바소프레신 수용체는 눈에 보이도록 염색되어 있다. 대초원 들쥐와 산악 들쥐는 중격의지핵과 복측담창구 영역들에서 현저하게 차이가 난다. 두 종 모두 전전두엽 피질(PFC)에서 옥시토신 수용체들이 있다.
A. 중격의지핵(NAcc)에서의 높은 수용체 밀도를 보여준다.
B. 복측담창구(VP; 배측창백)에서의 높은 밀도의 바소프레신 수용체를 볼 수 있다.
C- D. 외측 중격(LS; 측면 격막)에서 높은 밀도의 바소프레신 수용체를 볼 수 있다. 이는 비사회적 삶에 대한 선호와 관련 있을 수 있다.

원서에는 Larry J. Young and Zuoxin Wang의 연구 사진을 수록하였지만, 저작권의 문제로 수록하지 못하고 일러스트로 대체하였다. 원본은 Larry J. Young and Zuoxin Wang, "The Neurobiology of Pair Bonding," *Nature Neuroscience* 7 (2004): 1048-54를 참고.

물과 같을 것이다. 신맛에 대한 미뢰 수를 증가시키면 레몬주스의 신맛은 확연하게 드러난다. 대략 비슷한 방식으로 옥시토신 수용체를 가진 뉴런의 수를 늘리는 것은 뉴런이 작용하는 회로를 변화시키는데, 이는 회로가 조절하는 행동을 변화시킨다는 것을 의미한다.

한편으로는 일부일처제 쌍의 결합과 다른 한편으로는 특정 신경화학물질에 대한 수용체 밀도 사이의 상관관계를 발견한 것은 충분히 주목할 만한 일이었지만, 인과관계causality에 대해 더 설득력 있는 주장을 정당화하기 위해서는 추가적인 증거 수집이 필요했다. 영의 실험실을 비롯한 다양한 연구소에서 옥시토신을 조작한 후 들쥐의 행동 영향을 관찰했다. 예를 들어 연구자들은 약물을 사용하여 성경험이 없는 대초원 들쥐의 옥시토신 수용체를 차단한 다음 교배를 하게 했다. 암수 한쌍 결합pair-bonding[5] 행동은 차단되었다. 연구자들은 서로 아는 사이지만 짝짓기를 하지 않은 성경험이 없는 수컷과 암컷 대초원 들쥐의 뇌에 옥시토신을 주입했다. 그 들쥐들은 성교 후의 배우자처럼 행동했으며, '사랑에 빠진' 상태였다. 해당 연구실에서 유전자 도구를 사용하여 수컷 대초원 들쥐의 복측 담창구ventral pallidum(배쪽 창백핵)에서 바소프레신 수용체를 증가시켰고, 이로 인해 털손질과 껴안기와 같은 들쥐의 애착 행동이 증가되어 그 들쥐의 짝짓기 선호도가 높아졌다. 산악 들쥐들에게도 같은 방법으로 실험한 결과, 산악 들쥐들도 대초원 들쥐처럼 이전에 짝짓기 했던 암컷 산악 들쥐를 더 선호하는 행동을 하게 되었다.

　그 외에 영과 연구팀은 옥시토신 수용체 밀도의 차이가 옥시토신 수용체인 단백질을 암호화하는 단일 유전자의 발현 수준과 상관관계가 있음을 보여주었다.[6] 바소프레신 수용체 밀도에 대해서도 마찬가지

5　(옮긴이) pair bonding은 교미 쌍 사이의 강한 친밀감을 의미하며, 종종 자손을 낳고 키우는 데 이르는 행동이다. 이것은 일부 종에서만 나타나며, 평생 동안 지속될 수도 있다. 한편, 'mate'는 교미하는 상대를 의미하며, 꼭 pair bonding을 하지 않아도 된다. 'mate'는 다양한 종에서 나타나며, 한 번만 교미할 수도 있다. 'mate'는 성적인 관계를 나타내기 위한 용어이다. 본 번역서에서는 대체로 'bonding'은 결합으로 'mate'는 교배로 번역했다.

6　L. B. King et al., "Variation in the Oxytocin Receptor Gene Predicts Brain Region-Specific Expression and Social Attachment," *Biological Psychiatry* 80, no. 2 (2016): 160–69, https://doi.org/10.1016/j.biopsych.2015.12.008; E. A. D. Hammock and L. J. Young, "Neuropeptide Systems and Social Behavior: Noncoding Repeats as a Genetic Mechanism for Rapid Evolution of Social Behavior," *Evolution of Nervous Systems* 3 (2017): 361–71.

였다. 이러한 데이터는 겉으로 드러나는 행동에 대한 설명을 뛰어 넘어 그 이유를 밝히는 깊이까지 도달한다. 이제 우리는 생물학적 메커니즘을 어렴풋이 이해하기 시작했다.

영의 강연이 끝난 후 나는 강연장 밖 수영장 가장자리에 앉아 광활한 태평양의 절벽을 바라보고 있었다. 프랜시스 크릭과 나는 종종 이곳에 앉아 뇌에 대해 이야기를 나누곤 했다. 때로 우리는 도덕성과 뇌에 대해 이야기하기도 했다. 크릭은 나와 함께 길 건너편에 있는 캘리포니아 대학교 샌디에이고 캠퍼스에서 '윤리에 대한 철학 세미나'에 참석한 적이 있다. 우리가 솔크 연구소로 돌아가는 길에 크릭은 그 강연이 생물학의 기여에 대해서는 전혀 언급하지 않고 순수 이성에 관한 이야기만 하는 것에 놀라움을 표현했다. 크릭은 당연히 철학자는 반드시 생물학적 진화에 대해 알고 있어야만 한다고 격앙된 목소리로 덧붙였다.

크릭은 공유와 협력, 사회규범 학습에 대한 기본적인 동기가 근본적으로 뇌 회로의 접속을 구성하고 있는 유전자에 기인할 가능성이 높다고 생각했다. 크릭은 해당 생명 작용을 완전히 입증하기 전까지 이성에만 집중한다는 것은 문제의 핵심에 도달하지 못할 것이라고 생각했다. 내가 보기에도 이는 맞는 것처럼 보였다. 훨씬 더 일찍이 스코틀랜드 철학자 데이비드 흄(1711~1776)은 인간이 사회적으로 민감한 성향, 이른바 '도덕 감정moral sentiment'을 타고난다고 주장한 바 있다. 이 문제에 대한 크릭의 주장은 18세기 흄의 가설을 현대적으로 재해석한 것으로 보였고, 그의 근거는 흄의 이론과 매우 비슷했다. 이성은 우리의 도덕적 욕구를 충족시키는 방법을 알아내는 데 도움이 될 수는 있어도, 이성만으로는 결코 전형적인 도덕적 행동의 동기가 될 수

없다는 것이었다.[7]

문제는 크릭과 내가 이런 대화를 나눌 당시에는 흄의 '도덕 감정'이라는 뇌에 기반한 본질을 파악하는 데 진전을 이루어 낼 효과적인 진입점이 없었다는 것이었다. 나는 도덕적 행동이나 양심에 대한 더 깊은 이해를 이끌어낼 수 있는 그 어떤 신경생물학적 결과를 볼 수 없었다. 대초원 들쥐와 그들의 특별한 수용체 밀도는 그 모든 것을 변화시켰다. 그러나 안타깝게도 래리 영이 강연할 무렵, 크릭은 이미 세상을 떠난 뒤였다.

옥시토신과 대초원 들쥐에 관한 영의 데이터는 뇌에 기반한 도덕성의 본질에 대한 진입점을 제시했다는 점에서 매우 고무적이었다. 그의 이야기는 신경생물학적, 심리학적, 진화론적 측면에서 타당한 것이었다. 나는 옥시토신 수용체 밀도라는, 조직에 있어 상대적으로 아주 작은 차이가 일부일처와 같이 겉으로 보기에 복잡한 무언가의 근원이 될 수 있다는 사실에 놀랐다. 짝에 대한 애착의 핵심이 **옥시토신**이라는 사실도 마찬가지로 놀라웠다. 그 이유는 무엇인가? 왜냐하면 옥시토신이 어미와 새끼 사이 애착의 핵심이기 때문이다. 이는 다음과 같이 요약할 수 있지 않을까? 애착은 보살핌을 낳고, 보살핌은 양심을 낳는다? 약간의 유전적 조정으로 다양한 영역에서의 수용체 밀도를 변경하면 공감은 자손에서 배우자, 친척 또는 더 넓은 지역사회로까지 확

---

7   흄은 "냉정하며 분리된 이성은 행위에 아무런 동기가 되지 못하며 단지 행복을 얻거나 고통을 피하는 수단을 우리에게 보여줌으로써 식욕이나 성향으로부터 받아들이게 되는 충동만을 지시한다. 미각은 즐거움이나 통증을 주며 그로 인해 행복과 고통을 구성하기에 행위의 동기가 되며 바람과 자유의지에 대한 첫 번째 원천 혹은 충동이 된다"라고 말했다. David Hume, *A Treatise of Human Nature: A Critical Edition*, ed. David Fate Norton and Mary J. Norton (Oxford: Clarendon, 2007), book 4, pt. 1, sec. 3.

장될 수 있을까?

들쥐의 일부일처제를 좌우하는 이성은 존재하지 않으며, 어떤 종교도 들쥐에게 규칙을 제시하지 않고, 들쥐들의 세미나에서 어떤 철학적 논쟁도 전개되지 않는다. 대초원 들쥐들은 신경생물학적으로 그렇게 작동하기 때문에 사회적으로 일부일처제이다. 개체들은 번식에 도움이 될 수 있다는 이유로 사회적 포유류가 되기로 결정하지는 않는다. 우리의 유전자는 우리를 사회적 포유류로 만들었고, 번영이 뒤따랐다. 진화는 이러한 발달을 선호했다. 특정 선박 건조 표준이 지역의 수상(水上) 여행 문제에 대한 현실적인 해결책으로 등장한 것처럼, 도덕적 규범들은 대부분 사회적 문제에 대한 실용적인 해결책으로 등장했다. 양심을 갖는다는 것이 다양한 정도의 자기희생을 감수하면서 특정한 타인을 돌보는 것을 포함한다고 가정했을 때, 비록 가장 일반적인 측면에서만 볼 수 있긴 하지만 나는 이제 생물학에서 도덕성으로 가는 길을 볼 수 있게 되었다.

진화생물학자 윌슨E. O. Wilson은 1975년에 인간의 사회성 진화는 생물학이 직면한 가장 큰 난제라고 시사했다. 1975년이었다면 그의 말이 아마 맞았을 것이다. 2004년에 이르러서 나는 윌슨의 최대 난제가 다루기 쉬운 신경생물학적 퍼즐 덩어리로 해체되기 시작했다는 생각이 들었다. 들쥐 이외의 종에 대한 연구도 필요했고, 옥시토신과 바소프레신 외의 신경화학 물질의 역할이 보충 해석되어야 했으며, 피질 하부의 회로뿐만 아니라 피질 회로의 역할에 대해서도 더 많은 연구가 필요했다. 이와 같이 보완할 점들이 있기는 하나, 그럼에도 불구하고 새로운 관점에서 인간의 사회적 본성에 대한 퍼즐이 형이상학적이고 철학적인 것이 아니라 경험적이고 실험적인 것처럼 보인다는 것은 매우 고무적이었다.

서문에서 언급한 주장을 반복하는 위험을 무릅쓰고 말하자면, 우리가 도덕적 쟁점에 직면했을 때 신경생물학적 데이터는 원시림이나 사형 혹은 내부자 거래 중 어느 것이 도덕적으로 바람직한 선택 사항인지 알려줄 수는 없다. 반면, 이 데이터는 인간이 일반적으로 애착을 느끼는 사람에게 관심을 기울이려는 동기가 무엇인지 그리고 사회적 애착이 인생에서 왜 그렇게 중요한지를 이해하는 데 도움이 될 것이다.

옥시토신이 하는 일은 무엇인가?

옥시토신이 포유류의 사회적 애착을 촉진하는 것으로 밝혀졌을 때만 해도 옥시토신은 젖의 분비(유선(乳腺)에서 젖 분출에 필수적이다)와 출산 중 자궁수축에 중요한 역할을 하는 것으로 오랫동안 알려져 있었다. 그것은 인공적으로 사람의 분만을 유도하기 위해 종종 사용되었고 여전히 그렇다. 대초원 들쥐 사례가 유명해지기 훨씬 전인 1979년, 옥시토신을 처녀 암컷 쥐의 뇌에 직접 주입하는 실험을 통해 사회적 행동에서 옥시토신의 역할이 예상되었다. 얼마 후 암컷 양의 뇌에 옥시토신을 직접 주입하였다. 두 경우 모두 옥시토신이 주입된 암컷들은 보통 막 출산한 암컷에게서만 볼 수 있는 완전한 모성 행동을 즉시 보이기 시작했다.[8] 예를 들어 처치 받은 암컷들은 주변 어린 새끼에게 젖을 빨도록 유도했고, 어미가 출산 직후에 하는 것처럼 새끼들을 핥기

---

8   E. B. Keverne and K. M. Kendrick, "Oxytocin Facilitation of Maternal Behavior in Sheep," *Annals of the New York Academy of Sciences* 652 (1992): 83-101.

시작했다. 이러한 데이터는 옥시토신이 복잡한 사회적 행동을 자극할 수 있음을 분명하게 보여준다.

대초원 들쥐의 짝에 대한 애착 관련 데이터는 다양한 실험에 영감을 주어 해당 메커니즘에 대한 그림을 완성하는 결과를 만들어냈다. 예를 들어 바소프레신은 암컷보다는 수컷에게 더 많이 분비되며, 공격성, 특히 새끼와 배우자를 방어하는 데에도 관여하는 것으로 밝혀졌다. 대초원 들쥐 공동체에서는 나이 많은 형제가 새끼를 돌보는 것을 도와주며, 생쥐와 달리 근친상간을 기피하는 현상을 보였다. 먹이를 잘 먹어 영양 상태는 좋았으나 사회적으로 고립되었던 대초원 들쥐 새끼는 동반자에 대한 애착partner attachment을 형성하지 못한 채 성장했다. 이러한 관찰은 출산 직후 아기의 경험이 사회성을 위한 뇌 회로에 영향을 미친다는 것을 말해준다.

옥시토신은 또한 감각 과정, 특히 후각기관에서 중요한 역할을 한다. 설치류의 경우 후각은 새끼와 침입자를 인식하는 데 중요한 것으로 나타났다. 그리고 옥시토신은 짝을 찾고 인식하는 데 있어 감각지각sensory perception에 영향을 미친다. 인간의 엄마 또한 자기 아기의 고유한 냄새를 알아챈다.[9]

티티원숭이, 올빼미원숭이, 마모셋을 포함하여 다른 사회적 일부일처 종들도 연구되었다. 사회적 일부일처제 원숭이에서 발견되는 옥시토신 수용체 분포 패턴은 설치류에서 볼 수 있는 것보다 더 광범위하며, 사회적 행동에 대한 옥시토신의 영향도 그에 따라 더 복잡하다. 특히 눈에 띄는 결과 중 하나는 강한 유대감을 가진 마모셋 짝 사이에

---

9   R. Corona and F. Levy, "Chemical Olfactory Signals and Parenthood in Mammals," *Hormones and Behavior* 68 (2015): 77–90.

서 옥시토신 수준의 변동이 동기화된다는 점이다.[10]

공감과 관련한 한 실험에서는 한 쌍의 대초원 들쥐 중 한 마리를 스트레스 요인(예를 들어 이동 제한)에 노출시킨 다음, 다시 우리로 돌려놓아 배우자와 함께하게 했다. 그러자 스트레스를 받지 않았던 배우자는 즉시 스트레스 받은 배우자에게 급히 달려가 털을 손질하고 핥는 등 열정적으로 위로하는 행동을 보였다. 대조군은 다음과 같다. 만약 한 쌍의 대초원 들쥐가 단순히 헤어져 있기만 하고 부재 중이었던 상대로 인해 스트레스를 경험하지 않았을 경우에는 따뜻하긴 하나 덜 열정적으로 재결합이 이루어졌다. 만약 우리에 남아 있던 배우자에게 실험적으로 옥시토신 수용체를 차단하는 경우에는 스트레스를 받은 배우자에 대한 열정적인 위로 행동이 나타나지 않았다.[11]

주목할 만한 점은 스트레스를 받은 배우자를 일단 집 우리home cage로 돌려보내면 우리 안에 남아 있던 배우자의 스트레스 호르몬 수치가 스트레스를 받은 배우자의 호르몬 수치에 맞춰 비슷하게 증가한다는 것이다. 이러한 관찰은 만약 한 마리의 들쥐가 극도로 불안해하면, 다른 배우자 들쥐의 뇌가 그 신호를 읽고 그 감정 상태에 맞춰 반응한다는 공감 메커니즘을 시사하는 것이다.[12] 이 생각지 못했던 관찰에 따르면, 이는 인간에게도 역시 해당될 가능성이 매우 높다는 것이다. 어떤 형태로든 공감은 일반적으로 고도로 사회적인 포유류의 전형적

10 C. Finkenwirth et al., "Strongly Bonded Family Members in Common Marmosets Show Synchronized Fluctuations in Oxytocin," *Physiology and Behavior* 151 (2015): 246–51, https://doi.org/10.1016/j.physbeh.2015.07.034. Epub July 29, 2015.

11 J. P. Burkett et al., "Oxytocin-Dependent Consolation Behavior in Rodents," *Science* 351, no. 6271 (2016): 375–78.

12 Stephanie D. Preston and Frans De Waal, "Empathy: Its Ultimate and Proximate Bases," *Behavior and Brain Sciences* 25 (2002): 1–20.

인 특징일 수 있다.

연구자들 중에는 신경내분비학에 대한 지식은 다소 조악하고 부족하지만 매력적이고 시장성 있는 입담으로 옥시토신 열풍이란 시류에 편승하는 불가피한 자기 홍보자들도 있었다. 그들은 옥시토신을 '사랑의 분자', '도덕의 분자', '포옹의 분자'처럼 뭔가 대단한 것으로 묘사하였는데, 모든 명칭은 오해의 소지가 있는 방식으로 해당 데이터를 윤색한 것이다. 뱀 기름snake oil[13]처럼 옥시토신은 사회적 어색함social awkwardness이나 학교에서의 나쁜 행동, 비만, 친구에 대한 무관심, 사회정책에 대한 의회의 무대책 등 다양한 질병을 치료하는 약으로 광고되었다.

기억해야 할 중요한 점은 옥시토신과 바소프레신은 뇌의 사회적 네트워크에서 매우 중요하지만, 뉴런에 작용하는 신경화학물질 중 두 가지 성분에 불과하다는 것이다. 이 신경화학물질은 서로 상호작용하여 뉴런의 활동을 촉진하거나 경우에 따라서는 억제하기도 한다. 그 배경에는 다양한 호르몬이 있다. 예를 들어 에스트로겐(또는 에스트로젠)은 옥시토신과 함께 발현되며, 두 호르몬은 함께 작용하여 스트레스를 감소시킨다.[14]

최근 또 다른 신경화학물질이 부모의 양육 행동에 중요한 것으로 밝혀졌는데, 시상하부hypothalamus의 작은 영역에 있는 뉴런 그룹에서 방출되는 갈라닌galanin[15]은 새끼들의 양육에서 개별적 차이를 통제하는

---

13 (옮긴이) 돌팔이 약장수들의 만병통치약처럼 사기성 마케팅이나 의료사기 등을 뜻하는 미국의 속어이다.

14 Andrea E. Kudwa, Robert F. McGivern, and Robert J. Handa, "Estrogen Receptor β and Oxytocin Interact to Modulate Anxiety-like Behavior and Neuroendocrine Stress Reactivity in Adult Male and Female Rats," *Physiology and Behavior* 29 (2014): 287–96.

것으로 밝혀졌다. 갈라닌 뉴런을 차단하면 수유 중인 암컷의 모성애가 약해지고 새끼들을 무시하는 경향이 있곤 했다. 수컷의 행동에도 역시 영향을 미칠 수 있다. 수컷 생쥐는 자기 자신의 새끼가 태어날 때까지는 새끼 생쥐들을 죽이는 경향이 있다. 그러다가 자기 자신의 새끼들이 태어나면 좋은 아빠의 행동이 나타나기 시작했다. 수컷 뇌에서는 어떤 차이가 있을까? 바로 갈라닌이다. 여기에는 몇 가지 증거가 있다. 갈라닌을 방출하는 뉴런이 제거되면, 수컷의 좋은 양육 행동이 멈춘다. 또한 평범하게 새끼들을 살해하는 수컷 생쥐는 갈라닌 생성 뉴런을 인위적으로 자극하면 살해를 멈추게 된다.[16]

펩타이드peptide는 일련의 아미노산으로 구성된 분자이다. 옥시토신과 바소프레신은 각각 9개의 아미노산만으로 구성된 단순 펩타이드이다. 옥시토신과 바소프레신의 계보는 포유류가 처음 나타나기 훨씬 전인 최소 5억 년 전으로 거슬러 올라간다. 포유류에서 볼 수 있는 바소프레신과 옥시토신은 아마도 양서류와 파충류에서 발견되는 단일 펩타이드인 바소토신vasotocin이나 어류에서 발견되는 아이소토신isotocin에서 진화한 것으로 보인다. 약간 다른 이형(異形)인 네마토신nematocin은 전

---

15 (옮긴이) 캐서린 듀락(Catherine G. Dulac)과 그의 공동연구원들이 발견한 바에 따르면 짝짓기를 한 적 없는 수컷 생쥐는 전형적으로 새끼 생쥐들을 공격하는 정형행동(定型行動, stereotyped behaviour)을 보여주지만 그러한 생쥐일지라도 페르몬 감지 기능에 이상이 있을 경우 생쥐 새끼들을 공격하지 않는다는 점을 발견했다. 또한 신경펩타이드인 갈라닌(galanin)을 분비하는 내측 시상전야(medial preoptic area, MPOA)의 뉴런들이 활성화가 되면 짝짓기 한 적 없는 수컷 생쥐의 수컷 상호 간 및 새끼들을 향한 공격성이 억제되며 새끼들에 대한 양육 성향—새끼들에게 행하는 털 손질—이 유도된다는 것을 확인했다. MPOA 갈라닌 뉴런들에 대한 유전적 절제(Genetic ablation)시에는 부모의 양육 반응에 현저한 문제를 일으켰고, 수컷의 짝짓기에도 영향을 미쳤다: Zheng Wu, Anita E. Autry, Joseph F. Bergan, Mitsuko Watabe-Uchida, and Catherine G. Dulac, "Galanin neurons in the medial preoptic area govern parental behaviour," Nature 509, (2014): 325–30.

16 Z. Wu et al., "Galanin Neurons in Medial Preoptic Area Govern Parental Behavior," Nature 509 (2014): 325–30.

체 신경계가 302개의 뉴런에 불과한(인간의 뇌는 860억 개의 뉴런을 가지고 있다) 예쁜꼬마선충Caenorhabditis elegan이라는 작은 벌레에서 발견된다.

이 옥시토신 동족체homolog[17]는 벌레에게 어떤 작용을 할까? 놀랍게도 예쁜꼬마선충의 유충들 한 영역의 개체수가 증가하면 유충들은 네마토신nematocin을 방출한다. 이는 성충의 수용체와 결합하여 성충이 유충들과 함께 먹이를 먹던 영역에서 다른 곳으로 떠나게끔 한다. 이렇게 하여 유충은 성충과 경쟁하지 않고 먹이를 먹을 수 있게 되는 것이다. 언뜻 보기에 이러한 행동의 효과는 새끼를 위한 부모의 단순한 희생처럼 보인다.[18] 성충은 자신들의 작고 귀여운 유충들에게 애정을 느낄까? 단 302개의 뉴런만으로는 애정을 느끼기는 거의 확실히 부족하다. 이 경우 유전자는 희생이 이루어지도록 하고, 도덕적 고민은 전혀 수반되지 않는다.

파충류와 어류에서 옥시토신 동족체는 산란, 정자의 배출, 산란 자극과 같은 체액 조절fluid regulation 및 생식 절차에서 다양한 역할을 한다. 옥시토신은 사회적 행동을 조절하는 역할 외에도 교배와 관련된 다양한 신체 기능에 중요한 역할을 한다. 포유류 수컷의 경우 옥시토신은 고환에서 분비되며 정자 배출을 위해 필요하다. 포유류 암컷은 난소에서 분비되며 난자를 배출하는 역할을 한다.[19] 옥시토신은 심장과 내장에서도 발견된다. 포유류에게 바소프레신은 체내 올바른 수분 균형을 유지하는 데 중요하다. 탈수를 막기 위해 바소프레신은 신장에

---

17 (옮긴이) 동족체란 같은 종류, 즉 동족계열에 속하는 화합물을 말한다.

18 E. Scott et al., "An Oxytocin-Dependent Social Interaction between Larvae and Adult C. elegans," *Science Reports* 7, no. 1 (2017): 10122.

19 E. B. Keverne, "Mammalian Viviparity: A Complex Niche in the Evolution of Genomic Imprinting." *Heredity* 113 (2014): 138–44.

서 수분 재흡수를 자극함으로써 소변 배출량을 줄인다.

이러한 사실들은 도덕적 양심을 갖는다는 것이 무엇인가라는 주제와는 동떨어져 보이긴 하지만, 진화가 맨 처음부터 장치를 설계하는 엔지니어가 아니라 아무 목표도 없이 이미 자리 잡은 구조를 만지작거리는 무계획적이고 무의도적인 과정이라는 점을 상기시켜주기 때문에 음미해보고 싶었다. 이러한 조작의 결과는 공학적 관점에서 볼 때 최적이 아닌 경우가 많지만, 동물이 생존하고 번식하기 위한 투쟁에서 우위를 점할 수 있을 만큼 충분히 잘 작동한다면, 그 결과들을 그대로 물려받게 된다. 포유류 뇌의 진화 과정에서 옥시토신은 특정한 사회적 기능을 수행하도록 용도가 변경되었다.

임신 중에는 태아와 태반에서의 유전자가 산모의 혈액으로 방출되는 호르몬(예를 들어 프로게스테론, 프로락틴, 에스트로겐)을 만든다(그림 2.2). 이러한 호르몬의 방출은 산모의 시상하부hypothalamus 내 뉴런에서 옥시

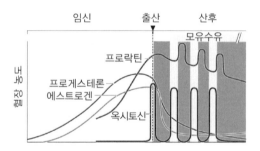

[그림 2.2] 인간의 임신 중 및 그 후의 호르몬 농도. 에스트로겐(또는 에스트로젠), 프로게스테론, 프로락틴이 임신 기간 내내 꾸준히 증가한다. 출산은 에스트로겐과 프로게스테론이 급감하고 자궁 수축(진통)이 시작되게 하는 옥시토신 농도가 급격히 치솟는 특징을 보인다. 산후 모유 수유 기간 동안 프로락틴 농도의 파동들은 젖을 먹이는 중간에 모유 생산을 자극하며, 옥시토신 농도의 파동과 번갈아 가며 수유 동안 젖먹이 아기가 젖을 빠는 것에 반응하여 모유 배출을 유도한다(letdown reflex)(사출반사). Johannes Kohl, Anita E. Autry, and Catherine Dulac, "The Neurobiology of Parenting: A Neural Circuit Perspective," *Bioessays* 39, no. 1 (2017): 1-11의 승인을 받음.

토신을 차단시킨다. 출산 직전 시상하부의 옥시토신 수용체의 밀도가 급증한다.[20] 출산 시의 일반적인 효과인 질 경부 자극은 시상하부에서 뇌의 다른 부분으로 옥시토신이 대량으로 방출되도록 한다.[21]

　시상하부는 뇌에 있는 작고 오래된 조직이며, 수유, 수분 섭취, 공격성, 성적 행동 등 기본적인 생명 기능에 필수적인 부위이다(그림 2.3). 포유류의 시상하부는 특정 뇌 부위에 옥시토신을 분비하며, 그 결과로 어미가 모성적으로 행위하고 자신의 새끼에게 강한 애착을 갖게 된다.[22] 시상하부는 또한 바소프레신을 분비하여 포식자들로부터 새끼를 방어하는 등 어미가 자기 자식들을 보호하도록 동기를 부여하는 일련의 사건들을 유발한다. 옥시토신 발현 뉴런들은 자기의 축색돌기를 편도체 amygdala로 돌출시키고 있으며(그림 2.3 참조), 편도체는 두려움뿐만 아니라 기쁨과 같은 정서를 생성하는 역할을 한다.[23] 표적 부위에서 뉴런은 옥시토신을 방출한다. 편도체에서 옥시토신을 방출할 때 나타나는 효과 중 하나는 두려움이 줄어든다는 점이다. 악몽에서 깬 아이를 껴안아주는 것이 도움이 되는 이유는 바로 이 때문일 것이다. 포옹은 옥시토신을 분비하여 아이를 진정시키고 불안과 두려움을 감소시킨다.

20　Johannes Kohl, Anita E. Autry, and Catherine Dulac, "The Neurobiology of Parenting: A Neural Circuit Perspective," *BioEssays* 39, no. 1 (2017): 1-11.

21　때때로 동물원의 포유류에게 하는 것처럼 자극은 인위적으로 행해질 수 있다.

22　Jaak Panksepp, "Feeling the Pain of Social Loss," Science 302, no. 5643 (2003): 237-39; K. D. Broad, J. P. Curley, and E. B. Keverne, "Mother-Infant Bonding and the Evolution of Mammalian Social Relationships," *Philosophical Transactions of the Royal Society of London. Series B, Biological Sciences* 361, no. 1476 (2006): 2199-214.

23　A. Beyeler et al., "Organization of Valence-Encoding and Projection-Defined Neurons in Basolateral Amygdala," *Cell Reports* 22, no. 4 (2018): 905-18.

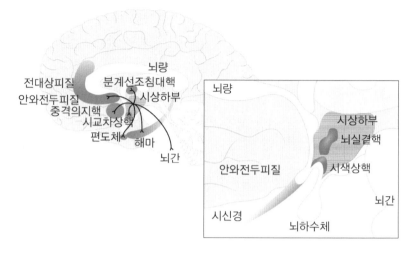

[그림 2.3] 왼쪽: 좌뇌가 제거된 것처럼 하여 정중선(正中線)에서 본 인간 우뇌의 도해. 검은 선들은 옥시토신을 방출하는 뉴런들에서 전대상피질(anterior cingulate cortex, ACC)까지 그리고 중격의지핵(nucleus accumbens, NAcc,) 편도체(amygdala), 시교차상핵(suprachiasmatic nucleus, SCN)(또는 시각교차 상핵), 분계선조침대핵(bed nucleus of the stria terminalis, BNST), 그리고 뇌간(brainstem)과 같은 피질하 구조(subcortical structures)까지의 선택된 신경로(neural pathway)를 묘사하고 있다.

오른쪽: 시상하부(hypothalamus)와 해당 부위의 두 옥시토신 방출 구조를 확대한 도해: 뇌실곁핵(paraventricular nucleus)(실방핵, 뇌실옆핵, 측뇌실핵)과 시색상핵(supraoptic nucleus)(시삭상핵, 시각상핵, 시각신경위핵, 시각로위핵).[24] 먹고 마시는 것을 조절하는 것과 같은 시상하부의 다른 핵들은 표시되지 않았다. A. Meyer-Lindenberg et al., "Oxytocin and Vasopressin in the Human Brain: Social Peptides for Translational Medicine," *Nature Reviews Neuroscience* 12 (2011): 524-38을 허락하에 개작함.

---

24 (옮긴이) 여기서의 실방핵(paraventricular nucleus)과 시색상핵(supraoptic nucleus)에 대한 번역 용어는 본문에서 소개된 외에도 다양하게 존재한다. 하지만 해당 용어를 각기 따로 섭렵하기 보다는 원어 및 용어 용례에 대해 살펴보는 것이 명료한 이해에 도움이 될 수 있다. paraventricular에서 para-는 고대그리스어 παρα에서 온 말로 여기서는 '-옆에, -근처'의 뜻을 가졌다. 또한 ventricular는 '뇌나 심장의 실(室)의'라는 의미이다. 이를 통해 번역된 용어들은 뇌실 옆, 뇌실 측면이라는 뜻으로 각각 옮겨진 것을 알 수 있다. 또한 supraoptic에서 supra-는 '위에'라는 뜻이며, optic은 '눈의, 시각의' 뜻으로 시신경 관련으로 쓰이고 있다. 따라서 용어 번역 시, '위'나 '상(上)'이 쓰이고 '시(視), 시신경, 시각신경'이란 용어가 쓰이는 것을 볼 수 있다. 참고로 '삭'과 '색'이 겸하여 쓰이는 이유는 축색(軸索)에 쓰이는 '索'의 발음이 삭 또는 색으로 병용되기 때문에 그런 것이라고 할 수 있다.

이러한 옥시토신 발현 뉴런은 보상 시스템의 진화상 오래된 부분과 피질, 특히 안와전두피질orbitofrontal cortex(안구가 있는 안와(眼窩) 바로 위의 피질 부분, 그림 2.3 참조)을 포함한 다른 뇌 부위의 영역까지 축색돌기를 보낸다. 포유류의 보상 시스템에서 옥시토신 수용체가 있는 영역 중 하나는 욕구(무엇인가 추구하려는 동기 부여)와 호감(대상이나 사건에서 즐거움을 얻는 것)에 결정적인 역할을 한다고 알려져 있는 중격의지핵nucleus accumben이다. 그림 2.1에서 볼 수 있듯이 이런 부위에서 이러한 수용체의 밀도는 일부일처하는 들쥐가 문란한 들쥐보다 훨씬 더 높다. 이러한 차이는 무엇을 의미할까? 그것은 일부일처하는 동물들에 있는 많은 뉴런들이 옥시토신과 그 풍부한 수용체가 결합할 때 그 활동 수준을 변화시킨다는 것을 말해준다. 그 뉴런들은 짝 보살피기를 지원하는 회로의 일부분이다.

어미가 자신의 새끼를 인식하기 위해서는 중격의지핵(또는 측좌핵)에서 특화된 뉴런 그룹 하나가 활성화되어야 하고, 다른 그룹의 뉴런이 활성화되면 모성 행동에 대한 동기가 유발된다. 중격의지핵은 보상 시스템의 일종의 관문이자 동기를 부여하는 '운영자'인 복측담창구ventral pallidum(또는 복측창백(핵), 배쪽 창백(핵))의 후방 영역과 연결된다. 복측담창구는 자극으로 호감과 욕구가 증가하는 오피오이드 고집중점 opioid hot spot(오피오이드 수용체가 많은 곳)이 있고, 그 앞쪽 끝에는 오피오이드 수용체가 적고, 자극으로 호감과 욕구가 줄어드는 오피오이드 저집중점opioid cold spot(오피오이드 수용체가 적은 곳)이 있다.[25]

1장에서 언급한 대로 카나비노이드cannabinoid는 뇌에서 만들어지는

---

25 Kyle S. Smith et al., "Ventral Pallidum Roles in Reward and Motivation," *Behavior and Brain Research*, 196, no. 2 (2009): 155–67.

마리화나와 같은 신경화학물질이다. 카나비노이드가 특화된 수용체들과 결합하게 되면 우리는 긍정적인 감정을 얻게 된다.[26] 이는 옥시토신과의 강한 접촉에 반응하여 중격의지핵에서 방출된다. 카나비노이드 수용체들은 또한 복측담창구에도 존재하며, 행위의 즐거운 결과에 영향을 미칠 수 있다. 카나비노이드와 수용체의 결합은 육아 및 교배와 같은 다양한 종류의 사회적 상호작용의 보상 측면에서 중요하다.[27]

(뇌에서 만들어지는) 내인성(內因性) 오피오이드는 사회성이 강한 동물이 친척이나 친구들과 함께 있을 때 분비될 수 있다. 한 가지 효과는 통증 반응을 약화시키는 것이다. 달리 말해 동물이 고립되어 있을 때보다 사회적일 때 통증에 대한 한계점이 올라간다는 말이다.[28] 내인성 카나비노이드와 오피오이드는 수용체의 포트폴리오와 함께 우리가 사회생활에서 느끼는 즐거움(쾌락)의 주요 원천이다. 배우자나 아기를 껴안고 있을 때 느끼는 쾌감은 해당 행동을 강화하는 내적 보상신호이다. 더 많이 껴안을수록 더 많은 오피오이드가 분비된다.[29]

옥시토신은 자신의 새끼뿐만 아니라 자기의 짝, 친족 또는 친구를 인식하는 데 결정적으로 관여한다는 것이 밝혀졌다. 교배를 하는 다자란 들쥐의 해당 인지회로는 어미와 새끼의 인지회로와 동일한 것처

---

26 그러한 감정은 신경화학물질뿐만 아니라 수용체가 위치한 회로에 의존한다.

27 Don Wei et al., "Endocannabinoid Signaling in the Control of Social Behavior," *Trends in Neurosciences* 40 (2017): 385–96. See also Lin W. Hung et al., "Gating of Social Reward by Oxytocin in the Ventral Tegmental Area," *Science* 357 (2017): 1406–11.

28 Francesca R. D'Amato and Flaminia Pavone, "Modulation of Nociception by Social Factors in Rodents: Contribution of the Opioid System," *Psychopharmacology* 224 (2012): 189–200.

29 어쨌든 좀 더 복잡하나, 일단 요지는 그렇다. 다음을 참조: Michael Numan and Danielle S. Stolzenberg, "Medial Preoptic Area Interactions with Dopamine Neural Systems in the Control of the Onset and Maintenance of Maternal Behavior in Rats," *Frontiers in Neuroendocrinology* 30, no. 1 (January 2009): 46–64, https://doi.org/10.1016/j.yfrne.2008.10.002.

럼 보이며, 동기부여의 회로 또한 기본적으로 동일한 것으로 보인다. 그 회로는 복측담창구뿐만 아니라 옥시토신과 바소프레신 그리고 더 나아가 보상 시스템을 필요로 한다.[30] 또한 대초원 들쥐와 같은 설치 류 수컷이 자신의 새끼를 돌볼 때 활성화되는 뇌 회로는 암컷에서 나 타나는 것과 거의 일치하는 것처럼 보인다. 산악 들쥐처럼 수컷이 교 배를 한 후 다른 곳으로 떠나버리는 종의 경우, 양육과 배우자 선호를 위한 사회적 회로가 분명 존재하지만, 옥시토신과 바소프레신에 대한 적당한 수준의 수용체가 없거나, 회로의 다른 부분에 위치한 동일한 수용체에 의해 억제된다.[31] 앞에서 언급했듯이, 복측담창구의 바소프 레신 수용체의 밀도를 높이는 것과 같은 상대적으로 작은 유전적 변 형으로도 문란한 들쥐를 일부일처의 들쥐로 바꿀 수 있다.[32]

옥시토신의 놀라운 효과 중 하나는 스트레스 반응을 감소시킨다는 것이다. 우선, 뇌의 옥시토신 농도가 상승하면 스트레스 호르몬의 농 도가 떨어진다. 따라서 대초원 들쥐는 짝이 가까이에 있거나 뇌에 직 접 옥시토신을 투여함으로써 스트레스와 불안이 완화될 수 있다.[33] 시 상하부에서 옥시토신 방출과 관련된 것으로 추정되는 배우자, 친척, 친구의 (불안 감소) 불안 완화와 유사한 효과가 인간에게도 나타난다. 이러한 관찰은 슬픔에 잠기거나 곤란을 겪고 있는 사람이 친구나 친

30 Michael Numan and Larry J. Young, "Neural Mechanisms of Mother-Infant Bonding and Pair Bonding: Similarities, Differences, and Broader Implications," *Hormones and Behavior* 77 (2016): 98–112.

31 A. M. Anacker et al., "Septal Oxytocin Administration Impairs Peer Affiliation via V1a Receptors in Female Meadow Voles," *Psychoneuroendocrinology* 68 (2016): 156–62, https://doi.org/10.1016/j.psyneuen.2016.02.025.

32 Anacker et al., "Septal Oxytocin Administration."

33 A. S. Smith and Z. Wang, "Hypothalamic Oxytocin Mediates Social Buffering of the Stress Response," *Biological Psychiatry* 76, no. 4 (2014): 281–88.

척의 사회적 지지로부터 도움을 받기 쉽다는 일반적인 사회적 이해와 잘 들어맞는다.[34]

옥시토신이 어떻게 그러한 유대 형성 효과를 달성하는지를 좀 더 정확히 설명하기 위해 래리 영Larry Young과 그의 연구팀은 옥시토신과 그 수용체의 포트폴리오가 가지는 주요 효과는 교배와 관련해 각 들쥐가 다른 상대가 아닌 오직 그 한 상대만을 원하고 좋아하는 그런 방식으로 행동에 대한 보상효과 범위를 좁히는 것이라고 제안했다. 첫 번째 교배 후 대초원 들쥐 수컷은 보상경험rewarding experience(혹은 보상을 수반하는 경험)을 정확히 한 가지 냄새와 연관시킨다. 그래서 수컷은 자신의 즐거웠던 경험을 재현하고 반복하기 위해 정확히 한 암컷만을 찾는다. 산악 들쥐처럼 '여러 암컷과 놀아나는 것' 대신에 자신이 선호하는 짝을 껴안는 데 많은 시간을 보내고, 다른 암컷을 만나면 무시하거나 심지어는 거칠게 대할 것이다(암컷의 경우도 마찬가지이다). 다시 말해 지각적 관심perceptual attention은 선호하는 상대에게로 국한되는 것이다. 노래 가사처럼 "나는 너만 바라볼 거야"라고 말이다. 또는 당신이 들쥐라면 "오직 당신의 냄새만이 내게 딱이야"라고 할 것이다. 옥시토신은 주의를 집중시켜 지각과 행동을 고정시킨다.

의심할 바 없이 산악 들쥐는 교배 경험에 똑같이 보상경험을 찾으나, 가설에 따르면 그들은 보상 시스템에서 옥시토신과 바소프레신 수용체가 부족하기 때문에 하나의 특정 암컷과 어울리지 않는다. 대신에 산악 들쥐 수컷은 발정기 냄새를 피우는 다른 암컷을 찾아 자리를 뜬다. 그 수컷 들쥐는 딱히 가리지 않는다.

---

34 K. Gobrogge and Z. Wang, "Neuropeptidergic Regulation of Pair-Bonding and Stress Buffering: Lessons from Voles," *Hormones and Behavior* 76 (2015): 91-105.

이러한 주의초점 가설attentional-focus hypothesis은 설득력이 있으나, 이것이 전부는 아니다. 대초원 들쥐, 비버, 티티 원숭이 그리고 많은 인간과 같이 일부일처하는 종들은 평생 동안 유대관계를 맺는다. 왜냐하면 초기 사랑의 황홀감은 몇 달 혹은 몇 년 후에 사라지기 쉽기 때문에, 장기적으로 강한 애착을 유지하려면 다른 변화가 필요할 수 있다. 인생의 모험을 함께하는 동안 한 배우자를 믿고 의지할 수 있다는 것은 진정한 가치이며, 이 가치를 극대화하기 위해 평생의 동반자의 뇌에 추가적인 변화가 필요하다는 것을 시사한다. 뇌는 초기 보상과 집중적인 지각적 관심을 기반으로 선호하는 한 명의 배우자를 확고히 할 수 있지만, 장기적으로는 보상 시스템에서 다소 다른 작동 방식을 통해 그 유대감을 유지할 수 있다. 다양한 종류의 습관들이 삶을 더 편하고, 더욱 예측 가능하며, 더 활기차게 만든다. 단 하나뿐인 습관은 많은 장점을 가질 수 있고, 잦은 털 손질, 핥기, 협력하기를 강화할 수 있다. 나는 조잡한 방식의 습관에 대해 말하려는 것이 아니다. 그보다는 영양가 있는 음식을 만들거나 연대하여 집을 짓는 것과 같이 행복하고 만족스러운 삶에 기여하는 습관을 염두에 두고 있다.

이 가설은 꽤나 그럴 듯해 보인다. 무엇보다도 짝이 사라지면 왜 남아 있는 짝이 식욕부진, 무기력증, 스트레스 등 슬픔을 보이는 동물의 전형적인 신호를 포함한 손실 행동을 보이는지 그 이유를 설명하는 데 도움이 된다.

보상시스템이 짝과의 유대감을 유지하는 데 중요한 역할을 하는 만큼 우리는 짝짓기가 이루어지지 않는 집단에서 우정을 지속하는 데도 보상 시스템이 중요한 역할을 하는지 궁금할 수 있다. 친구들 사이에서도 정서적 접촉(포옹하기, 털 다듬기), 위로, 음식 공유, 그룹 내 공격자에 대한 방어는 옥시토신의 농도를 올리고, 스트레스 호르몬의 농도를 낮춘다. 그리하여 불안은 감소하고, 평온함은 증가한다. 보상 시스템도 그에 따라 반응한다.

세상에서 경험의 역할은 지금까지 설명한 이야기 이면에 숨겨진 복잡성을 더한다. 가령 사회적 상호작용을 관찰하는 것만으로도 뇌를 변화시킬 수 있다. 예를 들어 보자. 미분만부nulliparous(출산한 적이 없다는 것을 뜻함) 암컷 설치류는 주변의 새끼를 죽이거나 무시하는 경향이 있다. 하지만 만약 미분만부 암컷이 수유 중인 어미와 그 어미들이 새끼를 돌보는 모습에 지속적으로 노출될 경우 그러한 행위는 줄어들게 된다. 이러한 상황에서 그러한 자극은 미분만 설치류의 뇌를 변화시켜 죽이고자 하는 충동을 약화시키는 대신 암컷의 모성 본능을 자극한다. 이런 식으로 노출된 미분만 암컷 쥐는 새끼를 작은 장소로 데려오고 심지어 근처의 새끼에게 젖을 먹이려고 시도하는데, 이는 마치 인형을 이용해 엄마가 아기를 돌보는 것을 흉내 내는 어린아이의 행동을 연상시킨다.

이러한 효과는 단순히 지켜보는 것만으로도 모성 동기 부여가 수반되는 옥시토신 관련 회로가 분만(출산과 그에 따른 질 - 자궁경관 자극)과 같은 암컷 쥐에게 벌어지는 사건뿐만 아니라 암컷이 자신의 새끼를 돌보는 헌신적인 어미와 같이 자기 주변에서 관찰한 것에도 민감하게 반응한다는 것을 보여준다. 일부일처제 동물의 경우 실제 교배 건이 없이 암컷과 수컷이 서로에게 노출되는 것만으로도 강한 파트너 선호도를 유발하는 경우도 있다. 냄새, 촉각, 시각적 신호, 심지어 청각적 신호와도 같은 다양한 감각 자극을 통해 어떤 파트너를 선호하는지 명확히 알 수 있다.

요약하자면, 고도로 사회적인 포유류의 경우 털 손질, 포옹, 성관계, 먹이 공유와 같은 긍정적 사회 상황에서 뇌에서 옥시토신이 분비된다는 것이다.[35] 적어도 고도로 사회화된 동물의 경우 카나비노이드cannabinoid의 지원을 받는 이러한 분비물은 사회적 애착을 강화시키는 경향이 있다. 그 결과 경계심과 불안감을 줄이며, 신뢰와 행복감sense of well-being이 증가한다. 이러한 결과가 보상이며, 실제로 보상 시스템은 행동루틴behavioral routine을 강화하기 위해 반응한다. 이러한 호의적인 상태에서는 신뢰와 협력이 촉진되어 우리 사이의 유대가 강화된다. 이러한 방식으로 우리와 같은 사회적 포유류는 배려와 나눔을 실천하고, 우리가 사랑하는 이들로부터 인정을 받는 사회적 규범을 준수하려는 경향이 더욱 강해진다.[36]

하나뿐인 내사랑

본질적으로 모든 포유류는 새끼를 돌보는 모성애를 발휘하지만, 약 5%의 포유류만이 평생의 반려자를 가진다. 일부는 대초원 들쥐와 캘리포니아(사슴)쥐California deer mice와 같은 설치류이며, 일부는 긴팔원숭이나 티티원숭이, 마모셋, 흰목꼬리감기원숭이와 같은 신세계원숭이New World monkey(혹은 광비원류)와 같은 영장류이다. 다음으로는 복잡한 사회생활을 하는 늑대도 있다. 늑대 무리는 오직 우두머리 암컷alpha female과 우두머리 수컷alpha male만 새끼를 낳으며, 한 마리가 죽

---

35 야생의 침팬지의 경우 먹이 공유 동안 옥시토신이 분비된다는 증거가 있다.
36 Matthew D. Lieberman, *Social: Why Our Brains Are Wired to Connect* (New York: Crown, 2013).

기 전까지 이러한 패턴을 이어간다. 그들은 눈에 띄게 서로에 대한 애정 어린 모습을 보인다.[37] 무리의 모든 개체가 새끼들을 돌보고, 우두머리 수컷은 다음 번 새끼를 낳을 준비를 하기 위해 암컷이 낡은 보금자리를 청소하는 것을 돕는다. 비버는 평생 동안 짝짓기를 하며 양육의 책임을 분담한다. 그러나 동물학자들은 포유류의 대부분(95%)이 일부일처가 아니며, 새끼들을 돌보는 데 부모가 함께하지 않는다고 말한다. 이와는 대조적으로 조류의 대부분은 일부일처제이다.

환경 변화에 적응해 간다는 관점에서 볼 때 일부일처제가 모든 종에서 선호되는 짝짓기 방식인 이유는 뭘까? 분명 수컷에게는 성적 문란함이 항상 유리할 것이다. 몇 가지 답변들이 제시되고 있다. 하나는 생태학적 상황이 특히 열악할 때 두 부모가 함께 새끼를 돌보는 것이 한 부모가 모든 짐을 짊어지는 것보다 좀 더 번식 성공률이 높다는 다소 뻔한 대답이다. 대초원 들쥐는 개방된 대초원에 서식하기 때문에 은신처가 있는 산악 들쥐보다 더 사냥당하기 쉽다. 양친 시스템은 대부분의 조류 종에서 확실히 선호된다. 부모 중 한 마리가 먹이를 찾기 위해 둥지를 비운다면 어미새가 돌아왔을 때에는 매나 황조롱이가 그들의 새끼를 위한 먹이로 자신의 새끼들을 잡아갔다는 것을 발견하게 될 가능성이 높다.

생물학자들이 제시한 또 다른 가능성은 양친 방식이 수컷의 영·유아 살해infanticide를 억제한다는 것이다. 예를 들어 수컷 불곰과 북극곰은 (아마도 냄새로) 다른 수컷의 새끼라고 의심되는 새끼 곰들을 수시로 죽이려 한다. 만약 수컷이 새끼 곰을 죽이는 데 성공한다면 암컷들

---

37 Alaska Wolves, "Wolf Pair Bonds," April 8, 2008, http://www.alaskawolves.org/Blog/CBB2EEB4-67FE-4796-B151-2A218C250613.html.

은 바로 발정기에 들어가고 새끼 곰을 죽인 수컷은 다음 새끼 곰의 아비가 될 기회를 가지게 된다. 그러나 대초원 들쥐나 비버처럼 수컷이 양친이 될 때에는 자기 자신의 새끼를 영·유아 살해하는 일은 거의 발생하지 않는다.

우리는 대초원 들쥐와 같을까?

인류학자와 심리학자들의 연구에 따르면 인간은 일반적으로 장기적인 유대관계를 맺는 경향이 있으며, 비록 한 사람과 평생을 함께하지는 않더라도 오랜 기간 동안 지속되는 강력한 동반자 관계를 맺는 경향이 있다고 한다. 물론 혼외의 성행위는 종종 일어나지만, 세상의 많은 나라(예를 들어 일본, 중국, 미국, 캐나다)[38]에서 일부다처제는 불법이다. 광의의 생태학적 본성과 음식과 주거지를 위한 자원의 가용성은 결혼 관습에 중요한 영향을 미칠 가능성이 있다. 수렵-채집-청소 동물 사이에서는 일부일처 방식이 일반적이지만, 일부 종교에서는 일부다처제(한 남성이 여러 아내를 거느리는 것)가 관습이며, 극히 소수의 문화에서는 일처다부제(한 여성이 많은 성관계 남자를 거느리는 것)가 관습이다. 환경이 매우 열악하거나 현실적인 이유로 남성이 두 명 이상의 아내를 부양하기 힘든 곳에서는 일부일처제가 지배적인 결혼 방식이 되는 경향이 있다.[39]

---

38 (옮긴이) 한국에서도 일부다처제는 불법이다.
39 Sarah Blaffer Hrdy, *Mother Nature: Maternal Instincts and How They Shape the Human Species* (New York: Random House, 1999).

1883년 인류학자 프란츠 보아스Franz Boas가 처음 방문했던 북극의 배핀섬 이누이트족의 결혼 관습은 격식에 얽매이지 않으면서 장기적인 결속이 일반적이었다. 한 아내와 1년 정도 동거하는 것은 허용되기는 하나 드문 일이었고, 아내들은 자신을 함부로 대하는 남편을 불쑥 떠나기 일쑤였다. 보아스가 좀 더 일반적으로 관찰한 바에 따르면, 이누이트는 사회생활 대부분의 측면에 대한 규칙을 정하진 않았지만, 결혼이나 이혼과 같은 문제들을 느슨하게 통제하는 과거 관행의 지혜를 묵인하는 것처럼 보였다. 보아스는 그가 접했던 이누이트 집단이 유럽의 일반적인 기준으로 볼 때 다소 무질서인 상태라는 것을 주목하며 아주 흥미를 느꼈고, 엄격한 규칙 없이도 역사적 전통에 크게 의지하여 가혹한 환경에 잘 대처해내고 있다는 사실에 대해 경탄하였다.

짝과 친구에 대한 우리의 애착이 대초원 들쥐에서 발견되는 메커니즘의 특징을 공유하는지를 확인하려면 해당 들쥐에 대한 실험과 유의미하게 유사한 실험이 방법론적으로 이상적일 것이다. 옥시토신이나 옥시토신 차단제를 들쥐와 원숭이의 뇌 영역에 직접적으로 투여하는 실험은 동물의 사회적 행동에서 옥시토신의 역할에 대한 의미 있는 자료를 생성하는 데 매우 성공적이었다. 그러나 윤리적 이유로 인간에게는 적합하지 않기에 이러한 종류의 중재intervention(혹은 개입)연구[40]는

---

40 (옮긴이) 임상시험의 연구 형태는 중재연구(Interventional study, 개입연구 혹은 실험연구), 관찰연구(Observational study, 비중재연구)로 구분할 수 있으며, 우리나라 「생명윤리 및 안전에 관한 법률」(약칭: 생명윤리법, 법률 제17783호) 제2조 제1호의 "사람을 대상으로 물리적인 개입"을 하는 연구에 대해 「생명윤리 및 안전에 관한 법률 시행규칙」(보건복지부령 제852호) 제2조 제1항은 "연구대상자를 직접 조작하거나 연구대상자의 환경을 조작하여 자료를 얻는 연구"라고 규정하고 있다. 이는 연구대상자인 사람에게 식품이나 의약품의 섭취, 약물 투여, 혈액의 채취 등 침습적 행위를 행하거나 연구대상자의 감각의 자극이나 스트레스 조성 등과 같은 환경 조작과 같은 물리적 개입이 포함된 연구와 그 결과를 이용한 연구들을 말한다.

배제된다. 행동을 측정하기 전에 뇌의 옥시토신 농도를 변경하는 윤리적 방법을 찾기 위해 연구자들은 코 스프레이nasal spray(혹은 비강 스프레이)에 옥시토신을 넣어 뇌에 주입하는 아이디어를 생각해냈다. 다행히도 코에 옥시토신을 분무하는 것은 안전하며, 고통스럽지 않고, 빠르다. 피험자는 조금도 개의치 않는다.

이러한 전략을 사용한 첫 번째 연구 결과는 2005년 미카엘 코스펠드Michael Kosfeld와 그의 연구팀에 의해 발표되었다.[41] 그들은 뇌의 옥시토신 농도를 증가시키면 신뢰행동trusting behavior이 높아지는지를 테스트하길 원했다. 연구진은 피실험자들은 익명의 파트너를 신뢰하는 것이 어느 정도 금전적 위험을 수반하지만, 거래 간 신뢰가 유지되면 두 파트너 모두 실제 돈을 벌 수 있는 2인 투자 게임을 진행했다. 29명의 피험자에게는 게임 시작 전에 옥시토신 비강 스프레이를 뿌렸고 29명의 대조군 피험자들에게는 식염수 스프레이saline spray만 뿌렸다. 이 실험 결과는 매우 흥미로웠는데, 옥시토신을 비강 스프레이로 투여받은 피실험자들은 게임 중에 더 높은 신뢰도를 보여주었으며, 그리하여 대조군 피험자들보다 더 많은 돈을 벌었다.

코스펠드의 연구 결과는 얼굴 표정(슬픈, 화난, 행복한 등)을 인식하거나 배우자를 돕거나 신뢰하려는 의지, 배우자에 대한 애정 수준 등 사회적 능력을 테스트하기 위해 비강 분무기로 옥시토신을 투여하는 수많은 연구들을 촉발시켰다. 흔히 예측하던 바와 같이 많은 보고서에서 코로 분무된 옥시토신은 인간의 사회적 능력을 향상시킨다는 것을 보여주었다.

---

41 M. Kosfeld et al., "Oxytocin Increases Trust in Humans," *Nature* 435 (2005): 673–76.

그러자 신경과학자들은 불편한 의문들을 제기했다. 그중 하나는 옥시토신이 코에서 뇌로 얼마나 정확하게 들어갈 수 있을지에 대한 것이었다.[42] 긍정적인 연구결과가 나왔기 때문에, 여러 연구실에서는 이 질문에 대해 크게 걱정하지 않았다. 원하는 효과를 볼 수 있다면 누가 상관하겠는가? 코카인도 코로 흡입하면 뇌로 들어가는데 왜 옥시토신은 안 된다는 것인가?

답은 있으나, 불행히도 그 답은 연구생활을 복잡하게 만들었다. 뇌와 혈관계vascular system 사이에는 **혈액–뇌 장벽**Blood-brain barrier(뇌혈관장벽)이라고 알려진 복잡한 막이 있다. 기능적으로 혈액–뇌 장벽은 감염과 독소로부터 뇌를 보호한다. 코카인을 비롯한 일부 화학물질은 그 장벽을 아주 쉽게 통과하지만, 어떤 화학물질은 완전히 차단되고 일부 화학물질은 어렵게 통과한다. 옥시토신은 이 '어려운' 부류로 알려져 있다. 비강 스프레이에서의 옥시토신은 아마도 순조롭게 혈액–뇌 장벽을 쉽게 통과하여 뇌까지 도달하지는 못할 것이다.

비강 스프레이 기술을 사용한 연구자들은 해당 연구가 긍정적 결론을 얻으려면 어떤 식으로든 코에 분무한 옥시토신이 피험자의 뇌에 들어가서 행동에 영향을 미칠 만큼 충분한 양이 되어야 한다고 대답했다. 이들의 주장이 비합리적인것은 아니지만, 과학적 신중은 우리에게 해당 실험의 긍정적인 결과 이면에 숨겨진 세부사항을 면밀히 살펴볼 것을 제시한다. 다음 두 질문은 무시하기 힘들다. (1) 비강 내 실험은 비강 내 분무된 옥시토신이 인간 뇌에 미치는 영향에 대한 유의미한 결과를 입증할 만한 통계적 검증력statistical power을 가지는가?

---

42 P. S. Churchland and P. Winkielman. "Modulating Social Behavior with Oyxtocin: How Does It Work? What Does It Mean?" *Hormones and Behavior* 61 (2012): 392–99.

(2) 코에 분무한 옥시토신이 어떻게 뇌로 들어갈 수 있는가?

통계적 검증력에 대한 질문에서 비강 내 옥시토신 실험에 대한 메타 분석은 많은 연구가 심각한 검정력 부족underpowered[43]이나 방법론적 결함으로 곤란을 겪고 있음을 밝혀냈다. 월럼Wallum, 월드먼Waldman, 영은 최근 메타 분석 결과를 다음과 같이 솔직하게 표현했다.

> 우리의 결론은 비강 내 옥시토신 연구는 일반적으로 검정력이 부족하며, 공개된 비강 내 옥시토신 연구물들 대부분이 실제 효과를 나타내지 않을 가능성이 높다는 점이다. 따라서 비강 내 옥시토신이 아주 많은 인간의 사회적 행동에 영향을 미친다는 주목할 만한 보고서들은 건전한 회의론을 가지고 봐야 할 것이며, 우리는 향후 인간 옥시토신 연구의 신뢰성을 개선하기 위한 권고안을 제시한다.[44]

따라서 우려되는 바는 몇몇 경우에 있어 긍정적인 결과처럼 보이는 것이 통계적 허구statistical artifact일 수 있다는 점이다. 코스펠드의 원래 실험조차도 옥시토신 투여 효과가 실제로는 분산 중 17%만을 설명할 정도로 매우 작다는 것이 통계상 밝혀졌다. 공개된 결과 중 어떤 것이 거짓 양성false positive을 포함하는지를 지금은 알 수 없다. 향후 실험들은 통계적 검증력의 문제를 해결할 수 있으며, 우리는 더 낫게 설계된 연구 결과들이 보여줄 바를 기다리며 지켜봐야만 할 것이다. 덧붙여

---

43 (옮긴이) 검정력은 만들어낸 데이터세트 중에서 통계적으로 유의미한 결과를 가졌다고 보고하는 비율이다. 샘플 수가 효과에 대해 검증하기 위해서 충분하지 않을 때 검정력 부족(underpowered)이라고 말한다.

44 Hasse Walum, Irwin D. Waldman, and Larry J. Young, "Statistical and Methodological Considerations for the Interpretation of Intranasal Oxytocin Studies," *Biological Psychiatry* 79 (2016): 252.

말하면, 옥시토신이 함유된 코 스프레이를 온라인으로 주문한 개개인으로부터의 보고서는 플라시보 효과placebo effect와 함께 그러한 코 스프레이의 내용물은 (성분) 규제된 것이 아니라서 그 내용물을 알 수 없기에 신뢰할 수 없다.

혈액–뇌 장벽에 관해서 답이 나오지 않은 질문은 옥시토신이 막에서 새어나와 뇌로 가는지 여부이다. 지금까지는 뇌로 가는 좀 더 정확하게는 옥시토신이 결합할 옥시토신 수용체가 있는 뇌의 영역으로 가는 그런 유출 경로를 보여주는 연구가 없다. 비강을 통한 방법으로부터 나온 연구 결과들을 신뢰하려면 그 문제를 시급히 밝혀야 할 것이다.[45]

연구자들은 사회적 상호작용능력의 결여social impairment[46]가 자폐증의 피험자들에게서 보이기 때문에 비강 내 옥시토신 개입이 이러한 상태의 개인들에게 유망한 치료법일 수 있다고 생각했다. 다소 긍정적인 결과를 보여주는 초기 연구로 인해 희망이 꿈틀거리긴 했지만, 유감스럽게도 해당 연구 결과는 적절한 실험에서 그 결과를 재현하는 데 실패했다.[47] 덧붙여 자폐 스펙트럼에 있는 사람들, 다시 말해 자폐 스펙트럼 장애autism spectrum disorder 혹은 ASD는 옥시토신 수준 혹은 옥시토신 수용체가 부족하다는 가설은 유전자 검사에서 입증되지 않았다.[48]

---

45 Simon L. Evans et al., "Intranasal Oxytocin Effects on Social Cognition: A Critique," *Brain Research* 1580 (2014): 69–77.

46 (옮긴이) 이외에도 사회적 기능 손상, 사회적 장애, 사회적 손실, 사회적 손상 등으로 번역되고 있다.

47 D. A. Baribeau et al., "Oxytocin Receptor Polymorphisms Are Differentially Associated with Social Abilities across Neurodevelopmental Disorders," *Scientific Reports* 7 (2017): art. 11618, https://doi.org/10.1038/s41598-017-10821-0.

48 K. J. Parker et al., "Plasma Oxytocin Concentrations and OXTR Polymorphisms Predict Social Impairments in Children with and without Autism Spectrum Disorder," *Proceedings of the National Academy of Sciences of the United States of America* 111 (2014): 12258–63.

옥시토신이나 그 수용체에 대한 유전적 변이가 사회적 상호작용능력의 결여와 상관관계가 있음에도 불구하고, 이러한 상관관계는 자폐 스펙트럼 장애를 가진 사람들에게 독특하다거나 전형적인 것이 아니다. 그래서 해당 가설은 자폐증의 원인에는 사회적 상호작용 능력 결여보다 좀 더 기본적인 원인이 있다고 한다. 달리 말해 우리가 자폐증 환자에게서 보는 것과 같은 사회적 장애는 아마도 옥시토신과 그 수용체를 구체적으로 변화시키는 유전적 변형 이외의 이상에 기인한 것일 것이다.

중격의지핵에서의 옥시토신 수용체의 밀도가 대초원 들쥐의 사회적 행동 규제에 중요하기 때문에 인간에 관한 흥미로운 질문은 우리의 중격의지핵에서의 옥시토신 수용체의 밀도가 어떤 식으로 구성되어 있으며, 그리고 모집단에 걸쳐 변동성이 얼마나 되는가이다. 우리는 그 질문에 어떻게 대답할 수 있을 것인가?

이 단계에서 수용체들은 살아있는 조직이 아닌 사후(死後) 조직에서만 식별될 수 있다. 수용체의 정확한 위치를 찾아내는 기술에는 방사성 표지radioactive label를 뇌에 주사하는 것을 포함한다. 그 표지는 옥시토신 수용체 같은 오직 찾고 있는 단백질에만 부착되도록 설계되었다. 사후 뇌 조직은 방사성 표지의 위치와 해당 수용체를 드러내기 위해 얇게 절단된다. 최근의 한 연구에서는 사망한 두 명의 여성에게서 옥시토신 수용체에 대한 테스트를 시행한 바가 있다.[49] 해당 연구자들은 대초원 들쥐와 티티 원숭이에게서 보이던 바와 필적할 만한 중격의지핵, 편도체, 시상하부에서 수용체들을 발견했다. 지금까지는 순조롭

---

49 M. L. Boccia et al., "Immunohistochemical Localization of Oxytocin Receptors in Human Brain," *Neuroscience* 253 (2013): 155–64.

다. 그러나 뇌의 표본이 단지 두 개뿐이라는 것은 인간에 대한 강한 결론을 도출할 수는 없다는 것을 뜻한다.

몇몇 실험에서는 인간 뇌에서의 옥시토신 농도가 특정한 사회적 상호작용 때문에 변화하는지를 확인하고자 노력해 왔다. 예를 들어 옥시토신 농도는 기분 좋은 마사지나 포옹 후 올라갈까? 혹은 파티에서 다른 사람들에게 외면당하면 내려가게 될까? 윤리적 이유로 실험 시 인간의 뇌로부터의 유동체를 직접 채취할 수는 없는데, 이는 상당한 위험을 수반하고 천자[50] 바로 직후 또는 4시간 후post-tap에 두통을 유발하며 의사에 의해 반드시 시술되어야만 하는 척추천자spinal tap를 필요로 하기 때문이다. 뇌에서 옥시토신을 간접적으로 측정할 방법이 있을까? 혈중 옥시토신 농도 변화를 측정하는 방법은 어떨까? 어쨌든 혈액 샘플은 얻기 쉽다.

비록 이러한 아이디어는 매력적이긴 하지만, 문제는 옥시토신이 체내로 유입되는 경로와 뇌로 방출되는 경로가 다르며, 우리가 아는 한 이 두 가지 방출 형태는 서로 조화를 이루지 못하는 것으로 보인다는 점이다. 결론적으로 혈중 옥시토신의 농도는 뇌의 옥시토신 농도에 대해 많은 것을 알려주지 않을 수 있다. 옥시토신 농도는 소변이나 타액에서도 측정할 수 있다. 여기에서도 마찬가지로 이러한 측정치가 옥시토신이 작용하는 해당 뇌 부위에서의 옥시토신 농도를 얼마나 정확하게 반영하는지 알 수 없다. 뇌와 소변의 옥시토신의 농도는 강한 상관관계가 있을 수도 있고, 혹은 없을 수도 있다. 이러한 방법론적 문제는 조만간 해결될 가능성이 높다.[51]

---

50 (옮긴이) 천자란 인체에 침을 찔러 체내로부터 액체 또는 세포나 조직을 채취하는 것이다.

이러한 경고 신호에 실망할 수는 있으나, 우리는 그러한 데이터가 해당 방법들을 효율적으로 사용했던 것만큼이나 우수하다는 것을 인정해야만 한다. 열성적인 서술이 데이터를 더 좋게 만들어내지는 않는다. 인내는 마침내 결실을 맺으며, 속기 쉬운 투자가보다는 약간 트집 잡는 사람이 되는 것이 아마도 더 현명할 것이다.

많은 연구자들이 인간과 인간의 옥시토신 포트폴리오에 있어 신경 수준neural level에서의 신뢰할 수 있는 데이터를 윤리적으로 허용되는 방법으로 확보하고 싶어 하지만, 현재로서는 원숭이, 설치류, 기타 포유류로부터의 추론에 주로 의존하고 있다. 이러한 전략은 이상적이지 않을 수 있겠으나, 우리의 추론이 공유되고 있는 뇌 조직에 대해 우리가 알고 있는 것에 의존하고 있음을 인식하는 한 생산적인 방법이다.

양심의 요소

애착과 유대결속을 위한 신경 접속은 사회성을 위한 동기 부여 및 정서적 플랫폼을 제공하며, 이는 사회적 관행, 도덕적 억제 및 규범의 발판이 된다. 만약 포유류가 소속감과 소속감에 대한 강한 욕구를 느끼지 않는다면, 친족과 그들의 안녕을 걱정하지 않는다면, 도덕적 책임은 발붙일 곳을 찾지 못할 것이다.

타인을 보살피는 플랫폼과 맞물려, 학습 메커니즘은 정서, 가치, 사

---

51 E. L. MacLean et al., "Effects of Affiliative Human-Animal Interaction on Dog Salivary and Plasma Oxytocin and Vasopressin," *Frontiers in Psychology* 8 (2017): 1606, https://doi.org/10.3389/fpsyg.2017.01606.

회적 관행으로 가득 찬 사회적 세계의 복잡한 뇌 모델을 구축한다. 이 내부모델inner model을 통해 우리는 타인의 감정과 의도를 인식하여 사회적 세계에서 잘 어울릴 수 있게 해준다. 동물은 서로에게 애착을 가질 때 덜 불안해하면서도 좀 더 신뢰하게 된다. 따라서 협력, 털 손질, 먹이 공유, 상호 방어 등은 신뢰가 충만할 때 더 쉽게 발생하는 경향이 있다.

우리의 사회적 세계에서 타인과 유대감을 형성하고, 타인에게 일어난 일에 관심을 가지는 것은 동물인 인간으로서 우리 본성에서 매우 중요한 특징이다. 그러나 중요한 것은 사회적 소속은 자기 돌봄과 공존한다는 것이다. 우리가 타인들과 유대관계를 맺고 있다고 해도 우리는 또한 우리 자신에 대한 돌봄을 멈추지 않는다. 우리 모두는 자기 돌봄과 타인 돌봄이 일반적으로 미묘한 균형을 유지한다는 사실에 대해 논쟁한다. 만약 전자가 지나치면 우리는 이기적이라고 핀잔을 듣고, 후자가 지나치면 우리는 경솔한 망상적 선행do-gooding을 추구하느라 우리 자신을 방치한 것에 대해 비난을 받는다.

습득한 보살핌 행동의 패턴, 즉 습관과 규범은 우리가 타인에게 어떻게 행동할지에 대해 배우면서 발전하는 동안 형태를 갖추게 된다. 보상 시스템은 사회적 승인의 즐거움 및 사회적 비난에 대한 고통과 함께 모방을 통해 사회적 규범들을 내면화한다. 도둑질이나 거짓말을 할 때 우리는 불쾌할 정도로 불안감을 느끼고, 상처받은 친구를 달래거나 신생아를 돌볼 계획을 세울 때 예기(豫期)만족anticipatory satisfaction[52]

---

52 (옮긴이) 예기(豫期)의 뜻과 합하여 앞으로의 일에 대해 기대하거나 예상하면서 만족해 한다는 의미 정도로 번역한 단어이다. 해당 어구에 대한 용례는 없는 듯하며, 예기불안(anticipatory anxiety)과 대별하는 개념으로 단어를 만들어보았다. 참고로 예기불안은 미래

을 느낀다. 시간이 지나면서 좀 더 정교한 사회적 행동이 발달한다. 피질은 우리가 보살핌을 표현하는 수단에서 유연성과 지능을 지원한다.

사회성과 자기 돌봄을 지원하는 회로와 사회적 규범들을 내면화하는 회로가 결합하여 우리가 양심이라고 부르는 것을 만들어낸다. 이러한 의미에서 양심은 자기 자신과 타인을 돌보는 발달, 모방, 학습을 통해 당신의 본능을 특정 행동으로 돌리게 하는 뇌의 구조이다. 다음 장에서 우리는 규범 학습을 위한 신경기질과 이것이 사회성을 위한 플랫폼과 어떻게 서로 연동되는지 살펴볼 것이다.

의 어떤 상황이나 사건을 머릿속으로 떠올릴 때 두려움과 불안감이 심하게 커지는 불안 증상을 말한다.

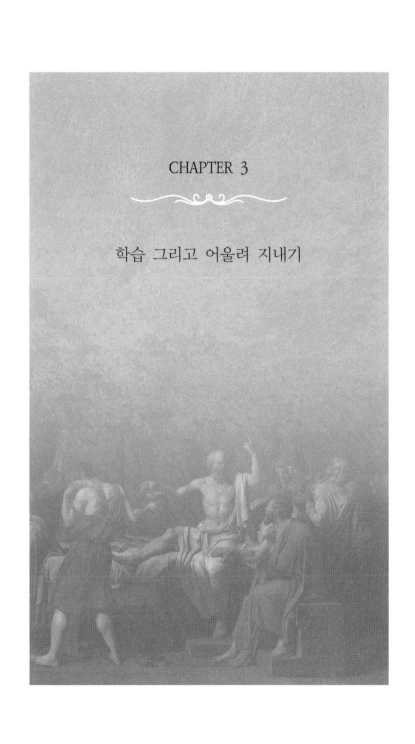

CHAPTER 3

학습 그리고 어울려 지내기

학습 그리고 어울려 지내기

우리는 세 가지 방법으로 지혜를 배울 수 있다. 첫째, 가장 고귀한 성찰, 둘째, 가장 쉬운 모방, 셋째, 가장 혹독한 경험.

《논어》공자

공자의 관찰은 물리적 세계의 방식뿐만 아니라 사회적 세계의 방식을 배우는 데도 적용된다. 이러한 관찰은 유아기부터 인생의 마지막까지의 양심을 형성하고 골프 스윙이나 수술 기술을 형성하는 데에도 적용된다. 하지만 공자의 언급에서 경험을 통한 학습의 **긍정적인 측면**을 생략했음을 주목해 보자. 공자가 그런 생략을 한 것은 아마도 우리의 자서전적 기억autobiographical memory의 공통적인 특징을 반영하고 있을 것이다. 우리가 경험을 통해 배운 것을 떠올릴 때 당황스러웠던 일이나 어리석은 실수, 실책 등을 선택적으로 기억하는 경우가 많다. 그러나 긍정적인 보상은 경험을 통한 학습, 특히 사회적 환경의 규범과 관행을 배우는 데 필수적인 측면이다. 사회적 승인, 그룹에 포함, 함께 나눴던 웃음은 모두 매우 큰 보상이 된다.[1] 보상을 통한 훈련은 불안감이나 만족감과 밀접한 관련이 있다. 예를 들어, 개는 자신이 지키도록 훈련받은 제한 사항을 어기도록 요구받을 때 불편해 하는 모습을 보일 것이다. 나는 이 사실을 아주 어렸을 때 배웠다. 우리 농장에 있던 개, 닉은 집의 부엌 너머까지는 감히 들어오지 못하도록 훈련 받았다. 닉이 세 살쯤 되었을 때, 별다른 일 없이 집에 혼자 있던 나는 닉을 그 선을 넘어 거실 안까지 들어오게 할 수 있을지 알아보기로 했다. 나는 경계선 바로 너머에서 닉을 불렀다. 나는 이번만은 괜찮다며 닉을 안심시켰다. 닉은 나를 쳐다보더니, 꼬리를 내리고 고개도 숙였다. 닉은 갈등하고 있었다. 내가 아무리 불러도 닉은 꼼짝하지 않았다. 나는 소세지 하나를 내밀면서 게임을 시작했다. 닉은 당황한 표정으로 고개를 숙였지만 앞으로 나오지는 않았다. 닉은 뒤로 물러서며 돌아서서 집 밖으로 나갔다. 그러자 나는 닉에게 잘못된 일이라고 훈련시켰으면서 그 일을 해 보라고 요구했던 자신이 부끄러웠다.

보상 훈련reward training은 행동을 형성하는 데 강력한 기술이라고 오랫동안 알려져 왔지만, 이러한 효과를 가능하게 하는 메커니즘은 최근까지 중립적인 신경회로에 숨겨져 있었다. 훈련은 어떻게 본능과 강한 욕구를 극복하는가? 어떻게 훈련을 통해 자동차 운전과 같이 우리의 진화 조건에서 결코 창출될 수 없는 행동을 낳을 수 있을까?

지난 30년간 신경과학계에서 가장 흥미진진한 이야기 중 하나는 강화학습reinforcement learning이라고도 알려진 보상학습reward learning을 지원하는 메커니즘을 체계적으로 발견한 것이었다. 배심원으로서 행동하는 방

---

1   M. Gervais and D. S. Wilson, "The Evolution and Functions of Laughter and Humor: A Synthetic Approach." *Quarterly Review of Biology* 80, no. 4 (2005): 395-430. Chimpanzees also laugh; for example, see M. Davila-Ross et al., "Aping Expressions? Chimpanzees Produce Distinct Laugh Types When Responding to Laughter of Others," *Emotion* 11, no. 5 (2011): 1013-20.

법, 타이어를 교체하는 방법, 곤란한 상황에서 도움을 주는 방법, 뒤집힌 카누를 바로잡는 방법 등 사회적 규범과 비사회적 규범 모두를 습득하는 데 동일한 기본 메커니즘이 사용되는 것으로 보인다. 서로 다른 기억과 배경 기술이 작용하지만, 동일한 보상 메커니즘이 작용한다.

포유류의 강화학습 이야기의 핵심은 포유류의 뇌, 심지어 파충류의 뇌가 출현하기 훨씬 전에 생겨난 신경 구조의 상동체homolog에 있다. 원시 회로Primordial circuitry는 진화적으로 오래된 그 구조 및 그 작동 방식과 함께 기초가 되는 회로이며,[2] 먹이 사냥, 짝짓기, 포식자 회피 등 생존의 기본적인 기능을 제어한다. 또한 믿을 만한 식량원을 어디서 찾을지, 그리고 언제 수렵채집 패턴을 바꿔야 할지에 대한 학습을 가능하게 한다. 포유류에 있어 해당 회로는 기저핵basal ganglia[3]이라 하는 구조들의 연합으로 조직화된 중뇌midbrain에서 발견된다(그림 3.1). 피질, 특히 전두 영역의 피질은 기저핵과 상호작용하여 행동 범위를 확장하고 수정함으로써 높은 수준의 제어를 가능하게 한다.

피질과 풍부하게 연결된 해마구조hippocampal structure는 특정 사건과 개인의 특성(해미쉬 아저씨는 짜증을 잘 낸다거나 마샤 아주머니는 저속한 농담을 한다는 등)에 대한 지속적인 기억을 지원한다. 해마를 통해 기억할 만한 가치가 있다고 판단되는 일상적인 경험은 저장된 배경지식에

---

2 놀랍게도 벌들은 줄을 당김으로써 달콤한 보상에 접근하는 법을 배울 수 있었다. 성공한 학습자들을 본 벌들이 보지 못한 벌들보다 더 빨리 배웠다. 어떤 종류의 모방이 이런 벌들의 뇌에서 작용하는 것으로 보인다. Sylvain Alem et al., "Associative Mechanisms Allow for Social Learning and Cultural Transmission of String Pulling in an Insect," *PLoS Biology* 14, no. 12(2016), https://doi.org/10.1371/journal.pbio.1002564.

3 Suzanne N. Haber, "Neuroanatomy of Reward: A View from the Ventral Striatum," in *Neurobiology of Sensation and Reward*, ed. Jay A. Gottfried (Boca Raton, FL: CRC Press, 2011), chap. 11, https://www.ncbi.nlm.nih.gov/books/NBK92777.

통합되어 세상을 능숙하게 탐색할 수 있는 능력이 확장된다.

　기저핵에 비해 피질이 클수록 경험에 의한 학습은 더 광범위하고 복잡해진다. 피질이 커질수록 세상이 어떻게 작동하는지에 대한 추상

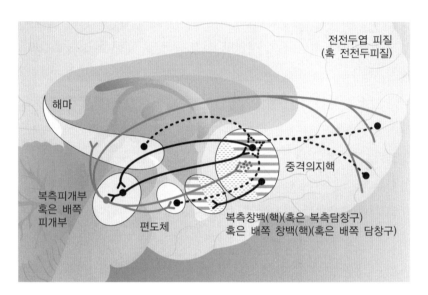

[그림 3.1] 인간 뇌의 보상 시스템의 주요 구성 요소와 연결을 보여주는 단순화된 다이어그램. 뇌의 정중선(正中線)에서 볼 때 한쪽 반구(좌반구)만 보인다. 피질하핵(subcortical nucleus)과 피질하핵 사이 피질하핵과 전전두엽 피질 사이의 연결은 매우 풍부하지만, 여기에서는 각 주요 경로에 대해 하나의 뉴런으로만 묘사했다. 뉴런의 축삭 말단(axon terminal, 혹은 축삭돌기 말단이나 종말)은 V자 모양으로 표시된다. 점선으로 표시된 부분은 흥분성 신경전달물질 (excitatory neurotransmitter)인 글루타민산염(glutamate)을 방출하고, 검은색 실선으로 표시된 부분은 억제성 신경전달물인 GABA(gamma-aminobutyric acid)(감마-아미노부틸산)를 방출한다. 회색 실선으로 표시된 부분은 강화학습(reinforcement learning)에 매우 중요한 신경조절물질(neuromodulator)인 도파민을 방출하는 등 방출되는 신경화학물질에 따라 경로가 달라진다. 회색 가로선이 그어져 있는 중격의지핵(nucleus accumben)과 복측창백 (ventral pallidum)의 영역은 오피오이드와 카나비노이드 수용체가 있는 쾌락 고집중점 (hedonic hot spot)이며, 자극을 받으면 호감 반응이 강화된다. 줄무늬가 있는 영역은 쾌락 저집중점(hedonic cold spot)이며, 호감 반응이 억제되는 곳이다. 시상하부(hypothalamus)는 복측창백핵에 의해 가려지기 때문에 그리지 않았다. 중격의지핵과 복측창백에서의 고집중점과 저집중점에 대한 정보는 다음에 근거한다: D. C. Castro and K. C. Berridge, "Advances in the Neurobiological Bases for Food 'Liking' versus 'Wanting,'" *Physiology of Behavior* 136 (2014): 22-30.

적 모델을 습득하고, 적절한 경우 이러한 모델을 이용하며, 피드백을 사용하여 모델을 업데이트하는 능력이 더욱 커진다.

인간을 포함하여 큰 뇌를 가진 포유류의 경우 지금 세운 목표가 먼 미래까지는 달성되지 않을 수도 있다. 그러한 목표를 달성할 수단은 다수의 중간단계를 수반할 수 있다.[4] 주택 건설이나 염증이 생긴 맹장을 제거하는 단계를 생각해 보자. 많은 목표, 특히 다른 영리한 동물과 관련된 목표를 달성하기 위해서는 단계에 대한 정확한 순서가 필수적이다. 예상치 못한 일이 갑자기 발생했을 때 우리가 무엇을 할지를 생각해 내는 것처럼 국지적 우발상태는 그러한 단계들의 정확한 본질을 형성할 수 있다.

인간만이 다단계 계획을 세우는 유일한 포유류가 아니다. 굶주린 새끼 곰에게 먹이를 주기 위해 순록caribou을 쓰러뜨리는 데 성공한 어미 회색곰의 교활한 결정을 생각해 보자.[5] 어미 회색곰은 자기가 유리할 것이라고 예상되는 개울로 늙은 순록을 유인하는 기본계획을 세운 것이 분명하다. 어미 회색곰은 늙은 순록을 반복적으로 조롱하여, 순록이 물속으로 확실히 발을 내딛고 자신을 향해 돌격하도록 유도한다. 마침내, 회색 어미곰의 생각대로 회색 어미곰과 늙은 순록 모두가 물에 들어가면 회색 어미곰이 상황을 장악하게 된다. 돌투성이 바닥에서

---

4   H. E. Atallah et al., "Neurons in the Ventral Striatum Exhibit Cell-Type-Specific Representations of Outcome during Learning," *Neuron* 82 (2014): 1145–56.

5   "회색곰 대 순록"이라는 동영상(YouTube, 2023년 11월 8일 검색, https://www.youtube.com/watch?v=5SqqG_LUss0)에서 초반에 새끼 곰들이 어미가 하듯 정확히 달려들다 빠지는 것을 주목해 보자. 새끼들은 어느 정도 모방을 통해 배운다. 어미의 사냥 행위가 본격적인 단계에 들어가면 새끼들은 멀리서 지켜본다. 늑대 무리의 협동사냥에 대해서는 BBC Earth의 *Frozen Planet* 참조. "Pack of Wolves Hunt a Bison," YouTube, August 30, 2017, https://www.youtube.com/watch?v=8wl8ZxAaB2E.

늙은 순록의 발놀림은 불안정해지며, 게임은 거의 끝나간다. 순록이 다시 똑바로 서지 못하도록 거대한 몸의 위치를 잡는 것이 중요한데, 회색 어미곰은 치명적인 순록의 뿔 가운데로 정확하게 돌진하여 순록을 비틀어 깊은 물속으로 빠뜨린다. 순록은 헛발질을 하며 익사한다. 사냥감을 편하게 해주는 시간은 전혀 없으며, 회색 어미곰은 지속적으로 자신의 전략을 수정할 준비가 되어 있다.

아니면 늙은 엘크elk를 쓰러뜨리기 위해 무리지어 협력하는 늑대 무리를 생각해 보자. 대여섯 마리의 늑대가 능숙하게 움직임을 조율하며, 무리에서 엘크를 떼어낸다. 엘크 뒤쪽에 있는 늑대들은 엘크의 발차기를 피하고, 엘크 발의 힘줄을 찢어 엘크를 절름발이로 만들 기회를 기다린다. 앞쪽의 늑대 무리는 엘크를 괴롭혀 뒤에서 공격하지 못하도록 주의를 분산시킨다. 엘크가 다리를 절뚝거리는 순간, 앞쪽의 늑대 무리는 엘크의 목을 물어 뜯는다. 이 경우 포식자들은 일반적인 계획을 세우고 시작하지만, 특정 사냥감을 쓰러 뜨리기 위한 세부사항은 즉석에서 해결한다. 폭 넓은 경험은 다음 번에는 이러한 세부사항을 처리하는 방법을 향상시킨다. 과거의 실수는 피하고 새로운 기회를 포착한다. 기술이 연마되는 것이다.

일반적으로 수렵과 사냥 시에는 동기 부여, 계획 세우기, 지리에 대한 지식, 관련된 과거 경험 선택, 지속적인 오류 수정, 사냥에 참여한 다른 동료의 의도 인식, 동료들에게 그러한 의도의 전달, 그리고 시시각각의 문제 해결 등 다양한 뇌 상태가 상호작용한다. 아주 어린 새끼는 지켜보기만 하고 참여하지 않지만, 사춘기 동물들은 더 위험한 역할을 수행할 수 있을 만큼 충분히 학습할 때까지 안전한 일을 계속하게 된다. 일부 본능이 수반되기는 하지만, 그러한 플랫폼은 많은 학습으로 구축된다.

우리가 경험을 통해 학습하는 동안 뉴런은 무엇을 하고 있을까? 동기 부여, 세상의 인과 모델 등 다양한 요인이 작용하기 때문에 강화학습 메커니즘의 퍼즐을 푸는 것은 불가능해 보일 수 있다.

프랜시스 크릭Francis Crick은 연구상 전략을 논의할 때 과학상 진보를 이뤄낼 수 있는 문제를 공략해야 한다고 강조하곤 했다. 크릭은 종종 솔크 연구소Salk Institute에 있는 테리 세즈노스키Terry Sejnowski 연구실에서 정기적으로 애프터눈 티afternoon tea를 마시며 처음에는 현상의 가장 복잡한 특징이 아무리 흥미롭더라도 피하는 것이 좋다고 조언하곤 했다. 그의 말은 아직도 내 머릿속을 맴돌고 있다: 간단한 진입점을 찾아라. 비평가들이 그것이 해당 문제의 전부를 다룬 것이 아니라고 하거나 너무 간단하다고 말하는 것을 걱정하지 말자. 신경 쓰지 말자. 운이 좋다면 이 초기 진전이 첫 번째 문 너머로 많은 문을 열어줄 것이다. 그러면 더 복잡한 문제를 해결할 수 있을 것이다.

크릭의 접근법은 매우 실용적인 것이었으며, 강화학습의 메커니즘을 고민할 때 자주 떠올리는 방식이기도 하다.

메커니즘 발견하기

강화학습reinforcement learning을 지원하는 메커니즘을 발견하려면, 두 가지 사건을 연관시키는 것과 같은 단순한 형태의 학습에 대한 신경 표지neural signature를 찾는 것이 가장 이상적이다. 이반 파블로프Ivan Pavlov (1849–1936)가 관찰한 바에 따르면, 처음에 그의 개는 음식이 나타날 때에만 침을 흘렸다. 그러나 음식이 나오기 전에 규칙적으로 종을 울리자 개는 종이 울리자마자 침을 흘리기 시작했다. 그 종소리가 먹이를 예측한다는 것을 개의 뇌가 학습했던 것이다. 이러한 과정은 파블로프식 조건화pavlovian conditioning나 때때로 자극-반응조건stimulus-response conditioning으로 알려지게 되었다. 크릭의 전략에 따른다면 먹이 주기와 종소리 간의 이러한 학습된 연결 매커니즘을 먼저 탐구한 다음 이후 연구를 진행했을 것이다. 물론 실제 그렇게 했다.

이야기는 원숭이의 중뇌에 있는 뉴런의 반응을 기록하던 볼프람 슐츠Wolfram Schultz에서 시작된다.[6] 원숭이가 조용히 앉아 있을 경우, 각 뉴런은 낮으나 유의미한 기저율base rate에서 발화하여 지지부진하게 횡보한다. 슐츠는 만약 원숭이가 예상치 못했던 보상(주스 한 모금)을 받으면 뉴런의 발화 기저율이 급등(다시 말해 치솟았다)하는 것을 발견했다(그림 3.2).[7] 만약 보상의 전달 전에 규칙적으로 불빛을 켜주었다면, '불

6   W. Schultz, P. Apicella, and T. Ljungberg, "Responses of Monkey Dopamine Neurons to Reward and Conditioned Stimuli during Successive Steps of Learning a Delayed Response Task," *Journal of Neuroscience* 13, no. 3 (1993): 900–913.

7   (옮긴이) 이하의 내용과 그림 3.2를 이해하기 위해 간단한 개념을 이해할 필요가 있다. 먼저 전압이란 두 지점 사이의 전위차(voltage difference)를 말한다. 막전위란 세포 외부 기준으로 하여 세포 내부의 전위를 뜻한다. 흥분이란 말은 뉴런이 자극을 받아 세포막의 전기적 특성이 바뀌는 현상을 말하며, 흥분 전도는 흥분이 뉴런의 축삭돌기를 따라 이동하는 현상을, 흥분 전달은 한 뉴런에서 다른 뉴런으로 흥분이 이동하는 현상을 뜻한다. 그림 3.2의 X축은 시간이며, Y축은 막전위로서, 흥분 시의 막전위 변화를 나타내는 그래프가 된다. 이러한 전위차는 정형화된 형태를 띤다. (1) 분극이란 흥분이 발생하지 않을 때의 뉴런 상태로, 세포막 안쪽은 음(-)전하를 바깥쪽은 양(+)전하를 가지며, 분극 상태의 막전위인 휴지 전위는 -70mV이다. (2) 탈분극(depolarization)이란 흥분이 발생하여 뉴런의 막전위가 상승하는 현상이며, 이때 세포막 안쪽은 양(+)전하, 바깥쪽은 음(-)전하이다. 그림 3.2에서 점선으로 표기된 threshold는 활동전위를 일으킬 수 있는 최소자극 전위로서 문턱전위 혹은 역치전위라고 한다. (3) 문턱 전위 혹은 역치 전위에 도달하면서 탈분극의 급격한 상승, 즉 활동전위(action potential; AP, spike)가 발생한다. (4) 이후 막전위가 하강하여 막전위가 음(-)전하를 띠게 되는 재분극을 하게 된다. (5) 과분극(hyperpolarization)은 이러한 재분극이 일어날 때 막전위가 휴지전위인 -70mV 아래로 내려가는 현상을 말한다. (6) 과분극 후 다시 휴지 전위로 돌아간다.

빛이 켜지면, 주스가 나온다'는 실험을 몇 번 더 반복하면, 뉴런은 불을 켤 때 발화율firing rate을 높인다. 지금까지의 전개는 순조로워 보인다. 이것이 뉴런 수준의 파블로프식 조건화이다. 뉴런은 빛을 보상과 결부시켰다.

숄츠와 그의 연구팀이 탐구하던 뉴런들은 **복측피개부**ventral tegmental

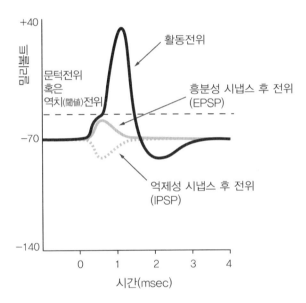

[그림 3.2] 뉴런이 치솟는다는 것은 무슨 의미인가? 각 뉴런은 그 막을 사이로 두고 전위차를 가진다: 예를 들어 그 전위차는 약 -70 밀리볼트이다. 뉴런은 동시에 축삭둔덕(axon hillock)에 집중될 수 있는 많은 입력 신호들(작은 전압 변화를 유발함)을 수신할 수 있다. 어떤 것은 흥분성이 될 것이고 어떤 것은 억제성이 될 것이다. 막의 탈분극(depolarization)이 특정 수준(문턱 혹은 역치)에 도달하면 뉴런은 갑자기 발화하게 될 것이다. 뉴런이 발화한다는 것은 축삭 둔덕 (hillock)의 막을 사이로 둔 전압 변화가 빠르고 크게 생긴다는 것을 뜻한다. 예를 들어 막을 사이로 둔 전압은 +40 밀리볼트에 도달하게 된다. 이러한 축삭 둔덕에서의 변화는 축삭말단 (axon terminal) 끝까지 타고 내려오며 큰 전압 변화를 일으킨다. 전극을 뉴런에 넣고 막을 사이에 둔 전압의 변화를 기록한다면 보이는 바와 같이 쐐기 형태(spike)로 급등하는 모습, 즉 날카롭고 끝이 뾰족해서 쐐기 형태가 된다. 쐐기 형태의 급등을 활동 전위(action potential)라고 한다. 억제 신호에 뉴런은 과분극(hyperpolarization)하는데, 이는 발화 문턱에 도달하기 위해 훨씬 더 많이 흥분되어야 함을 의미한다.

area(배쪽 피개부 VTA)[8]라고 불리는 중뇌핵(신경세포체neuronal cell body군)에 있다. 그 뉴런들이 진화론적으로 아주 오래된 보상 시스템의 중심부이다(그림 3.1 참조).

여기 이해 안 되는 점이 있다: 일단 뉴런이 빛에 규칙적으로 반응하게 되면 보상 전달에 활발하게 반응하는 것을 멈추었고, 예전의 기저율로 다시 떨어졌다. 덧붙여 불이 켜졌지만 아무런 보상이 주어지지 않았다면 뉴런은 보상이 기대되었던 그 순간에 그 발화 기저율 아래로 떨어진다(그림 3.3 참조). 발화율에 있어 이러한 변화들은 무엇을 의미하는 것일까?

이 평범해 보이는 결과가 어떻게 강화학습에 대한 우리의 이해에 기념비적 돌파구를 마련했을까? 이 질문에 답하려면 먼저 예상하지 못한 보상이 뇌에 어떤 의미를 가지며, 왜 복측피개부(배쪽 피개부VTA)에서의 뉴런들이 그 발화율을 증가시키는지에 대해 이해할 필요가 있다. 이 시점에서 1991년부터 1993년까지 솔크 연구소 테리 세즈노스키Terry Sejnowski 연구실에서 박사후연구원postdoctorate fellow으로 일했던 리드 몬태규Read Montague와 피터 다얀Peter Dayan의 이야기로 넘어가 보자. 이들은 뇌에서 강화학습이 어떻게 작용하는지에 대한 문제에 몰두하고 있었다. 계산적인 성향computational bent을 공유하면서 몬태규와 다얀은 서로에게 가설을 제안하고 이를 반박하고 검증하고, 메커니즘에 대해 논쟁하며 문제를 더 깊이 파고들었다. 끝없이.[11]

---

8   (옮긴이) area의 번역상 피개야, 피개부, 피개 부위, 피개 영역, 피개 구역 등으로 불린다. 여기서는 피개부로 쓰고자 한다.
9   (옮긴이) 이하에서는 쐐기형 급등형태인 spike를 활동전위라고 표기하고자 한다.
10 (옮긴이) spike rate를 스파이크율이라고 하거나 발화율(firing rate)과 혼용해 번역한 용례들이 보인다. 여기서는 spike는 활동전위로, spike rate는 발화율이라고 번역한다.

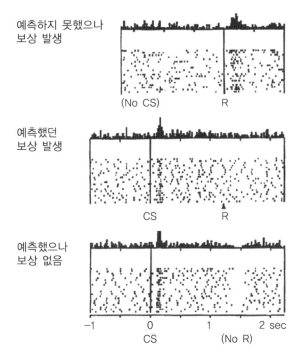

예측하지 못했으나
보상 발생

(No CS) R

예측했던
보상 발생

CS R

예측했으나
보상 없음

−1 0 1 2 sec
CS (No R)

[그림 3.3] 세 그림에서 보이는 12개 행들 각각은 연속된 점들이며, 각 점들은 뉴런에서의 쐐기 형태의 급등[9](활동전위)을 표시한다. 최상단 라인은 아래에서 줄을 이루고 있는 12개 행들 각각에서 일어난 활동전위들의 요약(히스토그램)이다. 맨위: 뉴런은 원숭이가 주스를 보상으로 받기까지 활동전위의 기저율(base rate)에서 횡보하고 있다. 발화율(spike rate)[10]은 잠시 상승세를 보이다가 바로 기존 기저율로 되돌아간다. 중간: 불을 먼저 깜빡이고 약 1초 뒤에 주스가 전달되는 몇 번의 실험 후에 뉴런은 불이 깜빡하고 보상이 예상될 때에만 활동전위가 상승세를 보이며 반응하고, 주스가 전달될 때는 그렇지 않았다. 맨 아래: 불은 깜빡였지만, 보상이 기대되었던 시간에 주스가 전달되지 않는다면, 뉴런 내에서의 활동전위들은 기저율 아래로 떨어진다. 이 사례에서의 불빛은 조건 자극(conditioned stimulus, CS)이며, 주스는 보상(reward, R)이다. 초 단위로 그림 하단에는 시간 기준이 있으며, 바닥선 전부는 약 3초 정도를 다룬다.

Wolfram Schultz, Peter Dayan, and P. Read Montague, "A Neural Substrate Of Prediction And Reward," *Science* 275, No. 5306 (1997): 1593-99의 승인을 받음.

---

11 운이 좋게 나는 그때 세즈노스키와 함께 공저 작업을 하며 연구실에 있었다. *The Computational Brain.*

슐츠의 결과가 처음 보고되었을 때 몬태규와 다얀은 원숭이가 예상하지 못한 주스 한 잔을 마셨을 때 복측피개부VTA 뉴런의 발화율spike rate(스파이크율 혹은 발화율) 변화가 오류신호error signal와 매우 유사해 보인다는 것을 깨달았다. 활동전위의 증가는 평상시의 예상이 잘못되었다는, 즉 오류가 발생했음을 알리는 신호로 보인다. 왜냐하면 주스를 얻는다는 것은 예상보다 더 나은 오류이며, 뉴런은 사실상 "앗싸!"라고 하며, 발화 기저율을 올렸기 때문이다. 만약 주스를 전달하기 전에 불빛이 규칙적으로 들어온다면 점등light onset에 대한 발화율이 올라간다. "앗싸! 주스가 곧 나온다."[12] "처음에 불빛, 그다음 주스"를 몇 번 반복하고 나서, 주스 전달은 평범하게 되며 기대감이 높아진다. 결과적으로 뉴런은 주스가 도착할 때도 평상시의 발화 기저율로 떨어진다. 사실상 뉴런들은 "뭐 늘 똑같지, 똑같아"라고 말하는 것이다. 결정적으로 기저율 발화는 신호 없음이 전혀 아니라 예상치 못한 일은 전혀 벌어지지 않았다는 정보를 전달하는 것이다. 따라서 슐츠 연구실에서 당황했던 일[13]은 뉴런이 기대[14]에 따라 반응하는 경우라면 사실 뉴런들은 일어날 일에 대해 예측하고 있으며, 그러기에 어떤 일이 일어나고 있는지에 따라 반응하는 것이므로 당황스럽지 않다(그림 3.3). 불이 켜졌으나 그 뒤에 주스가 전달되지 않았다면, 뉴런은 다시금 오류 신호를 보낸다. 뉴런의 발화는 기저율 아래로 잠시 떨어졌다. 그 결과는 기대했던 것보다 더 나빴다. (우우, 좋지 않아.)

---

12 뉴런은 말을 못한다고 생각하는 분들께는 죄송하다는 말씀을 전한다.
13 (옮긴이) 왜 도파민 뉴런이 불을 깜빡이는 신호에만 반응하고 주스에 반응하지 않는지에 대한 것.
14 (옮긴이) 주스를 받을 것이라는 기대.

문헌을 샅샅이 뒤졌기 때문에, 몬태규와 다얀은 리처드 서튼Richard Sutton
과 앤드루 바르토Andrew Barto[15]가 개발한 머신 러닝에서 오류 신호 이용
을 위한 계산주의적 모델computational model을 알고 있었다. 이 모델이 슐
츠의 데이터에 적합하다는 것을 금방 깨닫게 되었고 자세히 살펴볼수
록 그 적합성은 더욱 더할 나위 없이 되었다.

그들이 계산주의적 모델과 신경과학 데이터를 조합한 방법은 다
음과 같다. 몬태규, 다얀, 세즈노스키[16]는 복측피개부에서의 이 뉴런
들이 상관하는 것은 특정 시점에서 기대했던 바와 그 시점에 실제로
벌어진 일의 차이라고 제안했다. 그들은 변화가 있어야 무엇인가를
학습할 수 있게 되므로 공학적으로 타당한 변화에 관심을 가졌다.[17]
이런 이유로 발화에서의 변화는 학습 신호들이다. 일단 이를 이해한
다면 슐츠 데이터에서의 활동전위 패턴들의 기본 메커니즘을 알 수
있다.

그러나 안타깝게도 몬태규와 다얀은 난관에 부딪혔다. 슐츠와 연구
팀은 기존의 통념을 반영하여 복측피개부에서 기록했던 뉴런이 보상
기대를 나타내는 데 관여하지 않는다는 결론을 내리고 논문을 발표했
다. 왜 관여하지 않을까? 왜냐하면 복측피개부 뉴런들은 불이 켜졌을
때와 주스가 전달되었을 때의 간격 동안 그 발화의 상승세를 지속시

---

15 R. S. Sutton and A. G. Barto, *Reinforcement Learning: An Introduction* (Cambridge, MA: MIT
Press, 1998); R. S. Sutton and A. G. Barto, "Time-Derivative Models of Pavlovian Reinforcement,"
in *Learning and Computational Neuroscience: Foundations of Adaptive Networks*, ed. M.
Gabriel and J. Moore (Cambridge, MA: MIT Press, 1990), 497–537.

16 P. R. Montague, P. Dayan, and T. J. Sejnowski, "A Framework for Mesencephalic Dopamine Systems
Based on Predictive Hebbian Learning," *Journal of Neuroscience* 16, no. 5 (1996): 1936–47.

17 The classic citation for this work is Wolfram Schultz, Peter Dayan, and P. Read Montague, "A
Neural Substrate of Prediction and Reward," *Science* 275, no. 5306 (1997): 1593–99.

키기 못했기 때문이다.[18] 불이 켜졌을 때 잠시 상승하는 듯하다가 다시 기저율로 떨어진다(그림 3.3 참조). 그것이 왜 문제일까? 슐츠와 연구팀은 활동전위의 상승세가 불이 반짝일 때와 주스 사이에도 쭉 지속되어야만 복측피개부의 뉴런들이 언제 주스가 기대되는지에 대해 알 수 있는 것이라고 추정했다. 따라서 그들은 활동전위의 상승세가 지속되는 것이 없기에 해당 뉴런들은 보상에 대한 기대나 기대에 대한 오류 신호를 보낼 수 없다고 추론했다. 그 뉴런들은 주의를 기울여야 하는 신호를 보내는 것과 같은 다른 무엇인가를 하고 있어야만 했다.

이러한 결론을 뒷받침 해주는 기존의 통념은 연구의 진전을 움츠려 들게 했다. 몬태규와 다얀은 지연되는 동안 예기치 않은 일은 전혀 일어나지 않았기 때문에 그 기간 동안 이전 기저율까지 하락하게 된다는 것을 알게 된 후 그것이 정확히 서튼-바르토 모델에서 실제적으로 필요했던 바였음을 알게 되었다. 따라서 그들이 제출한 논문에서 어떻게 복측피개부 뉴런이 언제 보상이 전달되어야 하는지에 대해 알고 있었는지에 대해 꼼꼼하게 설명했다.

뉴런은 어떻게 타이밍을 맞추는 것일까? 몬태규와 다얀이 알아낸 방법은 다소 간단하다. 불빛이 반복적으로 깜박이고 보상이 이어지면

---

18 슐츠(Schultz), 아피셀라(Apicella) 그리고 융베리(Ljungberg)는 ("원숭이 도파민 뉴런들의 반응(Responses of Monkey Dopamine Neurons)"에서) 다음과 같이 말했다: "도파민 뉴런들 중 어느 것 하나 선조체(striatum)와 전두엽 피질 같은 도파민 (신경) 말단 영역에서의 뉴런의 활동과 유사한 지시나 유발자극(trigger stimuli) 간 지연 속에서의 지속적 활동을 보여주지 못했다. 단계적으로 행동적 의의가 있는 외부자극 경계에 대응하며, 행동적 의의의 감지는 학습과 지연된 반응 과제 수행에 있어 중요하다. 지속된 활동이 없다는 것은 도파민 뉴런이 작업 기억(working memory), 외부자극이나 보상에 대한 기대, 혹은 동작 준비와 같은 표상화 과정(representational processe)을 코딩하지 않는다는 것을 시사한다. 오히려 도파민 뉴런은 학습과 인지 활동의 기저를 이루는 기본적 주의력이나 동기 부여 관련 과정에서 자극 활동(impulse activity, 자극 활성)의 일시적인 변화에 관여한다."

뉴런의 발화 증가는 **최초의 확실한 보상** 자극으로 전달된다. 따라서 빛은 주스 전달의 예측변수가 되며, 그래서 불빛의 시작 시간과 예측된 보상 전달 시간은 해당 메커니즘의 중요한 부분이다. 단일 뉴런이 학습하기에는 많은 양이지만 이 뉴런이 엄청나게 크고 복잡한 신경망 기계의 적재적소에 위치한다면 그렇지 않다. 곧 알게 되겠지만, 뉴런이 바로 그런 역할을 한다.

몬태규와 다얀은 그들의 결과 해석을 학술지에 등재시키기 위해 끈질기게 4년간 고심하며 10번이나 고쳐 썼다. 연구실장인 세즈노스키는 슐츠 데이터에 대한 그들의 해석이 틀림없이 옳다는 것을 알고 있었고, 반복되는 게재 불가는 좋은 생각을 위해 치러야 할 대가라고 생각하며 현명하게 넘겼다. 마침내 게재 승인 편지가 도착했을 때 연구자들 자신의 복측피개부 뉴런의 반응은 '기대보다 더 좋았다'였을 것이라고 추측해도 무방하다 할 것이다. 놀랍고도 새로운 발상은 몇 번이고 이러한 좌절을 견뎌냈고, 연구팀의 끈기가 마침내 성과를 올렸다. 기존의 통념이란 것이 그저 사람들의 편협했던 생각에 불과했다는 것을 보여주는 또다른 사례가 된 것이다.

복측피개부 뉴런들이 보상 예측 오류reward prediction error 신호를 보내는 것은 오직 다른 뉴런들이 그 신호를 받아 무엇인가 하고 있을 경우에만 뇌에 문제가 된다. (그 신호를) 경청하는 것은 어디일까? 복측피개부 뉴런들은 광범위하게 자기의 축삭을 다른 영역으로 또 보상시스템의 아주 오래된 부위인 기저핵basal ganglia 좀 더 정확하게는 기저핵에 있는 **중격의지핵**nucleus accumben으로 보낸다.[19]

---

19 이러한 서술은 해부학적 구조를 단순화한 것이다. 다음을 참조: Stephan Lammel, Byung Kook Lim, and Robert C. Malenka, "Reward and Aversion in a Heterogeneous Midbrain Dopamine

복측피개부 뉴런상의 활동전위가 중격의지핵에서의 목표에 도달하면 축삭 말단axon terminal에서는 신경조절물질인 도파민을 방출하며(그림 3.4), '그 일을 다시 해'라는 학습 신호의 역할을 한다. 만약 복측피개부 뉴런이 기저율 위로 쐐기형 급등한다면, 그 뉴런들은 기저율에 있었을 때보다 더 많은 도파민을 방출하게 될 것이다. 복측피개부 뉴런들이 쐐기형 급등을 하지 않는다면(다시 말해 결과물이 기대했던 것보다 더 못할 때), 그 뉴런들은 아무것도 방출하지 않을 것이다.

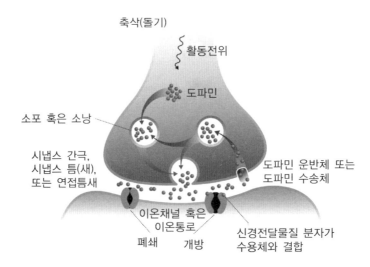

축삭(돌기)

활동전위

도파민

소포 혹은 소낭

시냅스 간극,
시냅스 틈(새),
또는 연접틈새

도파민 운반체 또는
도파민 수송체

이온채널 혹은
이온통로

폐쇄   개방

신경전달물질 분자가
수용체와 결합

[그림 3.4] 단순화한 시냅스 조직, 신경전달물질(이 경우에는 도파민)이 방출되는 메커니즘을 보여주고 있다.

System," *Neuropharmacology* 76 (2014): 351-59. 여기서 말해 둘 것은 일부 신경과학자들은 중격의지핵(*nucleus accumbens*)보다 해부학적으로 좀 더 일반적 명칭인 선조체(*striatum*)를 더 선호한다는 점이다. 두 명칭의 차이에 대한 세세한 부분은 내가 여기서 하는 일반적인 이야기에서는 그다지 상관이 없다.

방출된 도파민dopamine은 해당 의지핵 뉴런에서 특정 수용체에 결합한다. 이러한 활동은 해당 의지핵의 행동 방식을 변화시킨다. 의지핵에 있는 어떤 뉴런들은 행위 선택에 관여한다. 아주 흥미롭게도 다른 뉴런들은 기쁨의 감정과 연관되어 있다. 일부 의지핵 뉴런들은 오피오이드opioid 수용체나 카나비노이드cannabinoid 수용체를 가진다(앞서 언급한 바와 같이, 카나비노이드는 마리화나 같은 뇌에서 만들어진 신경화학물질이다. 오피오이드는 아편과 같은 뇌에서 만들어진 신경화학물질이다). 카나비노이드 혹은 오피오이드가 자신의 특별한 수용체와 결합하면 우리를 기분 좋게 만든다. 즉 긍정적인 감정을 만들어낸다. 그래서 우리는 여기 의지핵에서 학습된 값(긍정 값)과 복측피개부의 도파민 방출 패턴 사이의 관계를 발견하게 된다.[20]

추가적 중요 세부 사항은 도파민 수용체 그 자체에 대한 연구에서 나타난다. 중격의지핵은 D1 그리고 D2와 같이 적어도 두 유형이 있다. 긍정적인 보상학습의 증진은 D1 수용체가 결합된 뉴런이 담당한다. 반면에 긍정적 보상학습의 **축소**(일종의 '아직 너무 흥분하지 말 것')는 D2 수용체가 결합된 뉴런이 담당한다. 그러므로 도파민 수용체의 일반 모집단general population 사이에서 경쟁하는 부분 모집단subpopulation 간에 일종의 균형을 이루는 것이며, 긍정적 보상이 크지 않다면 아마도 급격한 변화를 일으킬 가능성이 더 적을 것이다.[21]

---

20 약물 작용의 위치에 대한 의견들도 존재한다. 그 관계에 대해서는 설치류 실험에서 나온 초기 결과보다 더 복잡하고 혼란스러운 것으로 밝혀졌다. 다음을 참조: D. J. Nutt et al., "The Dopamine Theory of Addiction: 40 Years of Highs and Lows," *Nature Reviews Neuroscience* 16 (2015): 305-12.

21 Veronica A. Alvarez: "Clues on the Coding of Reward Cues by the Nucleus Accumbens," *Proceedings of the National Academy of Sciences of the United States of America* 113, no. 10 (2016): 2560-62의 해설 참조.

간단히 말해 동물이 좋은 보상을 받을 때와 같이 복측피개부의 발화율spike rate 변동은 중격의지핵에서의 도파민 변동을 유발한다. 이러한 변동은 행위 선택에 영향을 미친다. 즉, 행동에 나서거나 귀찮아하지 않는 것이다. 포유류의 경우 중격의지핵을 포함하여 기저핵은 전두엽 피질의 특정 영역과 복잡하게 연결되어 있다. 복측피개부 뉴런 자체도 직접적으로 광범위하게 분포되어 있는 도파민 신호를 전두엽 피질 뉴런들에 보낸다. 안와전두피질이라는 한 영역에서는 도파민 신호에 반응하여 사건에 대한 평가를 업데이트하는 것으로 보인다.[22] 전두엽 피질에서 기저핵과 중뇌로 돌아가는 고리들이 있다. 누가 누구와 대화한다는지 안다고 해서 무슨 말을 하고 있는지 정확히 알 수 있는 것은 아니다. 우리는 알지 못한다. 하지만 그 경로를 파악하는 것은 신경 메커니즘을 파악하기 위한 중요한 예비 단계이다.

지금까지는 긍정적 보상과 그 부재에 대해 설명했다. 이 맥락을 유지하기 위해 고통스러운 결과를 **부정적 보상**negative reward이라고 하면 어떨까? 자전거를 자갈길 쪽으로 과속으로 운전해 가다가 미끄러졌다고 가정해 보자. 결국 당신의 무릎과 팔에서 피를 흘리게 될 것이다. 예상보다 훨씬 더 심각하다. 다음부터 당신은 자갈길을 피하거나 속도를 줄이거나, 혹은 그 둘 모두를 택할 것이다. 벌칙은 보상에 반대되는 방식으로 신호를 보내는 것일까? 거의 그렇다.

벌칙에 민감한 뉴런은 결과가 기대한 것보다 훨씬 더 나쁘면 활동activity(활성(도))을 증가시키고 결과가 기대했던 것보다 더 좋다면 활동을 줄인다. 뇌가 주는 교훈: 자전거를 타고 자갈길로 가지 말라. 오키

---

22 Peter H. Rudebeck et al., "Prefrontal Mechanisms of Behavioral Flexibility, Emotion Regulation and Value Updating," *Nature Neuroscience* 16, no. 8 (2013): 1140–45.

히데 히코사카Okihide Hikosaka와 그의 연구팀이 국립안연구센터National Eye Institute에서 발견한 바에 따르면, 이러한 벌칙에 민감한 뉴런은 고삐|habenula[23]라고 하는 작은 구조에서 비롯된다고 한다. 고삐에서 나온 경로는 뇌간에서 복측피개부에 도달하며, 그 주요 기능은 복측피개부 억제와 고삐 뉴런이 해롭다고 여기는 운동반응motor response을 억누르는 것이다. 그 메시지는 "아마도 이것은 피해야 할 듯싶다"이다. 복측피개부 뉴런들이 도파민을 방출하는 반면 고삐에 있는 뉴런들은 세로토닌serotonin을 방출한다.[24]

복측피개부 신경활동의 의미를 또 다른 방식으로 설명하자면, 예를 들어 불빛이 들어온 이후 조만간 벌어질 것으로 예상될 수 있는 일의 가치는 도달하기 위해 애쓸 가치가 있는지, 위험을 감수할 가치가 있는지, 그리고 추구할 가치가 있는 일인지와 같이 미래 사건의 가치를 보고하는 것이다. 이런 식으로 학습과 결정은 연결되어 있다. 기저핵에 유용한, 세상에 대한 감각적 경험이 더 넓고 깊을수록, 기대하는 바와 긍정적인 것들의 최적화 방법에 대한 평가는 더욱 복잡해진다. 사회적 맥락에서 뇌는 사회적 가치를 학습한다. 거짓말 하는 것은 인정받지 못하지만, 차례를 기다리는 것은 인정받는다. 뇌는 인정받을 때에는 큰 보상의 힘을 얻고(도파민 증가), 인정받지 못할 때에는 세로토닌이 크게 증가한다. 일단 대략적으로 볼 때 이는 양심을 구성하는 수단이다.

---

23 (옮긴이) 고삐(havenula)는 시상상부의 구조 중 하나로 다음을 통칭하는 말이다: ① 고삐삼각(habenular trigone) ② 고삐핵(habenular nuclei) ③ 고삐교차연결(habenular commissure). 여기서 고삐핵은 다시 외측 고삐핵(lateral habenula (nucleus), Lhb), 내측 고삐핵(medial habenular (nucleus), Mhb)으로 구별한다. 참고로 여기서 neclei는 nucleus의 복수형이다.

24 Okihide Hikosaka, "The Habenula: From Stress Evasion to Value-Based Decision-Making," *Nature Reviews Neuroscience* 11 (2010): 503–13.

보상 예측 오류는 크릭Crick이 구상한 진입점 중 하나였던 것 같다. 보상 예측 오류에 대한 코딩은 파블로프식의 조건화뿐만 아니라 모든 강화학습에서의 중요한 요소에 대한 특징을 가지고 있다. 포유류 학습에서 평범한 파블로프식의 조건화보다 좀 더 정교한 보상학습의 종류들을 설명할 수 있는 신피질의 장식 및 확장 부분과 통합되어 있는 기본적인 메커니즘이 밝혀진다면, 다시 말해 복측피개부와 기저핵에서의 뉴런들이 피질과 해마hippocampus에서 진화된 네트워크 속으로 원활하게 연결된다면 더 많은 문을 열 수 있을 것이다. 실제로 그렇다. 기저핵과 피질 간의 (순환)고리는 모든 포유류에서 풍부하며 분지(分枝)하고 있다.

세포 세부 항목에까지 철저히 파고들면 간단해 보이는 경우도 사실 그다지 간단하지가 않겠지만, 더 복잡한 형태의 강화학습을 해결할 수 있는 수단을 제공한다. 파블로식 조건화 너머에는 단순히 기다리거나 관찰하고 자극을 연관시키는 것이 아닌 도구적 조건화instrumental conditioning, 즉 실행학습learning by doing[25]이 있다.

개들은 집 밖으로 내보내주길 바랄 때 초인종 끈을 당기는 법을 배우며, 쥐들은 먹이 알갱이를 위해 레버 누르는 법을 배운다. 사람은 유아기에 빗장을 들어 올리고 밀면서 문 여는 법을 배우고, 입으로 소리 내며 장난감을 손가락으로 가리킴으로써 선반에서 장난감 얻는 법을 배운다. 우리는 먼저 상황을 탐색하고 나서, 시도하는 바가 잘 되면 행위단계action sequence를 반복하거나, 그렇지 못할 경우 그것을 수정한다. 우리는 실수와 승리로부터 배우며, 심지어는 변화가 필요하지

---

25 (옮긴이) 해당 용어에 대해서는 행함에 의한 학습, (일)경험(에 의한) 학습, 실천(에 의한) 학습, 실천적 학습, 체험적 학습, 활동에 의한 학습, 실습을 통한 학습, 활동(을 통한) 학습, 러닝바이두잉 등과 같은 번역 용례들이 있다.

않은 결과에서도 배운다. 전통적인 지식이나 이야기에서 말하는 탐구와 활용인 것이다. 이것들은 모두 중격의지핵, 복측피개부, 전전두엽 등 유력한 용의자들을 포함하는 강화학습의 사례이다.

여기에서 상세하게 설명할 컴퓨터 전문가적 포인트 하나는 다음과 같다. 몬태규와 다얀이 뇌의 기본 강화학습을 설명하기 위해 사용한 계산 모델computational model은 본질적으로 머신 러닝machine learning(기계학습), 즉 현재 기술 세계의 총아인 딥 AI(인공지능)에 사용되는 바로 그 계산 형식이다.

기계학습에서 컴퓨터 네트워크는 얼굴 인식과 같은 복잡한 패턴 인식 작업을 수행하는 것을 배울 수 있다. 그러나 기존 컴퓨팅과 달리 네트워크는 패턴 인식 작업을 위해 코딩되지 않는다. 이것은 프로그램이 없다. 이것은 모의(模擬) 뉴런들과 이 뉴런들을 연결시키는 모의 시냅스들을 가진 인공신경망이다. 이것은 사례들에 노출됨으로써 학습한다. 어떻게 그것이 가능한가? 보상 예측 오류 메커니즘에 의해서이다. 마치 복측피개부와 중격의지핵처럼 말이다. 사례에 노출된 후 기계는 환호나 야유를 피드백으로 받을 수 있는 답안을 제시한다. 그 답에 따라 중격의지핵과 피질에서 도파민 변동에 대응하여 일어나는 다소 조그만 변화처럼 네트워크상의 모의 뉴런들 사이에서 모의 시냅스에 작은 변화가 자동적으로 만들어진다. 인공신경망은 시행착오를 통해 학습한다.[26]

보상 예측 오류는 바둑을 배워 최정상급 한국 바둑 선수인 이세돌을 이겼던 인공신경망artificial neural network, ANN 기계학습 장치인 알파고AlphaGo

---

26 이 모든 것에 대한 훌륭한 설명은 다음을 참조할 것: Terry Sejnowski, *The Deep Learning Revolution* (Cambridge, MA: MIT Press, 2018).

의 프로토콜이다. 이것은 텍사스 홀덤[27]을 플레이하며 세계적 포커 선수들을 격파한 인공신경망에서의 학습 또한 제어했다.[28] 그리고 이것은 유방조영술에서 의심스러운 세포를 인식하도록 인공신경망ANN을 가르칠 때 사용되는 프로토콜과 같다. 뇌에서 보상 예측 오류 메커니즘을 모방하는 엔지니어링 전략은 전통적인 프로그램 코딩 전략보다 훨씬 더 융통성 있고 강력한 것으로 밝혀졌다.

단순한 조건화를 넘어서

실행학습learning by doing은 특히 세계의 일부가 작동하는 방식에 대한 복잡한 배경모델background model을 사용할 때 놀랍도록 매력적일 수 있다. 라즈베리와 같은 작물을 키울 때 정원 가꾸기와 같은 배경지식은 많든 적든 간에 영향을 미치기 시작한다. 당신은 물을 너무 많이 줬는지 아니면 너무 적게 줬는지 인식하는 법과 비료가 언제 식물에게 더 큰 생산성을 가져올 수 있는지에 대해 배운다. 가지치기는 규칙이 매우 구체적이지 않은 예술이다. 대충 '너무 많지도, 너무 적지도 않다'이다. 그래서 그 일을 할 줄 알게 되기까지 당신은 실험을 하게 된다. 라즈베리는 2년차 생장 시에 열매를 맺는다. 가을에 가지치기 할 때의 문제는 다음 해 여름에 작물의 생산성을 최적화하기 위해 올해 자란 가지를 얼만큼 자를 것인가이다. 이는 다음해가 되기 전까지는 가지

---

27 (옮긴이) 포커 게임의 한 종류.
28 Jeremy Hsu, "Texas Hold'Em AI Bot Taps Deep Learning to Demolish Humans," IEEE Spectrum, March 2, 2017, https://spectrum.ieee.org/texas-holdem-ai-bot-taps-deep-learning-to-demolish-humans.

치기 전략의 결과를 알 수 없다는 말이다. 상황을 좀 더 복잡하게 하는 것으로 비료 부족이나 해충과 같은 다른 요인들이 생산성에 영향을 미칠 수 있다. 간단한 도구적 조건화instrumental conditioning는 이러한 학습 과제learning task에 있어 분명 적당하지 못하다. 보상 예측 오류의 힘을 확장하기 위해서는 배경지식과 좋은 기억력이 필수이다.

전두엽피질 영역에 좌우되는 자기통제는 즉각적 만족immediate grati-fication을 선택하여 그 결과 더 나은 장기 보상을 포기하게 되는 것 같은 그런 부적당한 선택을 억제하는 데 꽤나 중요하다. 개략적으로 전두부frontal region에 뉴런이 많을수록 충동 조절 능력이 더 커진다. 그런데 그다지 대단하지 않은 전전두엽피질을 가진 설치류조차도 놀라운 자기 통제력을 보일 수 있다.

이를 알기 위한 방법은 다음과 같다. A레버를 누르면 사료 펠릿 하나를 얻지만 B레버를 누르면 5개의 펠릿을 얻는 것은 쥐가 쉽게 학습한다. 쥐에게는 각 시도마다 딱 한 번씩만 레버를 누를 수 있게 하여 A나 B 중 하나의 선택을 할 수밖에 없게 한다. 분명 더 나은 선택은 B이다. 이제 실험자가 B 선택에 레버를 누르는 것과 펠릿의 전달 사이에 지연시간이 생기도록 만든다고 가정해 보자. 어떤 쥐들은 레버를 누르고 펠릿이 전달되기까지의 시간이 30초까지 연장되더라도 B레버를 누를 것이다. 그 쥐들은 기다렸다가 보상을 최적화한다.[29] 그러나 인간과 마찬가지로 자기 통제능력에는 개인차가 존재한다.[30] 일부 사

---

29 T. W. Robbins and A. F. T. Arnsten, "The Neuropsychopharmacology of Fronto-executive Function: Monoaminergic Modulation," *Annual Review of Neuroscience* 32, no. 1 (2009): 267–87.

30 M. Konnikova, "The Struggles of a Psychologist Studying Self-Control," *New Yorker*, October 9, 2014, https://www.newyorker.com/science/maria-konnikova/struggles-psychologiststudying-self-control.

람들처럼 일부 쥐들은 즉각적 만족의 충동을 잘 통제하지 못하고 보통 더 적더라도 더 즉각적인 보상을 추구한다.

인간의 경우 급성스트레스는 피질과 기저핵 간의 연결을 수정하게 되며 그 결과로 즉각적인 보상(예: 쿠키)의 가치가 향상되는 반면, 장기적인 선호(예: 치즈)의 가치는 시들해진다.[31] 피로와 두려움과 같은 다른 요인들도 자기 통제에 영향을 줄 수 있다.

간단한 보상 예측 오류 이야기에서 한 가지 복잡한 점은 동물의 신경계 내부에서 일어나는 변화로 인해 무엇이 보상이고 어느 정도까지인지에 대한 윤곽이 달라진다는 것이다. 목이 마를 때 마시는 주스와 달리 질리도록 마셨을 때 주스가 주는 보상은 같지 않을 것이고, 염도가 높은 음료는 몸의 염도가 비정상적으로 낮아서 소금기 있는 음료를 찾고 그 맛을 즐기는 경우가 아니라면 쓴맛으로 느껴져 기피하게 될 것이다.[32] 만약 유난히 스트레스를 받는다면 나는 음식에서 큰 보상을 못 받을 수 있다. 많은 헤로인 중독자들은 더 이상 헤로인에서 보상을 느끼지 못하지만, 비참한 금단 효과를 피하기 위해 헤로인을 복용한다. 그들은 여전히 마약에 대해 강한 욕구를 가지고 있지만, 더 이상 그것을 좋아한다고 말하지는 않는다. 어떤 중독자들은 자신의 뇌에 저지른 일 때문에 헤로인을 증오한다고 말한다. 원하는 것과 좋아하는 것은 분리될 수 있다. 중독자들에 있어 보상 시스템의 일부와 그 연결들은 변화를 겪게 된다.[33]

---

31 Silvia U. Maier, Aidan B. Makwana, and Todd A. Hare, "Acute Stress Impairs Self-Control in Goal-Directed Choice by Altering Multiple Functional Connections within the Brain's Decision Circuits," *Neuron* 18, no. 3 (2015): 621‒31.

32 Kent C. Berridge, Terry E. Robinson, and J. Wayne Aldridge, "Dissecting Components of Reward: 'Liking,' 'Wanting,' and Learning," *Current Opinion in Pharmacology* 9, no. 1 (2009): 65‒73.

선택사항들 시뮬레이션하기

낚시를 가야 할까? 아니면 골프를 쳐야 할까? 애들 학교를, 피아노 선생님, 혹은 축구팀을 바꿔야 할까? 인간과 일부 몇몇 동물들은 종종 가능한 행동의 결과를 시뮬레이션하고 평가함으로써 계획을 세우는데, 그 선택은 그러한 특정한 조건에서 개인에게 더 나은 결과가 무엇인지에 영향을 받는다. 이러한 프로세스를 **예측적 최적화**prospective optimization라고 부른다.[34]

즉각적 평가(당근 또는 초콜릿 캔디 중 양자택일)에도 관여하는 동일 메커니즘은 시뮬레이션 결과에 대한 좀 더 신중한 평가(UC 버클리 진학 대 UC 샌디에이고 진학)에도 또한 관여한다. 우리가 숙고라고 부르는 뇌 프로세스의 혼합에는 유사 사례에 대한 기억, 시각적 상상력, 관련 사실적 지식factual knowledge, 자기 자신만의 선호와 인격에 대한 자기 이해, 그외 다른 것들이 있다. 의심할 바 없이 시뮬레이션과 평가를 위한 능력은 피질 조직과 피질하 조직이 필요하지만 뇌가 어떻게 실제가 아닌 사건을 시뮬레이션하는지에 대해서는 여전히 대부분 알려지지 않았다.

그러나 일반적으로 관련 선택을 평가함으로써 최적화하는 것 그리고 중·장기적으로 볼 때 전반적으로 최선이라고 생각되는 것을 선택하는 데 충동조절의 효율적 사용은 이러한 프로세스에 따른 것으로 보인다. 우리가 7장에서 보게 될 것처럼 이 프로세스는 **제약 충족**constraint satisfaction[35]이라고도 명명된다.

---

33 A. D. Redish, "Addiction as a Computational Process Gone Awry," *Science* 306, no. 5703 (2004): 1944–47.

34 Terrence J. Sejnowski et al., "Prospective Optimization," *Proceedings of the IEEE* 102, no. 5 (2014): 799–811.

내가 했어야 할 일

반사실적[36] 오류counterfactual error는 경험을 통한 다른 종류의 학습을 수반한다. 예를 들면 구매자의 후회buyer's remorse이며, 이는 가능한 선택들 중에서 우리가 한 선택이 가능했던 선택 혹은 거절한 선택들보다 더 안 좋았다는 것을 인식하는 경우를 말한다. 나는 아직도 내 첫 차량인 오스틴 데본Austin Devon[37]이 그런 불행한 선택 중 하나였던 것으로 기억한다. 이러한 반사실적 판단은 선택했던 것과 포기했던 선택(들) 둘 다에 대한 결과를 추적하고 그 둘의 가치를 비교해야 한다. 오스틴 차의 클러치는 구입한 지 한 달 만에 고장 났지만, 100달러가 더 비싼 내시 메트로폴리탄Nash Metropolitan[38]은 3년이 지난 후에도 여전히 수리 없이 사용 가능했다.

리드 몬태규Read Montague와 함께 연구했던 신경과학자 테리 로렌츠 Terry Lohrenz는 피험자들에게 실제 돈을 주고 주식시장 게임에서 투자를 해 보게 하는 실험에서도 인간의 반사실적 학습counterfactual learning을 살펴볼 수 있음을 깨달았다. (그는 옛날 것이긴 하지만 실제 주식시장의 차트를 사용했다.) 어느 시점에서 각각의 피험자들은 현금이나 주식 중 하나로 금융 투자를 할 수 있다.[39] 일단 피험자가 돈을 걸면, 시장의

---

35 (옮긴이) 제약만족이라고도 한다. 제약조건 만족/충족이라고 하면 더 직관적으로 이해하기 쉬울 것이다.

36 (옮긴이) (관찰한) 사실과 반대되는 가상의 사실이기에 반사실적(counterfactual)이라고 하며, 사후가정(적)이라고 번역하기도 한다. 이와 같이 사실과 정반대인 것을 전제로 할 때의 표현법을 조건법적 서술이라고 한다.

37 (옮긴이) 오스틴사(社)(Austin Motor Company, 1905-1952)에서 1947-1952년에 생산한 중형 자동차이다.

38 (옮긴이) 오스틴사(社)에서 1954-1962년에 생산한 소형 자동차이다.

39 Terry Lohrenz et al., "Neural Signature of Fictive Learning Signals in a Sequential Investment

실제 방향(올랐는지 내렸는지)이 드러난다. 만약 시장이 올랐는데, 당신이 현금을 선택했다면, 포트폴리오 가치는 주식을 선택했을 때보다 더 떨어졌을 것이다. 당신은 약간의 후회를 경험한다. 또한 현금 투자만이 항상 최선이 아님을 배우게 된다. 다시 한번 현금과 주식 중에 선택할 기회가 생기면 과거의 후회는 주식을 선택할 가능성을 조금 더 높아지게 만드는 경향이 있다.

피험자 뇌에서의 활성도 변화를 스캔하는 동안 피험자가 투자에 대한 선택을 할 때, 해당 데이터는 실제로 중격의지핵에서 반사실 오류에 대해 민감한 모습을 보였다.[40] 결과는 경험적 오류와 반사실적 오류가 실제 결정에 관여한다는 것을 나타냈다. 우리는 우리의 실제 결정(현금)이 최선이었는지 또는 다른 선택(주식)을 했어야 했는지를 종종 재평가한다. 두 종류의 오류를 모두 추적하고 비교하려면 지능적이고 인지적인 작업이 필요하다. 로렌즈가 지적한 대로 반사실적 오류 평가에는 행하지 않은 행위로부터의 받지 못한 보상이 포함되어 있다. 이 말은 피험자의 반사실 오류에 대한 평가는 행하지 않은 행위의 비용에 대한 합리적인 평가를 위해 배경 지식과 그 지식을 구성하는 능력에 의존해야만 한다는 것을 의미한다.

원숭이와 설치류의 보상 시스템 연구를 통해 fMRI 이미지에서 보이는 이러한 특징은 활동성을 높이거나 낮추는 의지핵 뉴런상의 복측피개부 도파민 방출을 반영한다고 추론할 수 있다. 동물 모델에서 그러

Task," *Proceedings of the National Academy of Sciences of the United States of America* 104, no. 22 (2007): 9493-98.

40 조금 더 구체적으로 말하면, 복측 선조체(ventral striatum)이다. 중격의지핵은 복측 선조체의 일부이다.

한 추론을 시험해 보기 위해 탐침들은 실험동물의 기저핵에 고통 없이 삽입된다. 그러나 인간에게 침습성의 탐침은 적절한 임상의학적 정당화 없이는 사용할 수 없기에, 추론이 비록 그럴 듯해도 이것은 인간의 데이터로 입증될 필요가 있다. 이는 단지 우리의 호기심을 충족시키기 위한 것이 아니라 우울증과 조현병 같은 정신질환 상태와 함께 다양한 중독들도 도파민 조절이상과 연관되어 있기 때문이다. 결론적으로 인간 뇌의 보상시스템에서의 뉴런 반응에 대해 가능한 한 많이 아는 것이 매우 바람직하다.

2016년에 발표된 획기적인 연구에서 케네스 키시다Kenneth Kishida와 그의 연구팀은 윤리적으로 용인되면서 과학적으로도 명료한 관련 데이터를 얻는 방법을 발견했다. 그들은 인간의 경우, 긍정적 보상을 받으면 도파민 방출이 증가하고, 부정적 보상을 받으면 도파민 방출이 감소하는 중격의지핵에서의 활동이 실제로 도파민 방출과 연결되어 있다는 것을 발견했다. 그런데 놀랍게도 부호화encoding[41]는 순수하고 단순한 보상 예측 오류보다 더 미묘한 것으로 판명되었다.

그들의 실험 대상자들은 진행성 파킨슨병advanced Parkinson's disease을 위한 뇌심부 자극(수)술Deep brain stimulation, DBS을 처치 받은 인간 환자들이었다. 뇌심부 자극술은 파킨스병 중 심각한 경우에 대한 흔하고 일반적이며 효과적인 중재시술intervention이다. '깊은' 부위subthalamic nucleus (시상하(부)핵 혹은 시상밑핵)에 도달하기 위해 대략 작은 뜨개질 바늘의

---

41 (옮긴이) 기억의 단계는 정보의 (1) 등록(registration) (2) 부호화(encoding) (3) 저장(storage) (4) 기억 장소로의 접근(access) (5) 인출(retrieval) 과정으로 나뉜다. 양동원, "기억의 메커니즘 및 기억장애 질환", *Dementia and Neurocognitive Disorders*, 3 (2004): 65-72 참조. 이는 부호화(encoding), 저장(storage), 재생(retrieval)의 3단계로 설명되기도 한다.

지름 정도의 전극 하나를 피질을 통해 안전하게 삽입한다. 웨이크 포레스트 대학교 보건과학대학Wake Forest University Health Sciences의 한 외과팀은 환자들에게 전극을 이식했다. 공교롭게도 선호되는 삽입 경로는 중격의지핵에 매우 가깝게 지나간다. 이를 깨닫게 되자 키시다는 치료 전극과 함께 초미세 진단 전극을 제작하기로 결심했다. 웨이크 포레스트 대학교 보건과학대학에서의 그의 동료들은 협력하기로 동의했고, 17명의 환자들도 동의했다. 일단 자리를 잡으면 이러한 전극들은 의지핵에서의 1초 미만subsecond의 도파민 방출 데이터를 수집할 수 있게 된다.

환자들이 수술에서 회복했을 때 그들은 주식시장 투자 게임을 할 준비가 되었다. 도파민 방출 측정이 시작되었다. 환자들이 투자 선택을 하자 기대보다 더 나은 혹은 더 나쁜 결과 반응에 대응하는 그들의 도파민 변동이 기록되었다. 최초의 이 실험은 향후 작업을 위한 기준점을 설정했다.

그 결과는 흥미로운 미묘함이 있었다. 큰 베팅을 했을 때 도파민 변동은 예상대로였다. 기대보다 결과가 더 좋을수록 도파민이 더 많이, 기대보다 결과가 더 나쁠수록 도파민이 더 적게 나왔다. 그러나 베팅이 적었을 때에는 그 역효과가 확실히 일어났는데, 손실이 적을수록 더 많은 도파민이, 작은 승리일수록 더 적은 도파민이 나왔다. 이러한 패턴은 분명 예측되지 않았다. 승패가 크지 않고 작을 때 인간 뇌는 무엇을 부호화encoding하는가?

이 효과를 설명하기 위한 가설은 중격의지핵에서 측정한 도파민 수준이 보상 예측 오류와 반사실적 오류 둘 모두를 통합한 측정 결과와 상동했다고 설명했다. 간단히 말해서, 피실험자가 작은 손실을 경험했을 때, 그의 보상 시스템은 반사실적 조건에 반응한다. 즉, 그가 달리 선택했다면 그의 승리가 얼마나 더 나을 수 있었을지에 대한 것이다. 환자가 이 반사실적인 큰 승리를 생각하고 있을 때, 그의 보상 시스템은 일종의 "아, 그래, 정말 아주 기쁠 수도 있겠어"라는 반응을 한다. 만약 당신의 농구팀이 버저비터 슛으로 득점하여 승리했을 경우 당신이 얼마나 기분이 좋았을까하고 생각하는 것과 다소 비슷하다. 승리에 대해 찬찬히 생각하는 것만으로도 기분이 꽤나 좋아지는 것은 우리가 보상받는 공상에 종종 빠져드는 이유와 연관된다고 생각한다. 나는 아직도 내가 사지 않았던 내시 메트로폴리탄에 대해 생각한다.

키시다의 설명이 맞다면 그것은 복측피개부 뉴런 일부가 비록 기본적인 보상 예측 오류 견본을 따르고 있지만, 일부는 반사실적 가치를 계산하고 있으며, 일부 의지핵 뉴런들은 불쾌감(부정적) 경험에 대한 쾌감(긍정) 반응을 유발한다. 실현가능하다면 인간에 있어 복측피개부 뉴런에 대해 뉴런 하나 하나의 미세 탐색은 이러한 분업을 밝히게 될 것이다. 아마도 이러한 분업은 또한 인간이 아닌 포유류에게도 존재하겠지만, 중격의지핵의 도파민 수준에 대한 이전 기록에서는 포착되지 않았다. 이는 인간 뇌의 데이터를 얻는 방법을 찾아내는 것이 왜 필수적인지에 대한 또 다른 이유다.

도파민만 작용하는 것은 아니다. 앞서 살펴본 것처럼 선택이 안 좋다는 것으로 밝혀지면 세로토닌이 방출된다. 이는 우리에게 앞으로 그 선택을 살펴보라고 말하는 뇌의 방식이다. 여기서 질문이 있다. 투자 게임에서 피험자가 주식에 큰 돈을 걸었는데 시장이 하락하면 도파민은 방출되지 않겠지만(왜냐하면 결과가 기대보다 안 좋기 때문에) 세로토닌은 어떤 역할을 할까?

켄 키시다와 로잘린 모란Rosalyn Moran은 이러한 질문을 했고, 키시다의 진단 전극을 사용하여 파킨스 환자들이 주식시장 게임을 하는 동안 중격의지핵에서의 세로토닌 방출을 추적하였다. 이를 통해 같은 작업을 하는 동안 동일한 영역에서 도파민과 세로토닌의 뚜렷하게 구별되는 기능을 비교할 수 있었다.

세로토닌 방출은 도파민 방출의 정반대로 나쁜 결정에는 올라가고 좋은 결정에는 내려가지만, 실제 손실이 큰지 아니면 작은지, 반사실적 손실이 큰지 아니면 작은지에 대해 예민하다. 상황은 도파민과 세로토닌 모두의 방출을 유발시키는 사건일 때 진정 흥미로워진다. 예를 들어 도파민은 반사실적 승리가 클 때 이에 반응하여 상승할 수 있지만, 반면 세로토닌은 실제 손실로 인해 동시에 상승한다. 그런 경우 피험자들은 "흠, 그래, 다음번에는 시장에 그렇게 많이 걸지 않고 조금만 걸어야지"라고 대답한다.

모란이 말했듯 "세로토닌은 우리에게 나쁜 결과에 주의를 집중하고 학습하도록 상기시켜주며, 위험을 쫓는 일(위험 추구성)도 줄이면서 더불어 위험하다는 이유로 피하려고 하는 행동(위험 회피성)도 덜하도록 깨닫게 해주는 방식으로 기능한다." 세로토닌의 불균형 시, 당신은 구석에 숨거나 불을 향해 달려갈지도 모른다. 당신이 그 와중에 진정 해야 할 일이 있는 경우라도 말이다.[42] 모란과 키시다에 따르면 세로토닌은 부정적 결과와 긍정적 결과 모두에 대해 과민 반응하는 것을 막는 '침착하게 하던 일을 계속 하라'[43] 시스템이다. 도파민과 세로토닌

---

42 로잘린 모란, 버지니아 공대(Virginia Tech)의 "Keep Calm and Carry On: Scientists Make First Serotonin Measurements in Humans," Medical Xpress, April 30, 2018에서 인용. https://medicalxpress.com/news/2018-04-calm-scientists-serotonin-humans.html.

43 리드 몬태규, 버지니아 공대의 "Keep Calm and Carry On."에서 인용.

이라는 두 가지 조절시스템 간의 균형은 정교하며, 우리가 삶에서 달성하고자 하는 그러한 균형과 아마 많은 관련이 있을 것이다.

설치류 뇌는 반사실적 평가 능력이 있을까? 아마도 그럴 것이다. 설치류를 대상으로 한 일부 실험에서 두 대안 사이에서 선택하기 이전의 숙고 기간에 전전두엽orbitofrontal cortex(더 정확히는 안와전두피질)의 뉴런들은 설치류가 하나의 선택에 대해 연구하고 나서 다른 것을 연구하는 것처럼 활동을 번갈아 한다는 점을 시사하고 있다. 최종적으로 선택이 이루어지면 설치류의 뇌도 더 좋은 운을 선택하지 않은 것에 대한 후회 신호를 보낼 수 있다.[44]

반사실적 오류를 평가하는 데 있어 인간은 다른 영장류보다 과거를 더 멀리까지 볼 수 있는 능력을 가지고 있을 수 있다. 우리는 있을 법한 일이나, 중학교 때 트롬본 대신에 플롯을 연주했으면 어땠을까, 또는 엉망이었던 첫 차 오스틴 데본 대신에 내시 메트로폴리탄을 샀으면 어땠을까에 대해 곰곰이 생각해 보곤 한다. 우리는 또한 타인에 대한 반사실들을 곰곰이 생각하곤 한다: 아버지가 인쇄소 견습공 대신 대학에 갈 수 있었다면 어떻게 되었을까? 일부 반사실은 사실의 세계에서 너무 멀리 떨어져 있는 순수한 허구일 뿐이며 어느 쪽이든 근거를 제시하기 어렵다: 스탈린이 도덕적으로 제대로 된 사람이었다면 러시아에서의 공산주의는 성공했을까?

강화학습 테마에서의 또 다른 변형은 학습된 근면성learned industriousness이라고 불리는 것이다. 보상 이벤트에서의 즐거움이 그 즐거움을 만들어내는 전형적 행위로 이어질 수 있다는 것은 잘 알려진 바이다. 장작

---

44 A. P. Steiner and A. D. Redish, "The Road Not Taken: Neural Correlates of Decision Making in Orbitofrontal Cortex," *Frontiers in Neuroscience* 6 (2012): 131, https://doi.org/10.3389/fnins.2012.00131.

패기와 같이 보상을 얻기 위해 엄청난 육체적 노력이 필요한 경우, 꽤나 힘든 노력을 하고 있다는 지각sensation은 일반적 혐오 효과aversive effect를 다소 완화시켜주는 2차 보상을 얻게 한다.[45] 장작패기는 힘든 일이지만, 장작을 쌓아두는 헛간에 장작이 이미 충분히 쌓여 있음에도 몇몇 숙련자들은 순전히 즐거움을 위해 장작을 팬다. 보통 보상이 정기적으로 산출(준비된 장작더미)되었을 때 초기에 습득한 습관은 보상이 퇴색한 이후에도 오랫동안 계속된다. 일 중독자들의 습관 뒤에는 이와 같은 것이 숨어 있다.

보상학습은 또한 학습 방법을 배우는 방식 중 하나이다. 수학 문제 풀이나 피아노 연습이 아주 힘들기에 미루는 경향이 있다고 가정해 보자. 전략 하나는 30분 동안 꾸준히 일하고 나서 자신에게 20분의 비디오 게임 시간과 같이 근사한 보상을 주는 식으로 당신 자신과 거래하는 것이다. 그런 시도를 몇 번 반복하다 보면, 일에 대한 저항은 사라지고, 일 자체에서 약간의 즐거움을 찾기 시작할지도 모른다. 이러한 보상 시스템을 활용하는 방식의 한 예로 구식이지만 신뢰할 만하고 자주 반복되는 구호는 "집안일이 먼저, 노는 것은 나중에" 같은 것이 있으며, 이는 수많은 부모들이 (아이들의) 몸에 제대로 밸 때까지 반복한다.[46]

45 R. Eisenberger, "Achievement: The Importance of Industriousness," *Behavioral and Brain Sciences* 21 (1998): 412-13.

46 다음을 참조. Coursera, "Learning How to Learn: Powerful Mental Tools to Help You Master Tough Subjects," accessed August 29, 2018, https://www.coursera.org/learn/learning-how-to-learn.

인지패턴 생성기

한편으로는 경험을 통해, 다른 한편으로는 가르침을 통해 우리는 가시를 뽑거나 타이어 교체를 위한 일련의 행위들의 구성법을 배운다. 비록 뇌에 있어 적절한 일련 행동은 어려운 계산 문제긴 하지만, 뇌는 놀랄 만큼 효율적으로 그러한 문제를 처리하도록 진화해 왔다. MIT 신경과학자 앤 그레이비엘Ann Graybiel은 기저핵basal ganglia이 우리가 다단계, 준습관적 행동을 수행할 때 세밀히 조직되어 올바른 일련의 행위들을 만들어내는 뉴런 다발clusters of neurons을 포함하고 있음을 발견했다.

그레이비엘은 텐트를 치는 것 같은 운동 기술이나 매일 동일한 길로 집에 가는 것과 같은 습관 이외에도, 일종의 기술 혹은 습관과 같은 복잡한 인지 기능이 광범위하게 존재한다는 것을 깨달았다. 그녀는 자전거 타기처럼 정기적으로 접하는 운동 목표를 위해 운동패턴 생성기가 운동 순서motor sequences를 산출해 낸다는 것을 파악했다. 그녀는 같은 방식으로 우리가 이전에 성공적으로 해결했던 인지적 문제를 다시 접하게 될 때 뇌가 배치하는 인지 순서cognitive sequences가 있음을 추가적으로 간파했다. 예를 들어 숙련된 간호사는 응급실에서 환자들을 효율적이면서 적절하게 분류할 수 있다.

이러한 종류의 사례들을 처리하기 위해 그레이비엘은 획기적인 개념인 인지 패턴 생성기cognitive pattern generator를 고안했다.[47] 대학 신입생에게 기본 논리학을 어떻게 가르칠 것인가? 나의 인지 패턴 생성기는

---

47 Ann M. Graybiel, "The Basal Ganglia and Cognitive Pattern Generators," *Schizophrenia Bulletin* 23, no. 3 (1997): 459–69.

여러 해 걸쳐 매끄러운 패턴 하나를 만들어냈다. 물론 교실에서 수업하기 위해서는 잠을 깨고 정신 바짝 차린 채 해야겠지만, 일련의 단계들은 대부분 수월히 흘러간다. 요점을 명확하고 간결하게 전달하는 구체적인 예를 찾았기 때문에 해마다 그와 동일한 예가 내 입에서 나올 것임을 알게 되었다. 다른 종류의 문제를 생각해 보자: 법정에서 명예 훼손 사건을 어떻게 다룰 것인가? 베테랑인 사실심 변호사trial lawyer의 인지 패턴 생성기가 작동하고 다시 한번 그녀는 단계를 원활하게 진행하여 세부 사항을 정리하고 필요한 작업을 수행한다. 인지 패턴 생성을 위한 이러한 능력은 인간에게만 있는 것은 아니다. 이전 예를 떠올려 볼 때, 당신이 늙은 순록을 쓰러뜨리는 것을 목표로 하는 회색곰이라고 할 때, 어떻게 해야 할까? 경험 많은 회색곰은 순록을 성공적으로 쓰러뜨리기 위한 일반적인 패턴을 잘 알며, 과거의 성공은 곰에게 자신의 지식에 대한 자신감을 주게 된다.

인지 패턴 생성기가 해결에 도움이 되는 사회적 문제social problems가 있는가? 그러한 사회적 문제들은 투덜대는 동료를 어떻게 다룰지, 게으르지만 재능 있는 대학원생의 의욕을 북돋는 방법 또는 불안해하는 환자가 위험한 수술을 받을 수 있도록 준비하는 방법 등을 포함할 수도 있다. 이러한 사례에서는 수년간의 경험을 통해 보상 시스템에 의해 형성된 인지 패턴을 사용한다. 운동 패턴 생성기와 마찬가지로 우리는 당면한 경우에 맞게 순서를 원하는 대로 만들기는 하나, 학습된 인지 순서의 일반적인 형태가 정확히 요구되는 바일 수 있다(7장을 참조할 것).

인지 패턴은 한번 상황을 파악하게 되면 새로운 사례에 잘 다듬어진 인지 패턴을 적용할 수 있기 때문에 효율적이다. 자전거 타는 기술을 산악 자전거에 변형시켜 볼 수 있는 것처럼 인지 기술도 적절히 수정해 가면서 한 사례에서 다른 유사한 사례로 변형시킬 수 있다. 인지 패턴 생성기는 투덜대는 동료를 다루는 것부터 불쾌한 상사를 상대하는 것까지, 심통 부리는 고모를 대처하는 것부터 성미고약한 시아버지를 상대하는 것까지 다양한 상황에 할 수 있게 해준다. 때때로 인지 패턴은 신뢰할 사람에게 조언을 구하거나 아니면 단호하게 아무것도 하지 않는 것과 같이 다소 단순한 순서를 포함하고 있다.

인지 패턴 생성기는 획기적인 개념이다. 왜냐하면 이것은 사회적 문제 해결에 필요한 것들을 포함하여 서로 다른 수많은 종류의 인지 기술들이 고도로 협력적인 기저핵과 전두엽 조직에 의해 어떻게 획득되는지를 보여주는 도구를 우리에게 제공하기 때문이다. 인지에서 보상체계의 역할을 인식하는 것은 또한 의례적인 일들이 왜 불안을 감소시켜주는지 그리고 그것이 종종 문제 많은 습관으로 변해버리는지에 대한 단서를 제공한다.[48]

규범의 내면화에는 복측피개부, 중격의지핵이 관여하지만, 우리 삶에서의 규범이 어느 정도 바뀐다면 어떤 일이 벌어질까? 보상 시스템이 **규범 예측 오류 신호**norm prediction error를 보내면 우리는 그에 따라 변하는가? 다음 장에서는 우리의 뇌가 그 규범을 바꾸기 위해 규범 예측 오류 신호를 사용한다는 것을 암시하는 증거를 살펴볼 것이다.

---

48 Ann M. Graybiel, "Habits, Ritual, and the Evaluative Brain," *Annual Review of Neuroscience* 31 (2008): 359–87.

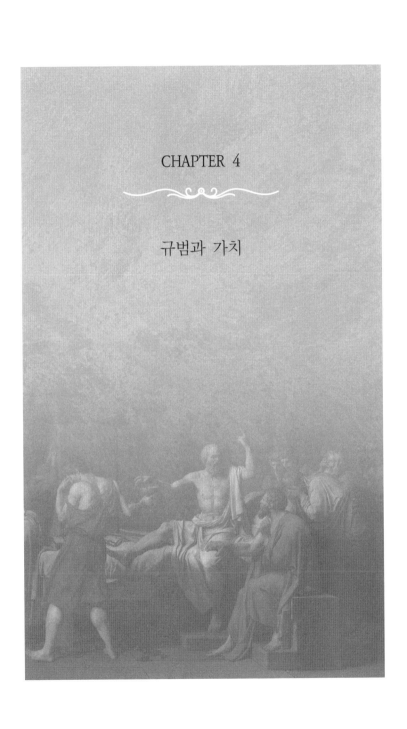

CHAPTER 4

규범과 가치

규범과 가치

사실 유머감각이 없다는 것은 심각한 결함이 있는 사람이라는 것이다. 그것은 사소한 단점이 아니다. 그것은 여러분으로부터 인간성을 격리시 켜버린다.

앨런 배넷

사회 학습과 사회 유대

캐나다 유콘Yukon 지역 최북단의 퍼스Firth강에서 래프트raft[1]를 타고 있 었다. 이 2주간의 여행에는 UC 샌디에이고에서 온 8명의 대학생, 2명 의 전문 가이드, 그리고 내가 있었다. 학생들에게 캐나다 황무지에서 의 래프트 타기는 전적으로 새로운 일이었다. 모두가 풋내기였다. 우 리가 협곡에서 4등급 급류에 접근했을 때, 3대의 무거운 래프트들과 모든 장비를 협곡의 비탈 쪽으로 들어올렸다가 다시 협곡 아래로 운 반하는 대신, 짐을 실은 래프트들을 급류를 통해 줄로 끌고 가며 물살

---

1 (옮긴이) 공기를 주입해 만든 PVC나 고무 재질의 보트. 이러한 수상레저기구를 타고 계곡 이나 강의 급류를 타는 레저스포츠를 래프팅이라고 한다.

을 다룰 수 있는 하류까지 하이킹하기로 결정했다. 줄로 래프트를 끌고 가는 것은 개를 산책시키는 것과 비슷하다. 급류가 거칠면 거칠수록, 그 작업은 더 제멋대로가 된다.

줄로 끌고 가는 것은 모든 사람들 간에 긴밀한 협력을 수반한다. 우리는 강물에 가만히 떠있는 각 래프트들의 뱃머리와 선미에 걸어둔 로프를 잡은 채 가장 자리의 높은 곳에 배치되었다. 그 일에서 한 그룹은 강 아래로 약간의 거리를 조심스럽게 가서 줄에 있는 다음 학생에게 그 로프를 건네주고는 다음 래프트의 로프를 건네받기 위해 다시 줄을 서야 했다. 그 절차는 거의 세 시간이 걸렸고, 가파른 협곡 암벽과 사납게 날뛰는 하천을 고려할 때 위험이 전혀 없는 것이 아니었다. 만약 사고가 났을 경우 운이 좋으면 외부와 무선 연락을 할 수도 있겠지만, 본질적으로 우리들뿐이었다. 만약 우리 래프트를 잃어버린다면 음식과 장비를 잃게 될 것이다. 그렇게 모든 사람이 자신의 일을 정확히 수행해야만 했고, 그렇지 않으면 다른 사람들을 위험에 빠뜨릴 상황에 있었다.

이 여행의 말미에 각 학생들은 그들이 가장 소중히 여겼던 경험에 대해 썼다. 그들이 사향소 무리를 관찰하기 위해 엎드려 살금살금 다가가기도 하고 빙하를 관찰하기도 했지만, 그들에게 가장 인상 깊었던 날은 래프트들을 줄로 끌었던 그날이었다. 별생각 없이 나는 그 학생들이 대체로 꽤나 힘들고 싫었을 것이라고 당연히 생각했다. 하지만 내가 잘못 생각한 것이었다. 열정적 협력과 위험했던 그날을 특히 기억에 남고 만족스럽다고 여겼다. 그들은 단순하고 강렬한 협동의 속성과 그들 상호간의 의존에 감동했다. 래프트들을 줄로 끌며 급류를 통과한 이후 웃음과 즐거움의 수준이 높아졌다. 그들 모두 서로가 훨씬 더 가깝게 되었다고 느꼈다.

뇌의 관점에서 이 사건을 다시 기술해 보면 적지 않은 위험에도 불구하고 동료들과의 협동은 크나큰 보상을 주었다. 학생들 뇌의 복측피개부VTA 뉴런들은 거의 확실하게도 많은 양의 도파민을 중격의지핵에 있는 표적에 보내고 있었다. 내인성 카나비노이드[2]가 여기저기서 방출된다. 물론 다른 많은 신경 사건들에서도 그렇다. 의미 있게도 남은 여정 동안 학생들의 상호작용은 함께 있는 서로서로에게 더욱더 강한 우정과 기쁨을 드러내 보였다.

놀이에는 비슷한 효과가 있다. 사회적 유대가 강화되고, 품위 있게 이기고 지는 법을 배우면서 좀 더 진지한 사회적 상황에서 어떻게 행동해야 하는지에 대한 본보기를 제공한다. 놀이에서의 협력은 '단결에는 힘이 있다'라는 것과 우리가 함께 힘을 합칠 때에만 많은 성취가 가능하다는 기본적인 교훈을 가르쳐준다. 놀이를 통해 불공평함을 인식하고 이에 대처하는 패턴이 생겨난다. 강압적이거나 지배적인 태도는 비난받지만, 절제된 리더쉽은 장려된다. 특정 반응은 용납되나, 다른 반응은 반감을 산다. 이 모든 과정에서 강화 학습 시스템은 피질하 및 신피질 측면 모두에서 뇌의 선호, 편견, 패턴, 기대 등 시종일관 뇌를 변화시킨다.

인간의 사회적 학습은 수많은 관찰하기와 모방하기 그리고 스스로가 시도해 보는 것을 수반한다. 결혼 피로연에서 어린 아이들에게는

2　(옮긴이) 내인성 카나비노이드는 마리화나의 성분과 유사한 천연화합물로서 인체에서 생성되는 자연 발생 카나비노이드이다. 이는 다양한 생리적 단서에 반응하여 필요에 따라 생산되며 통증 조절, 면역 기능, 식욕 조절 및 기분 조절을 포함한 광범위한 생리적 과정에 관여한다.

춤을 추라고 그렇게 부추기는 일이 거의 없다. 아이들은 1~2분 정도 지켜보다가 자리에서 일어나 춤을 춘다. 처음에는 머뭇거리다가도 좀 더 당당하게 말이다. 일반적으로 아이들은 친절한 상호작용, 관대함, 따뜻함, 호의뿐만 아니라 그 반대되는 행위 스타일을 골똘히 지켜보고 습득한다. 어린이들은 가족과 친구들에게서 관찰한 것을 보고 자신의 반응을 모델링한다. 사회적 상황이 특히 불쾌한 것으로 간주될 때 왜 말썽꾸러기를 돕지 않는지를 설명하면, 아이들의 사회적 교양[3]을 더해 줄 것이다. 흔히 아이들은 어른들이 그 문제에 대해 개별적으로 토론할 때 귀를 기울임으로써 그러한 설명을 얻게 된다. 경청을 통해 아이들은 종종 직접적으로는 얻을 수 없는 정보, 즉 어른들은 대체로 이해는 하지만 인정하지 않을 수도 있는 현실을 알 수 있다.

모방과 협력 둘 다 기분을 좋게 한다. 독감 걸린 한 낙농가의 목장에서 우유를 짜려고 이웃들이 모였을 때, 아이들은 지켜보다가 본격적으로 협력한다. 아이들은 협동 덕분에 동류의식(同類意識)을 알게 된다. 묻지도 않고 건초를 선반에 넣으며, 여물통에 물을 채우고 우유 분리기를 돌린다.[4] 보상 시스템이 긍정적으로 관여하고 있는 것이다.[5]

대략적으로 인간 아닌 동물과 새들이 얼마나 모방할 수 있는지에 대해서는 다소 논란의 여지가 남아 있지만, 인간은 분명 엄청난 모방

---

3   (옮긴이) 사회적 교양은 다른 사람들과의 대인관계에서 자신의 행동이나 태도를 세련되게, 교양 있게, 또는 미려하게 보이도록 하는 능력을 나타낸다. 이는 타인과 원활하게 소통하고, 상호작용하는 데 중요한 역할을 한다.
4   관찰과 도움을 통한 어린이 학습에 대한 검토는 Barbara Rogoff et al., "Firsthand Learning through Intent Participation," *Annual Review of Psychology* 54 (2003): 175-203을 참조. 또한 Ruth Paradise and Barbara Rogoff, "Side by Side: Learning by Observing and Pitching In," *Ethos* 37 (2009): 102-38을 참조할 것.
5   Elizabeth A. Reynolds Losin et al., "Own-Gender Imitation Activates the Brain's Reward Circuitry," *Social Cognitive Affective Neuroscience* 7, no. 7 (2012): 804-10.

자이다. 많은 조류 종들에 있어 어린 수컷 새가 자기 아비의 노래를 모방하며 배운다는 것은 잘 알려져 있으며, 신경 메커니즘은 잘 탐구되어 있다. 꼬리감는원숭이Capuchin monkeys는 굉장히 사회적이며, 매우 모방을 잘한다. 그들은 수렵채집을 포함한 다양한 작업을 위해 일시적인 연합에 의존하며 학습된 의사소통의 의식(의례) 절차를 가지고 있다.[6] 앵무새는 개를 부르는 휘슬 소리와 트림 소리, 기침이나 코고는 소리뿐만 아니라 많은 언어음(言語音)과 늑대, 고양이, 돼지와 같은 동물 소리들을 흉내 낼 수 있는 강력한 모방 능력을 가지고 있는 것으로 유명하다.[7] 제인 구달Jane Goodall과 그녀의 연구팀은 어미로부터 커다란 과일을 까는 법에 대해 어린 침팬지가 학습하는 모습을 비디오로 녹화하였다. 자신의 기술을 향상시키기 위해 어린 침팬지들은 보고, 스스로 시도하고, 그리고 그들의 기술을 향상시키기 위해 그들의 실수로부터 배운다.

신중하게 기록된 결과와 함께 수많은 일화들이 인간 외 포유류들의 모방 능력을 입증하고 있으며, 많은 경우 개와 관련되어 있다. 나의 개 팔리Farley는 눈 맞춤을 좋아하는 개다. 그 말은 내가 개를 바라보며 귀를 쓰다듬고 말하는 동안 개도 나의 눈을 마주보는 것을 좋아한다는 의미이다. 이런 식으로 팔리에게 말할 때 나도 또한 미소를 많이 짓게 되었다. 어느 날 그렇게 말하던 중에 나는 팔리가 윗잇몸을 위로 끌어올리고, 이를 드러내 보이면서 미소로 되돌아보고 있다는 것을 깨

---

6 Susan Perry, "Social Traditions and Social Learning in Capuchin Monkeys (*Cebus*)," *Philosophical Transactions of the Royal Society of London. Series B, Biological Sciences* 366, no. 1567 (2011): 988-96.

7 녹스빌 동물원(Knoxville Zoo)의 "This Is Einstein!"(YouTube, July 26, 2008)이란 동영상 참조. https://www.youtube.com/watch?v=nbrTOcUnjNY.

닮게 되었다. 그 모습은 아름다워 보이지는 않겠지만 사랑스러워 보였다. 사람에 있어 사회적 미소social smiling는 유아기부터 시작하며, 어른이나 유아 모두에게 크게 보상을 주는 것처럼 보인다.[8]

사회적 보상 및 비사회적 보상에 대한 두 보상 시스템이 각각 특별한 영역을 전담하는 것일까? 아마도 아닐 것이다.[9] 신경경제학자인 크리스찬 러프Christian Ruff와 에른스트 페르Ernst Fehr는 다양한 기법을 망라한 방대한 기존 데이터를 철저히 분석한 결과, 긍정적 또는 부정적 가치를 부여하는 연동 메커니즘을 갖춘 단 하나의 시스템을 강력하게 가리키는 증거가 있음을 보여주었다.[10] 해당 맥락이 사회적인지, 혹은 비사회적인지 여부에 따라 광범위한 관련 회로에서 차이가 나타난다. 예를 들어 사회적 표상social representations은 개별 특성에 대한 세부사항뿐만 아니라 사회적 관습의 기억을 수반하는 지식기반들을 활용하지만, 그러한 지식은 있다손 치더라도 절대적으로 비사회적인 판단에 있어 역할을 거의 하지 못할 것이다(그림 4.1).

가치 배정에 관한 메커니즘은 공통이지만, 특정 행위에 접속하는 지식 풀knowledge pool들이 다르다는 생각은 진화론적으로 타당하다. 기존

8   V. Wörmann et al., "A Cross-Cultural Comparison of the Development of the Social Smile: A Longitudinal Study of Maternal and Infant Imitation in 6- and 12-Week-Old Infants," *Infant Behavioral Development* 35 (2012): 335‒47, https://doi.org/10.1016/j.infbeh.2012.03.002. Epub June 19, 2012.

9   K. Tchalova and N. I. Eisenberger, "How the Brain Feels the Hurt of Heartbreak: Examining the Neurobiological Overlap between Social and Physical Pain," in *Brain Mapping: An Encyclopedic Reference*, ed. Arthur W. Toga (New York: Academic Press, 2015), 15‒20; N. I. Eisenberger, "The Pain of Social Disconnection: Examining the Shared Neural Underpinnings of Physical and Social Pain," *Nature Reviews Neuroscience* 13 (2012): 421‒34.

10 C. C. Ruff and E. Fehr, "The Neurobiology of Rewards and Values in Social Decision-Making," *Nature Reviews Neuroscience* 15 (2014): 549‒62. See also M. J. Crockett et al., "Moral Transgressions Corrupt Neural Representations of Value," *Nature Neuroscience* 20, no. 6 (2017): 879‒85.

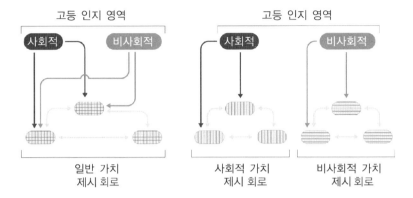

[그림 4.1] 의사결정 동안 뇌가 어떻게 사회적 혹은 비사회적 가치를 결정하게 되는가에 대한 경합가설(competing hypotheses). 왼쪽: 신경학적 공용 통화(common-currency) 도식은 (평행선들이 교차된 것으로 보이는) 단일 신경 회로가 사회적 그리고 비사회적 사건 모두의 동기부여적 의미를 결정한다고 가정한다. 이렇게 통합된 가치 계산과 관련한 지각 및 인지 정보는 사회적 선택과 비사회적 선택 사이에서 다를 수 있으며, (검은 색과 회색으로 표시된) 별개의 뇌 영역에 의해 제공될 수 있다. 오른쪽: 사회적 가치 특정 도식은 환경의 사회적 측면이 사회적 요구(수직선)를 다루기 위해 특별히 진화한 신경 회로에서 처리된다는 점을 제안한다. 증거들은 신경학적 공용 통화 모델(common-currency model)을 뒷받침한다. Christian C. Ruff and Ernst Fehr, "The Neurobiology of Rewards and Values in Social Decision Making," *Nature Reviews Neuroscience* 15 (2014): 549-62을 허락하에 각색함.

작업을 용도에 따라 고쳐 개선하는 것은 진화론의 전형적 전술이며, 처음부터 복잡한 메커니즘을 설계하는 것은 엔지니어의 일은 될 수 있겠지만, 생물학적 진화가 작동하는 방식은 아니다.

공통 메커니즘 가설common-mechanism hypothesis에 대한 작은 예를 들자면, 일본에서는 저녁 식사를 하는 도중에 후루룩 소리를 내며 요란하게 국수를 먹는 것은 일종의 즐긴다는 표시로 예상된다는 것을 조용히 배우게 된다면 내 사회적 지식은 향상되는 것이다. 대조적으로 생나무 장작보다 마른 장작이 더 패기 어렵다는 것을 경험을 통해 배운다면, 사회적 세계에 대한 지식은 이에 관여하지 않으며, 그러한 사실은 뇌의 다른 영역에 저장된다. 요점은 각각의 경우에 지식 영역으로

가는 경로가 다르며, 그에 수반되는 감정 또한 다를 것이라는 점이다. 하나는 나에 대해 어떻게 생각하는지, 내 평판이 조금이라도 타격을 받았는지에 대해 궁금해 하는 사회적 당혹감social embarrassment을 포함하지만, 다른 하나는 그렇지 않다. 그러나 가치를 부여하는 핵심 메커니즘은 동일할 가능성이 높다.

가끔 비사회적 문제를 해결하는 데 가상의 사회적 관점이 포함될 수 있다. 가지치기가 제대로 되어 있지 않거나 잘 관리되지 않고 있는 내 라즈베리 텃밭을 이웃들은 어떻게 생각할까? 나도 모르게 조금이라도 신경을 쓰는 경향이 있다. 우리 인간은 명백히 사회적이지 않은 일을 하거나 배울 때조차도 꽤나 사회적이다. 평판은 강력한 사회적 이유 때문에 우리에게 중요하며, 비사회적 사실을 다루는 방법은 때때로 우리의 사회적 평판에 영향을 미친다.[11] 예를 들어 우리는 지구가 평평하다고 주장하는 사람을 다소 신뢰하기 어려운 사람으로 간주하여 교육감으로 부적합하다고 여기는 경향이 있다.

간접적인 사회적 고통과 쾌락은 또한 기저핵과 전두엽을 활성화한다. 성적이 저조해 다른 진로를 생각해볼 필요가 있는 대학원생과 대화를 나눠야 하는 불편한 일을 떠맡아야만 한다고 가정해 보자. 그 학생의 고단한 집안일을 알게 된다면, 물론 그 학생보다는 아니겠지만, 나는 사회적 고통을 느낀다.

공감은 인간이 양심에 부합하는 바를 결정하는 데 있어 늘 상존하는 요인이다. 인간을 비롯한 고도로 사회적인 모든 포유류의 공감적

---

11 P. La Cerra and R. Bingham, *The Origin of Minds* (New York: Harmony Books, 2002); J. Z. Siegel, M. J. Crockett, and R. J. Dolan, "Inferences about Moral Character Moderate the Impact of Consequences on Blame and Praise," *Cognition* 167 (2017): 201–11.

반응은 다른 사람의 상황을 인지적으로 파악하는 능력, 어떤 상황에서 다른 사람의 관점을 취할 수 있는 능력, 다른 사람이 경험하는 정서와 일치시키는 능력 등 여러 가지 기능의 클러스터로 이루어진다(우리는 2장에서 대초원 들쥐 한 마리가 스트레스를 받으면 파트너의 스트레스 수준도 스트레스를 받은 들쥐 수준까지 급속히 상승하고, 파트너는 옥시토신 수치를 높여 불안을 감소시키는 강렬한 핥기와 털 고르기를 시작한다는 것을 보았다).

공감하기란 가령 훅 부는 입김에 반응하여 눈을 깜빡이는 것과 달리 하나의 동작으로 이루어지는 단순한 작업이 아니다. 기능의 다양성은 그 각각의 기능이 서로 독립적으로 형성되고 영향을 받을 수 있다는 것을 뜻한다. 그리고 실제로 그런 일이 벌어지기도 한다. 가령 어떤 사람들은 다른 사람의 감정을 인지적으로 판단하는 데는 능숙하지만, 좀처럼 그 감정들을 자신들에게 일치시키는 일은 드문 경우가 있다. 아마도 그렇게 훈련받았기 때문일 것이다. 예를 들어, 응급실에서 극심한 고통에 반응하는 의사와 간호사는 그들이 보는 비참한 환자들이 느끼는 바에 가까이 일치시키려는 경향을 축소시킬 필요가 있어 보인다. 그렇지 않으면 그들의 정서는 환자를 돌보는 데 필요한 인지적 판단 능력을 압도해 버릴 수 있다.

동정심이 많은 사람은 실제로 무슨 일이 일어났는지, 그 동정심이 마땅히 받아야 할 것인지 아니면 조작에 의한 것인지를 좀 더 냉정하게 생각하는 시간을 갖지 않고 억울해 하는 사람들의 감정을 재빠르게 일치시키는 경향이 있다. 우리가 조종 당하지 않으려면, 일반적으로 왜 동료가 상처받았는지에 대한 배후 전말을 파악하는 것이 필수적이다.

공감은 개인 간, 개인 내에서도 그리고 내적 상황뿐만 아니라 외적 상황에 따라 달라진다. 그렇다. 인간은 상황이 허락하는 한 타인의 곤경에 공감하는 경우가 많다. 그럼에도 불구하고 심리학자 로이 바우마이스터Roy Baumeister는 현실적으로 "중요한 점은 이러한 공감적 감수성이 선별적이라는 것이다. 사람들은 어떤 상황과 어떤 대상에 대해서는 큰 공감을 느끼지만, 다른 대상에 대해서는 전혀 공감을 느끼지 못하는 것처럼 보인다. 다시 말해 사람들은 공감 능력에 있어 놀라울 정도로 융통성을 보여주는데, 어떤 이들에게는 민감하게 느끼며 공감하지만 다른 사람들에게는 그렇지 않다."[12] 게다가 우리들 대부분은 공감 능력이 무한히 크지 않다. 우리는 공감의 피로 속에서 비틀거린다.

평균적으로 여성이 남성보다 더 공감적이라는 증거가 있지만, 나는 평균적이라는 말을 우선 강조하고자 하며, 어떤 경우든 간에 정서적 공감에 대한 효과가 인지적 공감이나 사회적 기술의 표현인 공감적 반응에 대한 효과보다 더 크다는 점이다.[13] 최근까지 남녀에 있어 각각의 다양한 공감적 요인들의 유전율heritability 문제에 초점을 맞춘 연구는 거의 없었다. 최근 이탈리아에서 1,700쌍의 쌍둥이를 대상으로 한 연구는 일란성monozygotic 쌍둥이와 이란성dizygotic 쌍둥이 간에 공감 다발 전체를 구성하는 다양한 심리적 요인의 유전율에 거의 차이가 없다는 것을 보여주었지만, 분석 결과는 정서적 공감에 있어 남성보다는 여성에게 유전적 요인이 더 중요할 수 있음을 시사했다.[14] 이 결과는

---

12 Roy F. Baumeister, *Evil: Inside Human Violence and Cruelty* (New York: Holt, 1997), 223.

13 M. V. Mestre et al., "Are Women More Empathetic than Men? A Longitudinal Study in Adolescence," *Spanish Journal of Psychology* 12, no. 1 (2009): 76–83; L. Christov-Moore et al., "Empathy: Gender Effects in Brain and Behavior," *Neuroscience & Biobehavioral Reviews* 4 (2014): 604–27.

예비적인 것이며, 유전율에 대해 아직 확실한 결론을 도출할 수 없다.

피질의 많은 영역, 특히나 전두 영역의 피질들은 공감 반응과 관련 있는 것처럼 보이지만, 우리가 세포 및 네트워크 신경망 수준에서 훨씬 더 많은 자료를 얻을 때까지 해당 메커니즘의 본질은 불분명한 상태로 남아 있게 될 것이다.

사회적 규범과 기대

공정성과 거짓말 같은 문제들을 통제하는 사회적 규범은 우리의 기대와 반응을 이끌어낸다. 학생들이 그들 중 누군가 시험 답안지를 훔쳐서 부정행위를 했다는 것을 알았을 때, 그들은 불공평하다고 항의하며 부정행위자를 배척할 수도 있다. 프로 사이클 선수인 랜스 암스트롱Lance Armstrong이 결국 수년간 도핑한 사실을 인정했을 때, 스포츠계는 그의 7번에 걸친 투르 드 프랑스Tour de France 우승의 부당함을 대대적으로 규탄했고, 이제 그는 사이클 경기에서 추방당함과 동시에 이곳저곳에서 거부당하게 되었다.

프란스 드 발Frans de Waal과 그의 연구팀이 세세히 보여준 바와 같이 원숭이들은 음식의 불공정한 배분을 명백하게 평가한다.[15] 실험에서 원숭이들은 포도와 오이 둘 다 좋아하긴 했지만, 포도를 더 선호했다.

---

14 V. Toccaceli et al., "Adult Empathy: Possible Gender Differences in Gene-Environment Architecture for Cognitive and Emotional Components in a Large Italian Twin Sample," *Twin Research and Human Genetics* 21, no. 3 (2018): 214–26, https://doi.org/10.1017/thg.2018.19.

15 "Frans de Waal, Primatologist" [TED speaker, TEDx organizer], TED Talks, accessed August 29, 2018, https://www.ted.com/speakers/frans_de_waal.

원숭이들은 자기의 우리에서 조그만 조약돌 바구니를 가지고 있고, 먹을 것을 얻기 위해 그 대가로서 조약돌 하나를 실험자에게 줘야만 했다. 불공정에 대한 민감성 테스트에서 한 원숭이는 그 토큰을 교환하여 포도를 얻었고, 반면 다른 원숭이는 그 토큰을 교환하여 오이 한 조각을 얻었다. 그 원숭이 둘 모두 상대방이 받은 것을 보았다. 이에 오이를 받은 원숭이는 격분하여 정확히 오이 조각을 실험자에게 내던졌다. 드 발과 그의 연구팀은 음식을 구하기 위해 협동하는 침팬지들이 얻어먹기만 하려는 침팬지를 벌하게 될 것이라는 점도 역시 보여줬으며,[16] 이는 "일하지 않는 자는 먹지도 마라Them that works eats"[17]와 같은 모토처럼 무임승차하려는 사람에 대해 부정적인 태도를 보여주는 사람과 다를 바 없다.

최후통첩Ultimatum 게임[18]이라고 불리는 간단한 공정성 게임을 할 때 공정성 규범 위반에 관한 당혹스러운 결과가 나타난다. 게임에서 도너 Donor로 부르는 한 피험자는 실험자로부터 예를 들어 10달러 정도의 돈을 받는다. 도너는 0에서 10달러 사이의 돈을 리스폰더라고 부르는

---

16 Malini Suchak et al., "How Chimpanzees Cooperate in a Competitive World," *Proceedings of the National Academy of Sciences of the United States of America* 113, no. 36 (2016): 10215–20.

17 (옮긴이) 미국 CBS에서 1971년부터 1979까지 방영되었던 시트콤 〈All in the Family〉와 그 번외작(파생작)인 *Archie Bunker's Place*의 등장인물이었던 아치 벙커(Archi Buner)가 한 말이다. 아치 벙커는 2차 대전 참전 용사이며, 고집이 세고 편견을 가진 노동자 출신의 백인 인물로 '성난 백인 남성'의 아이콘으로 인식되었다. 하지만 그는 인종차별이나 증오에 의해 동기부여된 사람이라기보다는 단지 변화하는 세상에 끊임없이 적응하고자 발버둥치는 사람으로서 사랑스럽고 의젓하게 묘사된다. 해당 시트콤은 당시 미국 TV 코미디에서 부적합하게 여겼던 인종차별주의, 반유태주의, 불륜, 동성애, 베트남 전쟁, 여성해방, 종교, 낙태 등의 논란의 여지가 있는 문제를 묘사하여 가장 영향력 있는 코미디 프로그램 중 하나가 되었다. 1972년 미국 대통령 선거에서 아치 벙커 투표(Archie Bunker vote)라고 하여 도시의 백인 노동자층의 투표 블록을 지칭하기도 했으며, 미국에서는 여전히 특정 유권자 그룹을 지칭하는 데 언론에서 사용되고 있다(예를 들어 2016년 미국 대통령 선거에서의 도널드 트럼프).

18 (옮긴이) 게임 이론에 나오는 게임 중 하나이다.

다른 피험자에게 제안할 수 있으며, 리스폰더는 그 제안을 수락하거나 거절할 수 있다. 만약 리스폰더가 도너의 제안을 수락한다면 리스폰더는 제안된 돈을 받게 되며 도너는 나머지 돈을 가지게 된다. 규칙은 이게 전부다. 그런데 만약 리스폰더가 도너의 제안을 거절한다면 둘 모두 아무것도 얻지 못했다. 즉 둘 다 0달러가 된다. 표준적인 경우 피험자는 다른 피험자를 알지 못하거나 심지어 다른 피험자를 보지도 못하며, 해당 게임은 정확히 딱 한 번만 하게 된다. 중요한 변형은 게임에서 여러 라운드의 기부 및 응답으로 구성된다.

합리성에 대해 생각하는 경제학자들은 리스폰더가 1달러 정도의 낮은 제안이라도 받아들이는 것이 항상 합리적인 것이고, 아무리 적더라도 제안을 거절하는 것은 항상 비합리적이라고 망설임 없이 강조했다. 리스폰더가 1달러를 수락하는 것은 항상 합리적이다. 왜냐하면 1달러는 도너의 1달러 제안을 거절했을 때 남게 되는 0달러보다는 항상 더 낫기 때문이다.

그러나 합리적으로 보이는 사람들의 실제 15~20% 정도가 일반적으로 인색하거나 불공정하거나 무례하다고 느끼기 때문에 낮은 제안을 거절했다. 경제학자들에게 놀라운 일이지만, 평균적으로 도너들은 자신 지분의 40%를 제안했다. 최후통첩 게임을 10회 정도 할 경우 오퍼의 일정한 형태는 약 50%였다. 이 게임을 처음 진행하면서 2달러 제안을 받았을 때 내 직관적 반응은 발끈 성을 내며 거절하는 것이었다. 경제학자였던 동료는 나를 비웃었지만, 내가 비이성적이었던 것일까?

글쎄, 어떤 의미에서 내 결정은 비합리적이었다. 만약 중요한 것이 1달러뿐이라면 말이다. 하지만 그것이 가장 중요한 것이었을까? 인생에서 대부분의 교환은 우리가 알거나 적어도 언젠가 다시 만날 사람들 사이에서 이루어진다. 현실의 삶 속에서 이런 저런 거래에서 인색한 제안을 수락하게 되면, 내 평판에 다소 손실이 생길 것이다. 즉 다른 사람이 내게 무례하게 굴더라도 소란을 피우지 않을 것이라는 점이다. 게다가 다른 사람들이 음식을 나눌 때 나를 제외시키는 것과 같이 거리낌 없이 나를 무시해도 된다고 믿게 하는 대가를 치르게 된다. 나 또한 자존감을 희생시켜야 한다. 그 결과, 나의 뇌는 인색한 제안을 하는 사람(기부자)에게 나를 손쉽게 등쳐먹을 수 있다고 생각한 것에 대한 대가를 치뤄야 할 것이라는 결론을 내리게 된다. 그래서 소란을 피운 것이다. 나는 인색한 제안들을 거절한 것이다.

최후통첩 게임에서 모집단들에 걸친 거절 패턴은 무엇이 공정한 제안으로 고려되는지가 문화적 규범 차이를 반영하고 있음을 시사하며 문화적 효과를 분명하게 보여주고 있다. 이전 사례에서 언급한 숫자(10라운드 이상 모달modal이 수락한 제안은 5달러였다)들이 미국에서는 전형적이다. 그에 반해 이스라엘과 일본에서는 평균적으로 살짝 낮은 제안들이 받아들여졌으며, 10라운드 동안 수락된 제안 양식은 10달러의 지분 중에 약 4달러였다. 인도네시아와 몽골, 아마존에서는 가령 1.5달러와 같은 아주 낮은 제안도 자주 받아들여졌다.[19]

문화적 다양성의 원인들을 이해하기 위해 인류학자인 조셉 헨리히 Joseph Henrich와 그의 연구팀은 소규모 사회들을 연구하며 제안된 값과 거절 비율에 있어 그 사회들 간에 큰 차이점이 있음을 발견했다.[20] 헨

---

19 Alvin Roth et al., "Bargaining and Market Behavior in Jerusalem, Ljubljana, Pittsburgh and Tokyo: An Experimental Study," *American Economic Review* 81 (1991): 1068-95.

20 Joseph Henrich et al., "In Search of Homo economicus: Behavioral Experiments in 15 SmallScale Societies," *American Economic Review* 91, no. 2 (2001): 73-78.

리히는 하나의 그룹이 외부 시장external market과 통합되는 정도를 이러한 문화적 차이에 대한 설명의 일부로서 제시하였다. 또 다른 설명의 하나로는 개인적 생계수단이 자기 가족 이외 사람들과의 협력을 얼마나 수반하는지에 대한 정도라는 것이다. 여기서의 요점은 개인들이 더 큰 협력 조직의 한 부분일 때, 개인들은 가족의 범위를 넘어 자신의 잉여물을 나누며 폭넓은 평판을 얻는 데 익숙하다는 것이다. 결과적으로 이러한 배경이 고립된 그룹보다 그들이 더 큰 제안을 할 마음을 먹게 한다. 공정성 규범은 우리의 행동을 이끄는 많은 규범들과 마찬가지이다. 공정성 규범은 지역 생태, 해당 그룹의 생계 유지법, 모방을 고무하는 특정 개인들, 그리고 자신들이 상호작용하는 다른 그룹의 사회 양식을 포함하는 다양한 요인들에 의해 형성된다.

최후통첩 게임에서 이러한 거래를 하는 동안 뇌 보상 시스템은 무슨 일을 하고 있을까? 이 문제를 탐구하기 위해 신경과학자 팅 샹Ting Xiang과 테리 로렌츠Terry Lohrenz, 리드 몬태규Read Montague는 다음과 같은 질문을 제시했다. 리스폰더들은 연구실에서 그들의 공정성 규범(거절 지점)을 상향 혹은 하향으로 수정하도록 미묘하게 영향 받을 수 있는가 그리고 그러한 수정사항들이 뇌에서 관찰될 수 있는가? 이 질문에 답하기 위해 연구자들은 피험자들이 MRI(자기공명 영상) 스캐너에 있을 동안 뇌 활동을 기록했다. 실험자는 다음과 같은 방식으로 도너donor인 척 가장하고 제안을 조작할 수 있었다. 일부 리스폰더들은 전형적으로 다소 높은 제안을 기대하도록 그리고 다른 이들은 전형적으로 더 낮은 제안을 기대하도록 유도되었다. **규범** 예측 오류(보통 기대하는 것보다 많거나 적게 제안 받을 때)가 **보상** 예측 오류[21]와 비슷하다면 그러한 훈련 후에 우리는 그 규범이 바뀐 것에 대해 알 수 있을까? 복측피개부VTA,

중격의지핵, 전두엽에서 우리는 무엇을 보게 될 것인가?[22]

실험에 참여한 127명의 미국 피실험자들은 미국의 최후통첩 게임 거래에서 일반적으로 볼 수 있는 거의 동일한 거절 성향으로 시작했다고 가정할 수 있다. 즉 그들은 도너 지분의 약 40%보다 낮은 제안은 거절했다. 피험자들은 모든 실험에서 도너가 20달러를 지출했다거나 도너가 모든 실험에서 새로 온 사람(사실이 아니지만, 실험에서 교란변수를 지속하기 위해 필요한 무해한 거짓말이다)이라는 말을 들었다. 각 피험자(리스폰더 전부)는 총 60번의 제안을 받는다. 그 제안은 30번씩의 두 블록으로 제공된다. 그 훈련에는 제안의 패턴을 조정함으로써 규범적 기대를 형성하는 것이 포함되어 있다. 리스폰더들은 네 그룹으로 되어 있다. L→M 그룹은 30번의 낮은 제안으로 시작하여 다음에는 30번의 중간급 제안을 받게 된다. H→M 그룹은 높은 제안으로 시작하여 중간급 제안을 얻는다. M→L 그룹과 M→H 그룹은 30번의 중간급 제안으로 시작하여 각각 낮은 제안을 받거나 높은 제안을 받게 된다.[23]

3에서 5번의 모든 시도에서 피험자들은 제안에 대해 그들의 느낌을 정서 척도인 1에서 9점(1점은 아주 행복하다, 9점은 아주 불행하다)으로 평가해 보도록 요청받았다. 이 평가는 훈련이 행동에 의식적인 영향을 미쳤는지 여부 또는 피실험자들이 게임에서 자신들의 수행에 대해 어떻게 느끼는지를 판단하기 위해 행해졌다.

H→M과 M→L의 피험자들을 고려해 보자. 31번째 실험에서의 제

---

21 (옮긴이) 기대하는 것과 다른 결과를 얻었을 때를 말한다.

22 Ting Xiang, Terry Lohrenz, and P. Read Montague, "Computational Substrates of Norms and Their Violations during Social Exchange," *Journal of Neuroscience* 33, no. 3 (2013): 1099–108.

23 (옮긴이) 본문에 이미 설명되어 있으나, L, M, H은 각각 Low(낮은)/Medium(중간급)/High(높은) offers(제안)를 말한다.

안들은 피험자들이 익숙해져 있던 제안보다 훨씬 더 형편없어지기 시작했다. 규범 예측 오류(기대보다 더 나빠진)가 의지핵[24]과 전전두엽에서 관찰되었다. 반면 L→M과 M→H 피험자들은 그들이 익숙한 것보다 더 많은 제안을 받았고, 의지핵과 안와 전두피질에서 기대 이상의 반응을 보였다. 이러한 결과는 보상 시스템이 보상 예측 오류에 반응하는 것과 같은 방식으로 표준 예측 오류에 반응한다는 것을 확실히 나타낸다.

공정성 규범에 대한 훨씬 더 놀라운 결과가 해당 데이터에서 나왔다. 처음 30개의 실험에서 당신은 높은 제안을 받았고, 나는 낮은 제안을 받았다고 가정해 보자. 이제 31번째 실험에서 우리는 정확히 똑같은 중간급 제안, 즉 9달러를 받는다. 당신의 의지핵은 '기대보다 더 나쁘다'라는 신호를 그리고 나의 경우 '기대보다 더 낫다'라는 신호를 보내게 된다. 왜 그럴까? 왜냐하면 우리의 이력이 다르기에 우리의 기대도 다르기 때문이다. 당신은 높은 제안에서 중간급 제안을 받았고 나는 낮은 제안에서 중간급 제안을 받았다. 당신은 중간급 제안을 거절할 것이지만 나는 수락할 것이다. 정확히 똑같은 9달러 제안에 대해 우리는 어떻게 느끼는가? 당신은 불쾌함을 느끼지만 나는 기뻐한다. 게다가 우리의 주관적 평가는 뇌의 fMRI 스캔에서 보이는 활동과 일치한다.

---

24 (옮긴이) 의지핵(accumbens)은 측좌핵(nucleus accumbens)으로도 알려진 것으로 뇌의 기저핵(basal ganglia)에 위치한 영역이다. 뇌의 보상 시스템에서 중요한 역할을 하며 동기 부여, 쾌락 및 중독 처리에 관여한다. 의지핵(측좌핵)은 전두엽 피질, 편도체, 해마를 포함한 뇌의 다양한 부분에서 입력을 받고 복측 담창(the ventral pallidum)과 시상(the thalamus)과 같은 뇌의 다른 부분으로 출력을 보낸다. 의지핵(측좌핵)은 코카인과 오피오이드와 같은 남용 약물의 효과와 음식 및 성관계와 같은 자연적 보상을 중재하는 데 특히 중요한 것으로 알려져 있으며, 이것의 기능 장애는 중독, 우울증 및 정신분열증을 비롯한 여러 정신 장애와 관련이 있다.

당신과 나는 거의 유사한 관점의 거절의 잣대를 가지고 실험에 참여했을 것이다. 다만 최근의 이력, 즉 실험에서 처음 30번까지의 제안만 달랐을 뿐이다. 처음 30번의 제안(당신은 높은 제안, 나는 낮은 제안을 받음) 이후 우리의 사회적 행동은 달라졌다. 동일한 제안을 우리가 어떻게 느꼈을지는 기존 규범을 우리의 경험에 의해 수정한 우리 자신의 규범을 반영하게 된다.

처음 30개 제안에 대한 규범the norm 수정은 해당 규범이 합리적인지, 방어적인지, 적절한지에 대한 논의에서 촉발된 것이 아니라는 점에 주목할 필요가 있다. 규범이 바뀐 이유는 무엇이 표준적인가에 대한 맥락이 바뀌었기 때문에 변경된 것이다. 즉, 나는 보통 낮은 제안을 받았고 당신은 보통 높은 제안을 받았다. 거의 확실하게 나는 처음 30번의 실험에서 내 기준이 바뀌었다는 사실을 전혀 알지 못했다. 당신도 마찬가지다(연구에서의 다른 모든 피험자들도 그렇다).

나는 이 실험이 실로 대단하다고 생각한다. 만약 이 실험 결과가 맥락이라든가 공동체 기준이 규범과 함께 바뀔 때 개인 간의 규범이 어떻게 변경되는지에 대한 것이라면 그 실험 결과에서 우리는 일상생활에 대한 통찰력을 얻을 수 있을 것이다. 일부 철학적 관점에서는 규범이란 오직 의식적인 성찰과 이성적인 선택에 의해서만 변화할 수 있다고 주장할지 모른다. 이러한 주장은 가끔은 사실일 수 있겠지만, 항상 사실인 것은 아니다. 물론 샹의 데이터는 연구실 환경에서 수집된 것이지, 거리나 식탁 환경에서 구한 것이 아니다. 그럼에도 불구하고 거절의 문턱에 이유가 되는 공정성 규범은 그것이 바뀔 때의 사회적 관심과 무관하지 않다. 평판이라는 우리의 가치에 대한 민감성은 심지어 우리가 의식적으로 그것을 생각하지 않더라도, 그리고 심지어 뇌 스캐너에 홀로 있을 때조차도 항상 영향을 미친다.

옷의 유행 변화는 이성적 논의 없이도 규범이 바뀌는 잘 알려진 경우이다. 우리 모두 이 현상에 익숙하다. 나는 1950년대 내 사진을 보면 깜짝 놀라곤 한다. 그 당시에는 내가 봤을 때 무척이나 매력적으로 보였던 옷이 이제는 살짝 우스꽝스러워 보이기 때문이다. 새들 슈즈 Saddle Shoes에 푸들로 장식된 핑크색 펠트 스커트를 입은 내 모습이 자랑스러울 정도로 잘 어울렸다. 그 사이 세월이 흘러 패션에 관한 나의 규범은 완전히 바뀌었고, 그 변화는 내 딴에는 별다른 생각 없이(아니, 아무 생각 없이) 그렇게 되었다. 패션에서 아름답다고 여겨지는 것은 순전히 인지적 판단만은 아니다. 우리는 상당히 감정적이고 평가적인 반응을 한다. 물론 패션 산업이 우리의 규범을 조정한다. 그리고 작년 의상은, 음 그렇다 지난해 것으로 보인다. 한편 중뇌의 도파민 시스템은 기대치를 수정하며, 선호하는 것 또는 혐오하는 것, 멋진 것 혹은 그다지 멋지지 않은 것으로 평가하는 등 제 역할을 한다.

많은 주제에 대한 공동체 기준이 변화하는 이유는 파악하기 어렵지만, 이러한 변화는 종종 일어난다. 바로 샹의 실험에서의 피험자들의 훈련처럼 그 원인이 상당히 미묘하다. 기준이란 것이 천천히 변화하고 우리의 규범이 동시에 변화하고 있음에도 우리는 실제로 알아차리지 못할 수 있다. 더군다나 모든 사람의 규범이 같은 속도로 바뀌는 것이 아니다. 각자의 상황에 따라 일부 사람들은 얼리어답터early adopter가 될 수 있고, 다른 사람들은 여전히 전통적인 방식을 선호할 수 있다. 더불어 당신은 어떤 규범들에 대해서는 지극히 전통적일 수 있지만, 다른 규범들에 대해서는 그다지 전통적이지 않을 수 있다.

일생 동안 나는 많은 사회적 규범이 바뀌는 것을 보았다. 아기 수유, 버려지던 것들의 재활용, 그리고 성적 지향의 차이를 수용하는 것이 딱 들어맞는 사례들일 것이다. 수많은 다른 규범들이 그 목록에 얼추 맞을 수 있다. 모든 사람이 같은 방향이나 같은 속도로 변하지 않는다. 많은 부분이 사는 곳, 성격, 공동체 밖에서의 상호작용, 그리고 당신이 얼마나 사회적으로 관계하고 있는가에 달려 있는 것으로 보인다.

뇌와 사회적 규범

보상 시스템은 경탄스럽다. 전전두엽이 클수록 피질하 구조와의 소통 연결communicative connection이 더 풍부해진다. 결과적으로 학습에 있어 보상 시스템의 능력은 강력하고 미묘하며 복잡하게 확장된다. 지금까지 보상시스템에 대해 알아본 내용은 다음과 같은 주요 질문에 대한 답을 제시한다. 보상 시스템은 복잡한 사회적, 도덕적 규범을 학습하는 데 중요한 역할을 할 수 있는가? 양심의 소리에 관한 강력한 감정을 설명하는 데 도움이 될 수 있는가? 증거에 따르면 특히 기저핵이 전두피질과 해마에 풍부하게 연결되어 있기 때문에 두 가지 모두 가능함을 강력하게 시사하고 있다.

신경 메커니즘에 대한 진전은 계속 이루어지고 있으며, 그중 많은 부분이 놀랍고 그 모든 것이 복잡하다. 많은 부분이 미지로 남아 있지만, 특히 전두피질frontal cortex의 하위 영역이 기여하는 정확한 본질과 관련하여 많은 부분이 알려져 있지 않다. 이 장에서 숙고해야 할 한 가지 교훈은 우리의 경험에서 무엇이 표준인가에 따라 규범이 아주 미묘한 방식으로 바뀔 수 있다는 것이다. 표준적인 것이 무엇인가에 대한 우리의 경험은 우리의 기대를 지배하며, 보상 시스템은 이를 적절하게 조정하기 위해 매우 열심히 일한다. 결국 보상 시스템이란 보상 예측의 소관인 것이다.

다음 장에서 우리는 언뜻 보기에는 정말 놀랍지만, 다시 잘 생각해 보면 우리의 폭넓은 사회적 경험이 우리에게 말해주는 것을 상기시켜 주는 신경생물학적 결과들을 살펴 볼 것이다. 그 결과란 성격[25] 특성과 양심의 정직한 평결 사이의 상호작용에 관한 것이다.

---

25 (옮긴이) 본 역서에서는 personality를 대체로 '성격'이라 번역했다.

CHAPTER 5

난 그냥 그런 사람이야

난 그냥 그런 사람이야

기원전 600년 전부터 오늘날까지 철학자들은 사회적 유대를 강화하고자
하는 사람들과 그 유대를 완화시키고자 하는 사람들로 나뉘어 왔다.
버트런드 러셀[1]

성격 및 사회적 태도

양심의 옳고 그름을 판단하는 기준이 다양하다는 것은 면면히 내려온
사회적 삶에서의 사실이기도 하다. 가족과 같이 하는 저녁식사 시간에
일부다처제나 동성애 혹은 혼전 성관계와 같은 성생활을 포함한 규범
에 대해 친척들 간 격렬한 의견 대립이 벌어지면 가족 저녁식사는 소
란스러워진다. 감정이 격해지기도 하고 때로는 매우 격양되기도 한다.
이러한 차이는 같은 부모 밑에서 동일한 교육을 받은 사람들 사이에
서도 흔하다. 이러한 차이에 대한 우리의 일상적인 설명은 때때로 성
격의 차이를 거론한다. "아, 수지 아줌마, 그 아줌마는 타고난 룰 브레

---

1   Bertrand Russell, *A History of Western Philosophy* (New York: Simon and Schuster, 1945), xxii.

이커[2]야.""글쎄, 헨리 아저씨는 언제나 구관이 명관이라고 생각하셔."
그리고 우리는 서로 자기 방식대로 살아갈지, 아니면 비난하며 절대 용서
하지 않을지와 같은 우리의 양심이 어떻게 판단할지를 정기적으로 예측
하는 우리 자신의 특정한 기질적 특성을 인식한다. 마찬가지로 우리의
형제자매와 친구들은 그들의 예측 가능한 방식으로 대응한다.

이상에서 본 바와 같이 우리 자신의 양심이 우리에게 요구하는 바
는 우리의 사회성에 대한 본능에 달려 있지만, 또한 우리가 사회 세계
에서 성장하면서 배우는 것에도 달려 있다. 그러나 가족들과 함께 하
는 식사에서의 소란은 우리의 성격 특성 또한 우리의 양심이 옳고 그
른 것을 판단하는 데 영향을 미치는가? 하는 곁가지 질문을 유발한다.

우리가 타고난 룰 브레이커인지 혹은 전통적인 방식을 선호하는지
를 반영하는 뇌의 차이가 존재하는가? 최근까지라면 나는 "우리가 알
고 있기로는 아니다"라고 말했을 것이다. 하지만 지금은 그런 답변을
하지 않을 것이다. 중요한 신경생물학적 결과는 '네'라는 답과 함께 뇌
에 그러한 차이가 있음을 보여주고 있으며, 그 차이는 기능적 자기공
명영상functional magnetic resonance imaging, fMRI과 같이 표준 뇌 스캔 기술을
사용하여 관찰할 수 있다. 뇌 스캔에서 드러난 바와 같이 서로 다른
사람들의 뇌는 부패해가는 동물 사체와 같은 부정적인 자극적 이미지
에 대해 상당히 다르게 반응한다. 놀랍게도 그러한 이미지에 대한 뇌
반응에서 뚜렷하게 구별되는 패턴들은 사회적 태도에 따라 군집화 되
는 것으로 밝혀졌다. 특히 그 패턴들은 사회적 규범에 대한 당신의 접
근이 전통적일 것 같거나 아니면 자유방임주의의 경향이 있는지 여부

2　(옮긴이) 여기서의 룰 브레이커는 규칙 파괴자라 번역하기도 한다. 기존의 질서에 순응하거
　　나 추종하는 룰 메이커가 아니라 그것을 깨고 개편하는 혁신의 의미로 많이 쓰인다.

에 따라, 혹은 버트런드 러셀의 용어대로 당신이 사회적 유대를 강화하기 원하는지 아니면 완화시키기 원하는지의 여부에 따라 군집화 되었다. 다른 방식으로 보자면 뇌 이미지는 당신이 사회적 견해에 있어 강한 보수 성향인지, 혹은 강한 진보 성향인지에 따라 군집화되었다. 중도는 그 사이에 있었다.

해당 데이터를 처음 훑어봤을 때에는 내 평생의 성격 특성이던 회의론(懷疑論)이 작동하였다. 그러나 내가 반발하면 할수록 나는 해당 데이터가 더욱 주목할 만하다는 것을 알게 되었다. 나의 회의론은 서서히 물러나고 강한 흥미를 가지게 되었다. 해당 데이터는 불량스러운 뇌 과학이 아니었다. 전혀 그렇지 않았다.

내 비판적 성찰을 일깨운 논문의 다소 지루한 제목은 〈비정치적 이미지가 정치적 이념의 신경학적 예측변수를 환기시키다〉였다.[3] 논문 목록을 읽을 때 관심을 끌 만한 그런 종류의 제목은 아니지만, 확실히 감정적으로 민감한 내용으로 되어 있었다. 수석 실험자 안우영은 버지니아 공대 카릴리온 의대Carilion School of Medicine 리드 몬태규 연구실에서 박사후 연구원으로 있을 때, 겉보기에 무관해 보이는 두 가지, 비정치적 이미지와 정치적 이념을 병치했다. 간단히 말해 여기에 해당 실험의 개요가 나와 있다.

83명의 지원자들은 뇌 스캐너에 있을 동안 각각 제시된 이미지들을 한 장씩 보았다.[4] 20장의 이미지는 시내가 흐르는 산과 같이 중립적인 것,

3   Woo-Young Ahn et al., "Nonpolitical Images Evoke Neural Predictors of Political Ideology," *Current Biology* 24, no. 22 (2014): 2693-99.
4   해당 스캐너가 뇌 활동을 직접적으로 측정하는 것은 아니며, 정확히 말해 혈중 산소치 변화를 측정하는 것임을 유념하자. 혈중 산소치 의존(blood oxygen level-dependent, BOLD) 측정은 일반적으로 간접적인 뉴런 활동으로 받아들여진다.

20장은 부패한 인간 시신이나 사람의 입 안에서 꿈틀거리며 기어가는 벌레들 같은 부정적인 것, 20장은 관찰자를 막 덮치려는 곰과 같이 위협적이었으며, 20장은 해변에서 노는 아이들처럼 즐거운 이미지였다. 80장의 이미지 중 아무것도 노골적으로 이념적이라거나 명백한 성적 취향, 강력한 리더십, 아웃사이더 혹은 다른 뜨거운 쟁점hotbutton issues[5]이 되는 이슈와는 관계가 전혀 없었다.

스캐너에서 나온 후 피험자들은 각각의 이미지에 대해 느낀 정도에 대해 1~9점으로 평가해주기를 요청받았다. 그다음에 그들은 윌슨–패터슨 태도 검사Wilson-Patterson Attitude Inventory[6]라는 설문지에 답했다. 해당 설문은 피험자가 가진 권위적인 리더십, 외국 원조, 사형, 이민, 혼전 성관계와 같은 특정한 규범적 이슈들에 대한 태도에 있어 강한 보수성 대 강한 진보성의 정도를 평가하는 잘 검증된 검사도구이다.[7] 두 번째 테스트는 보다 일반적인 것으로, 특정 시대에 국한되지 않은 근본적인 원칙에 대한 태도를 조사하는 것이었다. 이러한 질문들은 타협 대 원칙 고수, 자비 대 엄격한 처벌, 그리고 내 자신의 그룹에 속한 이들의 필요에 우선 반응하는 것 대 외부인의 긴급한 필요에 반응하는

5　(옮긴이) 핫버튼 이슈(hot-button issue)는 사람들로부터 강한 반응을 이끌어내는 경향이 있는 논쟁적이거나 감정적인 주제를 말한다. 이것들은 정치, 종교, 사회 정의 또는 민감하거나 분열적인 것으로 간주되는 다른 주제와 관련된 문제일 수 있다. 핫 버튼 이슈의 몇 가지 예로는 낙태, 총기 규제, 이민, 기후 변화, LGBTQ+ 권리 등이 있다. 이러한 주제들은 종종 열띤 논쟁을 불러일으키고 이념적 또는 정치적 노선을 따라 사람들을 분열시킬 수 있다. 여기서 LGBTQI의 각 알파벳은 레즈비언(lesbian), 게이(gay), 양성애자(bisexual), 트랜스젠더(transgender), 퀴어(queer), 인터섹스(intersex)의 영어 머리글자이다.

6　(옮긴이) 윌슨 – 패터슨 보수성 척도(Wilson-Patterson Conservatism Scale)의 수정 버전이다.

7　윌슨 – 패터슨 태도 검사는 주제 목록들을 제시하며, 피험자들은 각각 3, 2, 1점으로 점수가 매겨진 "그렇다", "?", 혹은 "아니다" 중에 선택할 수 있다. 다음을 참조. T. J. Bouchard Jr. et al., "Evidence for the Construct Validity and Heritability of the Wilson-Patterson Conservatism Scale: A RearedApart Twins Study of Social Attitudes," *Personality and Individual Differences* 34 (2003): 959–69.

것과 같은 문제에 관한 것이었다(그림 5.1).

이 연구는 세부사항에 대한 철저한 검토가 요구되는 복잡하고 신중한 실험이지만, 그 결과는 모호하지 않았고, 통계 마사지가 필요하지 않았다. 저자가 말하는 바와 같이 "놀랍게도 뇌는 하나의 역겨운 자극으로도 피험자들 개개인의 정치적 이념에 대해 정확한 예측을 하는데 충분했다."[8]

1. fMRI 세션

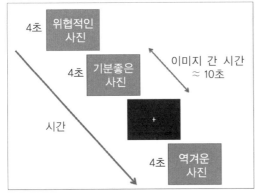

- 위협적인 사진 4초
- 기분좋은 사진 4초
- 이미지 간 시간 ≈ 10초
- 시간
- 역겨운 사진 4초

2. 행동 평가 세션

80장의 모든 사진에 대한 피험자의 평가

위협적인 사진

3. 설문조사 세션

정치이념, 종교성, 혐오감 민감성, 국가/특성 불안에 대한 설문조사

[그림 5.1] 안(Ahn)의 실험에 있어 세 가지 구성 요소. (1) 뇌 스캔 세션(fMRI)에서 피험자들은 일련의 그림들을 보게 되며, 그림을 각각 4초간 보여준다. 그림 간의 시간 간격은 약 10초였다. 가끔 빈 화면(중립)이 약 10초 제시되었고, 피험자들은 십자 표시를 보게 되면 바로 버튼을 누르라는 지시를 받았다. 이러한 중립 이미지는 피험자가 완전히 깨어 있고 반응하는지를 확실히 하기 위해 포함된 것이었다. (2) 피험자들은 스캐너 안에서 제시된 80장의 그림 하나하나에 대해 1-9 척도로 점수를 매기도록 요청받았다. 피험자들이 스캐너 내에서 그림을 볼 때 나중에 구두로 그 그림들을 평가해 달라는 요청을 받을 것에 대해서는 알지 못했다. (3) 피험자들은 다른 태도 설문지와 더불어 윌스-패터슨 태도 검사를 작성했다. Woo-Young Ahn et al., "Nonpolitical Images Evoke Neural Predictors of Political Ideology," *Current Biology* 24, No. 22 (2014): 2693-99의 승인 받음.

---

8   Ahn et al., "Nonpolitical Images Evoke Neural Predictors," 2693.

좀 더 설명을 해 보자. 만약 당신이 입 안에 있는 벌레들 이미지 (그림 5.2)를 볼 때 가치 할당, 정서 처리 및 (다른 사람들 사이에서의) 행위 준비와 관련한 당신의 뇌 영역이 높은 수준의 활동을 보여준다면, 당신은 또한 윌슨-패터슨 검사의 보수성 부문에서 높은 점수를 받을 가능성이 매우 높다. 반면에, 당신의 뇌가 동일한 영역에서 강

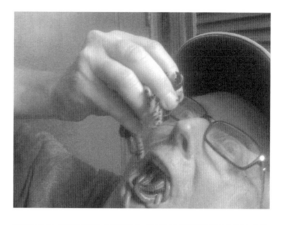

[그림 5.2] 이와 같은 이미지가 안의 실험에서 사용되었지만, 흑백이 아닌 컬러였다. 존 히빙(John Hibbing) 제공.

하게 반응하지 않는다면 당신은 윌슨-패터슨 검사의 진보적 측면에서의 점수가 높을 것이다(그림 5.3). 입 안의 벌레들과 같은 단 한 장의 부정적인 이미지에 뇌가 반응하는 것을 기초로 한 피험자의 윌슨-패터슨 태도 검사상 보수, 중도 및 진보 점수 예측 정확도는 약 85%였다.

한 가지 놀라운 결과는 매우 부정적인 이미지에 대한 뇌의 반응과 피험자들의 해당 이미지에 대한 1~9 척도상 얼마나 부정적으로 평가했는지 간에는 상관관계가 거의 없었다는 점이었다. 다시 말해 벌레 이미지에 강한 감정을 경험하지 않았다고 평가보고를 했을지라도 전통주의자의 뇌는 해당 이미지에 강한 반응을 보일 수 있다는 것이다. 반면 해당 이미지에 극히 속이 뒤틀렸다고 평가보고 했을지라도 진보주의자의 뇌는 좀 더 약한 반응 수위를 보일 수 있다는 것이다. 주관적으로 나는 벌레 이미지가 특별히 부정적이라거나 속이 뒤집힌다고

CONSCIENCE

여기지 않았지만, 그럼에도 불구하고 나의 뇌가 해당 이미지에 대해 상당히 반응할 수 있다는 것을 인지해야만 한다. 자기성찰로는 내 뇌가 무엇을 하고 있는지 알 수 없다.

한 사람의 정치적 태도와 꿈틀대는 벌레를 입안 가득히 담고 있는 부정적인 이미지에 대한 뇌 반응 사이의 연결은 결코 명백하지 않다. 그러한 연결 시험의 아이디어는 그러한 연결이 존재할 수 있겠다고 짐작했던 정치과학자 존 히빙John Hibbing에게서 비롯되었다. 히빙의 호기심은 특히 부정적 성질의 자극과 같이 비정치적 자극에 대한 행동 반응들에 있어 보수주의자와 진보주의자 사이의 차이를 밝히기 위한 다양한 실험에 의해 촉발되었다. 예를 들어 보수주의자와 진보주의자에게 똑같은 시각 이미지를 제공했을 때 평균적으로 진보주의자들은 보수주의자에 비해 부정적 자극에 대해 덜 부정적으로 평가한다. 두 그룹 모두에게 정서적으로 모호한 얼굴표정들을 보여줄 때 보수주의자들은 분노로 보는 경향이 있는 반면 진보주의자들은 놀람으로 보는 경향이 있다.

시선추적기를 이용한 다른 실험에서 피험자들은 토사물, 불타는 집 혹은 위험한 동물들과 같은 부정적 이미지와 함께 중립적이고 긍정적인 이미지를 포함하는 이미지들을 볼 때, 보수주의자들은 부정적인 이미지에 좀 더 빨리 초점을 맞추고, 더 오래 바라보며, 그 이미지에 시선이 고정되는 경향이 있다.[9] 히빙이 깨달은 바와 같이 이런 종류의

---

9   M. D. Dodd et al., "The Political Left Rolls with the Good and the Political Right Confronts the Bad: Connecting Physiology and Cognition to Preferences," *Philosophical Transactions of the Royal Society of London. Series B, Biological Sciences* 367, no. 1589 (2012): 640–49, https://doi.org/10.1098/rstb.2011.0268.

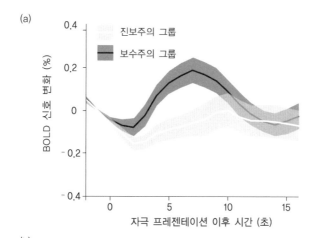

(a)

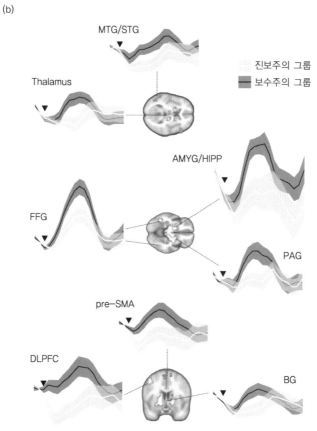

(b)

[그림 5.3] 여기서의 회색층의 이미지는 실험에서 뇌 스캐너에 있을 동안 피험자들이 이미지를 봤을 때의 결과를 보여준다. BOLD는 '혈중산소치의존(blood oxygen level-dependent)'을 뜻한다. 기능성 자기공명 영상(fMRI) 신경 활동의 직접적인 측정수단이 아니며, 혈류 변화를 기록하며 신경 활동의 타당한 근사치를 제공한다. (A) 진보주의 및 보수주의 그룹에 대한 첫 번째 역겨운 자극에 대한 반응, B 파트에서의 뇌에서 보여주는 각 영역 반응을 계산하여 합성한 것. X축은 자극 제시 후 시간(초 단위)이고, Y축은 BOLD 신호의 퍼센트 변화이다. 이 경우 보수주의자들은 진보주의자에 비해 더 큰 뇌 반응을 보여준다. 음영 영역은 그룹 내 피험자들 사이의 변화를 나타낸다. (B) 각 예측 영역에서 추출한 첫 번째 역겨운 자극에 대한 반응. 아래쪽으로 향한 화살표는 자극의 시작점을 나타낸다. AMYG/HIPP, 편도체(amygdala)/해마(hippocampus); BG, 기저핵(basal ganglia); DLPFC, 배외측 전전두피질(dorsolateral prefrontal cortex; FFG), 방추형회(fusiform gyrus; MTG/STG), 중(middle)/상(superior)측두회(temporal gyrus; PAG), 중뇌수도(주위)회백질(periaqueductal gray; pre-SMA), 전-보조운동영역(pre-supplementary motor area). Woo-Young Ahn et al., "Nonpolitical Images Evoke Neural Predictors of Political Ideology," *Current Biology* 24, No. 22 (2014): 2693-99를 승인하에 간략화함.

행동 실험에서 뇌 스캐너로 식별할 수 있는 뇌의 차이가 행동의 차이와 상관관계가 있을지 여부에 대해 궁금할 것이다. 안의 실험에서 뇌 스캔의 결과는 히빙의 예감이 옳았다는 것을 보여주었다.

그러나 이 데이터에서 또 다른 놀라운 점은 그 활동이 정치적 태도와 강하게 연관되어 있는 매우 광범위한 뇌 영역의 집합이다. 즉, 보수적인 경우에는 활동이 활발하고 진보적인 경우에는 활동이 저조하다. 분명 그 누구도 해당 데이터가 정치적 태도에 대한 단일 기관을 밝혀낼 것이라고 예상하지 못했다. 그러나 관련 영역대의 통합된 기능은 알려져 있지 않다. 보조운동 영역supplementary motor area, SMA이라고 불리는 부분은 행위 준비에 관여하는 것으로 알려져 있다. 배외측 전전두피질dorsolateral prefrontal cortex, DLPFC은 작업 기억, 가치평가 업데이트, 부적절한 아이디어의 억제 등에 관여한다. 중뇌수도(주위)회백질periaqueductal gray, PAG은 통각(痛覺)에 관여하고 있다는 것을 제외하고는 잘 알려져 있지 않다. 각양각색의 조합이다.

안의 실험결과가 인과관계를 이야기하는 것이 아님을 유의하도록 하자. 이 데이터에서 전적으로 우리가 말할 수 있는 바는 뇌의 반응과 정치적 태도 사이의 연결은 상당 부분 경험과 학습에 좌우될 수도 있고, 또는 유의미한 유전적 요소를 가질 수도 있고, 혹은 둘 다일 수도 있다. 부정적 이미지에 대한 정치적 태도와 뇌의 반응은 공통적인 원인이 있을 수 있고, 혹은 정치적 태도가 특징적인 뇌 반응을 불러일으켰을 수도 있다. 혹은 반응 정도는 아마도 다른 비정치적 태도뿐만 아니라 정치적 태도와 인과적으로 관련 있는 기본적인 성격 특성의 일부분일 수 있다.

나의 유전자 그리고 나

인과관계의 문제와 관련이 있는, 그로 인해 이미지 실험과 연관된 것은 정치적 태도를 포함한 특성들이 어느 정도 유전 가능할지에 대해 알아내는 행동 유전학의 연구들이다.[10] 그리고 실제로 해당 데이터는 유의미한 수준의 정치적 태도의 유전율을 보여주었다. 정치 과학자 존 알포드John Alford, 켄덜 펑크Kendall Funk, 존 히빙이 보고한 결과는 일란성 및 이란성 쌍둥이 둘 다에 대한 대규모 연구에 기초한다. 일란성 쌍둥이MZ는 유전적으로 동일(유전자의 100% 공유)한 반면, 이란성 쌍둥이 DZ는 다른 두 형제자매의 관계이기에, 유전자의 50%만을 공유하는 것으로 추정된다.

---

10 J. R. Alford, C. L. Funk, and J. R. Hibbing, "Are Political Orientations Genetically Transmitted?" *American Political Science Review* 99, no. 2 (2005): 153–67.

중요한 점은 일란성 쌍둥이와 이란성 쌍둥이를 비교하여 쌍둥이 그룹에서 형질이 얼마나 강하게 일치하는가를 보는 것이다. 이것이 유전자가 어떤 형질에서 중요한 역할을 하는지, 혹은 환경이 주원인이 되는지 알아내는 방법이다. 예를 들어 일란성 쌍둥이는 따로 키웠을 경우라도 키가 거의 같았지만, 이란성 쌍둥이는 따로 키웠든 함께 키웠든 간에 키에 있어 상관관계가 약했다. 한 이란성 쌍둥이 중 하나는 키가 작고 다른 하나는 키가 컸다. 결국 그들은 다른 형제자매들과 비교하여 서로 유전적으로 더 가까운 것은 아니다.

요점은 분리해서 양육된 쌍둥이들에 대한 전설적인 미네소타 연구에서 가장 명확하게 확인할 수 있다. 토마스 부샤드Thomas Bouchard와 그의 연구팀은 일란성 쌍둥이 54쌍과 이란성 쌍둥이 46쌍을 분석했다.[11] 공격성, 전통주의, 그리고 권위에의 복종을 포함하는 특정 성격 형질들과 관련하여 그들은 떨어져 양육된 일란성 쌍둥이가 함께 양육된 경우만큼이나 일치했다는 점을 발견했다. 이러한 결과는 환경은 이러한 형질을 발현시키는 데 큰 차이를 만들어내는 것이 아니며, 대신에 유전자의 영향을 강하게 받는다는 것을 시사한다.

형질 유전율을 측정하기 위한 쌍둥이 연구는 분리되어 양육된 쌍둥이에 국한되지는 않는다. 더 포괄적인 쌍둥이 연구에서 연구자들은 일반적으로 아주 많은 수의 쌍둥이로부터 데이터를 얻는다. 유전율을 추정하기 위한 추론은 다음과 같다. 아주 큰 모집단population에서 주어진 형질에 대한 일란성 쌍둥이 사이의 상관관계가 이란성 쌍둥이에 비해 최소한 두 배 정도 크다면, 일란성 쌍둥이의 유사성은 전적으로 유전

---

11 T. J. Bouchard Jr. et al., "Sources of Human Psychological Differences: The Minnesota Study of Twins Reared Apart," *Science* 250, no. 4978 (1990): 223–28.

적 요인 때문일 가능성이 높다. 예를 들어 눈동자의 색은 모든 일란성 쌍둥이들 사이에서 높은 상관관계를 가지지만, 이란성 쌍둥이 사이에서는 높은 상관관계를 가지지 않는다. 그 쌍둥이 중 한 명은 녹색 눈, 다른 한 명은 갈색 눈을 가지는 것이 드문 일이 아니다.

일란성 및 이란성 쌍둥이의 해당 상관관계의 크기가 동일하다면 그 유사성은 환경 영향을 공유했기 때문일 수 있다. 이는 가령 서핑을 테니스 치는 것보다 좋아하는 경우에 해당될 수 있다. 만약 이란성 쌍둥이에서 상관관계의 크기가 일란성 쌍둥이가 보이던 바의 50~100%라면 그것은 유전적 그리고 환경적 영향 둘 모두가 관여했을 가능성이 있다.[12] 친화성agreeableness은 유전자가 확실히 중요하지만, 환경 또한 역할을 할 수 있는 형질 중 하나이다. 일란성과 이란성 쌍둥이 모집단 간의 이러한 대조는 해당 형질의 유전율이라고 한다.

더 정확히 말하자면, 유전율이란 두 모집단들 간 차이가 얼마만큼 유전적 변이에 의해 설명되는지에 대한 척도이다. 키는 유전율이 높다. 개인 간 키에서 약 60~80%의 차이는 유전자의 차이, 20~40%는 영양 등 환경 차이로 설명된다. 조현병과 같은 장애의 유전율은 어떨까? 고통 받는 사람들과 그렇지 않은 사람들 간 차이의 약 80%가 유전적 차이에 의한 것이라고 설명된다. 그러면 정치적 태도의 유전율은 어떨까? 정치적 태도도 밝혀진 바에 따르면 약 40~50%라는 유의미한 유전율을 보였다. 해당 데이터를 좀 더 자세히 살펴보자.

심리학자들의 선견지명 덕에 미국, 호주, 캐나다, 스웨덴, 이스라엘, 핀란드, 덴마크, 일본 그리고 영국에 쌍둥이들에 대한 아주 엄청

---

12 Jonathan Flint, Ralph J. Greenspan, and Kenneth S. Kendler, *How Genes Influence Behavior* (New York: Oxford University Press, 2010), 25.

난 데이터베이스가 존재한다. 예를 들어 스웨덴의 데이터베이스는 약 15년 전에 시작되었고, 10만 명 이상의 기록을 가지고 있다. 3만의 버지니아 데이터베이스는 약 만 4천의 성인 쌍둥이와 더불어 쌍둥이의 응답에 대한 독립 검사로서 배우자, 부모, 형제 그리고 성인 자녀의 응답들이 있으며, 참가자들의 수는 총 3만이다. 이 정도의 숫자라면 의미 있는 결과를 산출하기에 충분하다.

외향성extroversion, 경험에 대한 개방성openness to experience, 정서의 안정성 emotional stability, 친화성agreeableness을 포함한 다양한 성격 형질이 데이터베이스에 통합되어 있기에 유전율에 대해 분석할 수 있다. 이 데이터들은 행동 유전학의 매우 유용한 자원이다. 특히 문화 간 유전율 결과 비교를 가능하게 해주기 때문이다.

이러한 성격 형질 각각에 대해 일란성 쌍둥이의 점수가 높은 상관관계를 보이지만, 이란성 쌍둥이의 점수는 그렇지 않다면, 아마도 환경은 이러한 형질 발현에 거의 영향을 미치지 않고 유전자가 큰 영향을 미치는 것으로 보인다. 그리고 이것은 외향성, 개방성openness, 친화성, 성실성conscientiousness, 정서적 안정성(신경성neuroticism이라고도 함)을 보여주는 결과임이 밝혀졌다. 예를 들자면, 새로운 경험에 대한 개방성은 유전적인 측면에서는 키와 조금 비슷하다. 키라는 것은 태아기, 혹은 유아기 영양과 같은 환경적 요인의 영향을 받을 수 있지만, 유전자가 주요 역할을 담당한다. 마찬가지로 개방성은 삶에서 주요 사건의 영향을 받을 수 있지만, 여전히 유전적인 영향이 크다.

대체로 출산 후 환경은 전술한 성격 형질에 다소 영향을 미치며, 일생 동안 대체로 안정되는 경향이 있다. 40년 후 학교 동창회에서 학창 시절 반에서 가장 분위기 띄우던 친구는 여전히 익살을 부리고 있고, 친화적 활동에 앞장서던 친구는 술집으로 모두를 부추기고 있으며, 성실한 친구는 맥주병들을 치우고 있다. 무슨 유전자든 간에 유전자의 기여는 중요하다.

특정 교회(감리교 혹은 성공회)에 소속되어 있거나, 또는 일생 동안 좋아하는 야구팀(양키스 혹은 메츠) 등 다른 형질들은 서로 떨어져서 자란 일란성 쌍둥이 사이에서는 상관관계가 높지 않았다. 그러나 함께 자란 이란성 쌍둥이와 일란성 쌍둥이에서는 상관관계가 있다. 이러한 발견은 소속 교회와 야구팀에 대한 선호도에는 환경적 영향이 강하다는 것을 시사한다. 만약 당신의 아버지가 당신을 양키스 팀 경기에 데려가 팀을 응원했다면 당신도 양키스에 빠질 가능성은 개연성이 있다. 메츠 팬보다는 양키스 팬이 된다거나 성공회보다는 감리교인이 된다는 것은 유전적인 영향을 받지 않는다.

윌슨-패터슨 태도 검사와 같은 도구로 측정된 정치적 태도는 대략 40~50%의 유의미한 유전율을 보였다. 예를 들어 일란성 쌍둥이는 함께든 아니면 떨어져 자랐든 간에 동성애자의 권리, 학교에서의 기도, 그리고 낙태에 대해 유사한 점수를 얻었다.[13] 성격 형질과 정치적 태도는 어떻게 연결될까? 개방성에서의 높은 점수는 덜 전통적이면서 더 진보적인 것과 아주 강한 상관관계의 경향을 보였으며, 반면 개방성에서의 낮은 점수는 더 전통적이면서 덜 진보적인 것과 상관관계를 보였다. 인간 모집단에서 개방성의 변동성은 시간이 지나도 계속되는 것이기 때문에, 다소 다른 조건하에서 각 성격 유형은 뚜렷하게 적응했을 확률이 크다. 결과적으로 개방성에서 높은 점수든 혹은 낮은 점수

---

13 따로 자란 쌍둥이들에 대한 데이터는 다음을 참조. Bouchard et al., "Evidence for the Construct Validity."

든 간에 그것이 최선이라든가 이상적인 방법이라고 평가받아서는 안 될 것이다. 상황에 따라 각각 다를 것이다.[14]

이를 무슨 주문 외우듯 하기 전에 한 가지 주의할 점은 다음과 같다: 진보주의와 보수주의에 대한 단일 유전자가 있다는 단순한 생각은 잘못된 이해이다. 왜냐하면 대체로 키와 같이 매우 높은 유전율의 형질에서조차도 수백 개의 유전자들이 관련되어 있고, 각각 조그만 역할을 감당하고 있기 때문이다. 유전적인 성격 형질의 경우 우리는 적어도 수백 가지의 유전자가 관련되어 있다고 합리적으로 가정할 수 있다. 이 사실에 대한 한 가지 결론은 형질이란 것은 하나의 영역에 두루 맞닿아 있다는 것이다. 그 형질은 양자택일이 아니라는 말이다. 게다가 환경은 정치적 태도에도 상당한 영향을 미치며, 대략 50%의 차이는 환경에 기인한다. 이것이 전부는 아닐지 모르지만 아무것도 아닌 것은 아니다. 요점은 간단하다. 정치적 태도는 우리가 생각했던 것만큼 유전자와 무관하지 않은 것으로 밝혀졌지만, 유전자는 우리의 태도를 결정하는 데는 엄격하지 않다는 점이다.

의미론적 문제는 진보니 보수니 하는 우리의 관습적인 분류가 우리의 유전자가 뒷받침하는 뇌 성향의 일부를 포착할 수는 있지만, 실제 뇌 성향의 본질에 대한 정의를 제대로 보여주기 시작했다고 말하기는 어렵다는 그런 문제가 있다. 예를 들어 입안 가득한 벌레에 대해 반응성 변화를 보여준 뇌의 영역대는 내가 인지하거나 이해하는 일반 주제를 전혀 밝혀주지 않는다. 바로 그 수수께끼가 내가 그 데이터를 아주 흥미롭게 생각하는 이유 중 하나이기도 하다.

---

14 Dodd et al., "Political Left Rolls with the Good."

혐오는 사람들을 죽이거나 병들게 할 수도 있는 독소와 병원체를 피할 수 있도록 해주는 진화된 정서적/본능적 반응이라고 널리 추정되었다. 그러한 병원체들은 썩어가는 동물 사체와 아마도 건강한 벌레에 만연하고 있는 병원체들을 포함할 것이다. 때때로 혐오감이 또한 외국인 집단에 대한 반응에서 관찰되는 것에 대해 일부 사회심리학자들은 병원체 회피 가설이 이민과 외(外)집단에 대한 인간의 적대적 반응을 좀 더 일반적으로 설명해준다고 주장한다. 해당 가설에 따르면 외집단 구성원에 대한 본능적인 병원체 스트레스는 진화상 선호되었는데, 이는 석기 시대에는 외집단의 사람이 전염병을 퍼뜨리는 일이 흔했기 때문이다. 썩어가는 사체에서 외국인들에 대한 병원체 회피 본능의 확장은 더 나아가 규범 위반자들의 행동이 공동체를 불안정하게 만들 것이라면서 그룹 내부의 규범 위반자까지 포함시켜가며 더욱 팽창하게 되었다. 상습 위반자 추정은 심지어 그럴 듯하게 포장하기 위해 상습적 규범 위반은 완전한 병원체는 아니지만 불안정이란 교차오염contamination의 일종이라고 상정한다.[15]

병원체 회피가 외국인과 상습 규범 위반자들을 포함시키도록 진화하였다는 생각이 어느 정도 장점을 가지고 있다 할지라도 면밀히 검토하다보면 회의론을 불러일으킨다. 피험자들이 역겨운 그림을 봤을 때 강하게 반응한 뇌 영역이 두루 퍼져 있었으며 보조운동 영역supplementary motor area과 중뇌수도(주위)회백질periaqueductal gray과 같은 영역을 포함한다는 것을 기억해 보자. 이 영역들은 음식과 관련한 혐오 반응을 한다고

---

15 Gordon D. A. Brown, Corey L. Fincher, and Lukasz Walasek, "Personality, Parasites, Political Attitudes, and Cooperation: A Model of How Infection Prevalence Influences Openness and Social Group Formation," *Topics in Cognitive Science* 8 (2016): 98–117.

알려진 영역에서 한참 벗어나 있다.[16] 이 가설의 더 심각한 문제는, 교차 오염된 음식 이미지에 대해 혐오할 때 정기적으로 활성화 된다고 알려진 뇌의 한 영역, 즉 전측 뇌섬엽이 안의 실험에서 쓰인 부정적인 이미지에 의해 차별적으로 활성화되지 않았다는 점이다.

제시된 주장처럼 외국인에 대한 우리의 자동적인 혐오가 진화의 산물이라면 외국인과 첫 번째로 조우하게 되는 경우 전형적으로 적대적일 것이라는 것을 예측해 볼 수 있을 것이다. 그러한 제안이 무색하게도 사실은 그에 상응하지 않았다. 예를 들어 아메리카 토착민들이나 태평양 섬의 토착민들은 자신들의 해안에 처음 도착한 유럽인들에게 결코 획일적으로 적대적이지 않았다. 많은 경우 현지인들은 호기심이 많았고, 때로는 낯선 이들을 환영하기도 했다. 한 가지 유명한 사례는 쿡 선장이 1778년 하와이 섬에 도착한 경우로 그곳 주민들은 환영하기도 했다. 그러한 사례에서의 적대감 부재는 우리가 외국인을 만났을 때 효과가 나타나는 병원체 스트레스 본능을 우리 모두가 가지고 있다는 생각과는 맞지 않게 된다.

근친 교배 회피와 무역 이익의 중요성 덕분에 석기 시대 조상들의 그룹 간 접촉은 상당히 흔했던 것으로 보이기에 낯선 사람들에 대한 본능적 회피에 대한 유전적 이야기가 어떻게 진화적으로 말이 되는지를 알아보는 것은 다소 어렵다. 어떤 경우든 외집단에 대한 적대감이

---

16 종합적이면서 공정한 다음 기사를 참조: John R. Hibbing, Kevin B. Smith, and John R. Alford, "Differences in Negativity Bias Underlie Variations in Political Ideology," *Behavioral and Brain Sciences* 37 (2014): 297-350. 저자들은 이념적 입장에 따라 달라지는 환경의 부정적 특징에 대한 심리학 및 생리학적 반응의 방식들을 탐구한다. 학자들의 논평은 다음과 같다. 다른 과학자들이 해당 결과와 그들의 해석에 어떻게 반응하는지 그리고 결국 히빙, 스미스, 알포드가 비판을 어떻게 다루는지를 보는 것이 유용하다.

존재할 때, 그것은 혐오감보다는 아마도 이전 경험에 뿌리를 둔 두려움이나 불안 같은 정서를 포함할 수 있다. 교차오염 혐오는 외국인과 상습위반자에 대한 적대감에 대한 설명의 극히 일부에 불과할 수 있다. 진지하게 받아들이자면 신참자에 대한 적대감이 유전적 기초라는 추가적인 주장은 최소한의 아주 조그만 증거라도 가져와야 할 것이다.

끝으로 인간이 아닌 침팬지, 원숭이, 늑대와 같은 동물들은 때때로 집단 침입자나 낯선 이들에 대해 경계심을 가질 수 있으므로, 그런 일이 발생할 때의 외집단에 대한 적대감에 대해서는 병원체 스트레스 반응에 대한 확장보다 좀 더 종합적인 설명이 필요하게 된다. 우리가 하려는 바는 행동유전학과 분자유전학으로부터의 유전율 데이터 그리고 심리학자들로부터의 행동데이터와 뇌 영상 데이터를 연결하는 데 있어 설득력 있는 실증 기반의 방법이다. 데이터에 있어 여기서 강조하려는 바는 즉, 우리는 그저 그런 이야기와 화려하게 장식된 예감과는 대조적인 타당하고 확실한 증거가 필요하다는 것이다. 속담에서 말하는 바와 같이 데이터가 없다면 당신은 그저 다른 의견을 가진 사람일 뿐이다.

나의 양심과 나의 성격

새로운 경험에 대한 개방성, 정서적 안정성, 친화성, 성실성과 같은 지속적인 성격 형질은 아마도 특정 규범 습득의 용이함과 그러한 규범을 준수하는 강도와 관련 있을 것이며, 그리하여 누군가의 양심이 옳다 혹은 그르다고 생각하는 것과 관련이 있을 것이다. 썩어가는 사체나 입 안 가득 꿈틀거리는 벌레 이미지에 대한 우리 뇌의 반응성은 배경, 특히 우리가 특정한 사회적 규범을 받아들이기가 쉬운지 아니면 어려운지를 알게 되는 데 영향을 미치는 매우 일반적인 성향을 반영한다. 그러한 뇌의 반응성은 그 반응에 대해 우리의 정서적 감정가 emotional valence[17]에 들어맞는 규범을 적용할지, 그리고 우리가 규범과 관계한 성적 취향, 처벌 그리고 외집단 구성원들 간의 상호작용과 같은 특정 규범을 수정할 의향이 있는지 여부에 영향을 미친다.

비록 연구가 유쾌한지 아니면 불쾌한지, 혹은 새로운 경험에 불안해하는 것과 대조적으로 새로운 경험에 개방적인지 하는 우리의 성향을 조절하는 근본적인 뇌 구조를 조사하고 있지만, 이러한 문제에 있어 신경생물학적 진보를 이루어내기란 힘들다. 우리는 이 영역의 신경 메커니즘에 대해, 혹은 이 문제를 이야기하기 위한 용어가 뇌가 하는 일을 얼마나 제대로 충실히 반영하는가에 대해 이해하는 것이 거의 없다시피 하다.

존 히빙과 그의 연구팀은 자유 무역, 기업 규제, 세금 정책과 같은 경제적 이슈들이 사람들의 삶에 아주 큰 영향을 미칠 것 같지만, 사회적 이슈들이 더 강한 감정을 자아내는 경향이 있다는 통찰력 있는 주장을 하였다. 예를 들어 성적 취향, 처벌, 타인에 대한 원조, 그리고

---

17 (옮긴이) 유쾌에서 불쾌 혹은 매력적에서 혐오에 이르는 연속체상에 표현되는 자극과 관련된 값을 뜻한다. 통계의 요인분석(factor analysis)과 다차원 척도법(Multidimensional scaling, MDS) 연구에서 정서적 감정가(emotional valence)는 정서가 위치한 두 축(혹은 두 차원)의 하나를 말하며, 다른 축은 감정에 의한 신체적 흥분 정도를 나타내는 척도로서 각성수준(arousal)이 위치하게 된다. 각성수준은 높음에서 낮음의 연속체로 표시된다. 예를 들어 행복은 전형적으로 유쾌의 감정가와 상대적으로 높은 각성수준으로 나타내며, 반면 슬픔이나 의기소침은 전형적으로 불쾌의 감정가와 상대적으로 낮은 각성수준으로 나타낸다. 출처: APA 심리학 사전, https://dictionary.apa.org/emotional-valence(2023년 11월 10일 검색)

외집단과의 상호 작용과 관련한 주제가 아주 강한 정서를 환기시키며, 아주 열렬한 반응을 유발한다. 동성애 결혼의 허용 가능성에 대한 이견에 불같이 성내는 사람들은 은행 규제나 자유무역에 대한 문제를 두고는 미적지근할 수 있다. 비록 전자는 그들 자신의 안녕과 거리가 멀고 후자는 확실하게 영향을 미침에도 불구하고 말이다. 우리에게 엄청난 정서적 심란함을 불러일으키는 이슈는 유의미하게 유전 가능한 형질과 관련되었을 가능성이 좀 더 높다.

연령, 교육 그리고 인생 경험과 같은 요인의 범위는 도덕적 태도에 영향을 미칠 수 있다는 것은 주지의 사실이다. 그럼에도 불구하고 평소에 인지하지 못하거나 의식적으로 인식하지 않는 구성 요소들이 분명히 있다. 몬태규 연구실에서 이제 우리는 오염된 장면에 대한 뇌의 반응성 수준이 우리의 사회적 판단과 상당히 관련 있다는 증거를 얻었다. 이로 인해 당혹스럽기도 하고 불안하기도 하지만 나는 기본 논점으로 돌아왔다는 것을 알게 되었다: 싫든 좋든 간에 데이터는 데이터인 것이다. 그리고 우리는 훨씬 더 좋은 데이터를 지어내어 진실인 양 행세할 수 없다.

우리의 배경적 기질 성향에 더하여 양심의 판단과 연관된 감정 영역이 있다. 이러한 감정은 사회 세계에서 우리의 다양한 경험과 관련이 있다. 사회 학습의 모든 단계에서 뇌의 보상 시스템은 우리의 사회적 결정을 공동으로 형성하는 인지적 분별력과 엮여 있다.[18] 우리 자신이 처한 사회 세계에서 길 찾기를 배우는 것, 인정과 불인정에 대해 반응하는 것, 그룹에 속하는 방법이나 사회적으로 인정받는 법과 같은

---

18 L. Pessoa, "On the Relationship between Emotion and Cognition," *Nature Reviews Neuroscience* 9 (2008): 148-58.

이러한 일들은 사회적 포유류로 성장하는 데 있어 필수적 특성이다. 우리가 서서히 습득하게 되는 사회적 기술과 규범적 습관은 우리가 누구인지에 대한, 그리고 양심이 어떻게 기능하는지에 대한 이야기의 중심적인 부분이다.

뇌가 어떻게 조직되어 있는가에 따라 내 양심이라는 것이 좌우된다면, 우리가 너무나 신경을 많이 쓰거나 아니면 전혀 신경 쓰지 않은 탓에 뇌가 비정형적으로 연결된 것일까? 바로 그 점이 다음 장에서의 주제이다.

CHAPTER 6

양심과 그 이레

양심과 그 이례

범상치 않은 상식을 세상은 지혜라 부른다.

새뮤얼 테일러 콜리지[1]

사이코패시와 양심 부재

내가 저술한 《신경철학》[2]이 출간된 지 10년이 지난 후, 나는 깊은 고민에 빠져 답을 찾고 있다는 온타리오의 한 남성에게서 걸려온 전화를 받았다. 그의 고민은 네 명의 자녀로 구성된 대가족의 일원으로서 유아기에 입양된 한 아이에 초점이 맞추어져 있었다. 그 소년은 막내였고, 새로운 형제들은 그 소년을 따뜻하게 받아들였다. 입양을 결심하게 된 동기는 이 부부가 아무도 원치 않았던 그 아이에게 사랑 받는 가정을 만들어주고, 친자식들이 누리는 교육, 스포츠, 예술 등의 기회

---

1   "Life of Bishop Hacket," in *The Literary Remains of Samuel Taylor Coleridge*, vol. 3, ed. Henry Nelson Coleridge (London: W. Pickering, 1838), 186.

2   Patricia Smith Churchland, *Neurophilosophy: Towards a Unified Understanding of the Mind/Brain* (Cambridge, MA: MIT Press, 1986).

를 똑같이 누릴 수 있게 해주고 싶다는 강한 감정 때문이었다. 이 부부는 모든 면에서 그 아이를 자신들의 사랑하는 자식들 중 한 명으로 대우하고 키웠다. 그러나 그 아이가 4살이 되었을 무렵, 부부는 아이가 반려 고양이들과 개를 다치게 하고, 더 나아가 친자식들에게 자주 잔인하게 대했음을 알게 되었다. 또한 동네 이웃 아이들에게도 꽤나 계획적임을 암시하는 충격적일 정도로 독창적인 방식으로 폭력을 행사하기도 했다.

친절과 타임아웃time outs이나 간식을 안 주는 것 같은 벌칙 모두를 시도해 보았지만, 어떤 노력을 기울여도 아이의 행동은 점점 더 심해지자 부모는 더욱 놀라 당황할 수밖에 없었다. 일단 아이가 유치원에 입학하자 그 문제는 가정에 국한된 문제만은 아니게 되었다. 아이는 정기적으로 학급 친구들에게 고통을 가하는 방법을 알아냈다. 소년이 11살이 되었을 무렵, 조언이나 상담과 같은 모든 수단을 다 써버린 부모는 혹시라도 교류하는 사람뿐만 아니라 환경을 바꾸면 아이에게 도움이 될 만한 변화가 생기지 않을까 하는 기대를 품은 채 아이를 유명하고 명성이 높은 기숙학교에 보냈다. 새로운 학교는 그 상황을 충분히 알고 있었고, 선생님들은 책임감, 친절, 연민을 강조하는 교사들의 특별한 분위기가 주변 사람들에게 고통과 괴로움을 주는 아이의 성향을 당연히 벗어나게 해줄 것이라고 생각했다. 하지만 효과가 없었다. 학교에서 그는 끊임없이 거짓말을 하고, 물건을 훔치고 다른 사람을 다치게 했다.

최후의 결정타는 편지였다. 아이는 뚜렷한 이유도 없이 학교 남학생 중 한 명의 부모에게 편지를 썼다. 친구도 그렇다고 적도 아닌 그저 학교에 다니는 다른 학생 중 하나였다. 아이는 편지에서 해당 그

남학생이 숲에 들어간 지 나흘이 지나도록 돌아오지 않고 있으며, 아마도 죽은 것으로 추정되지만 학교가 소문이 퍼지지 못하게 이 모든 것을 입막음하고 있다며 날조된 이야기를 하고 있었다. 아이는 편지에 서명하고 학교의 발송용 우편함에 그 편지를 넣었다.

나중에 "그저 농담"이라며 손사래를 쳤다는 것에 경악하여 학교는 그 아이를 퇴학시켰다. 그리고 그때 그의 아버지가 내게 전화를 건 것이었다. 그와 가족들은 철저하게 할 수 있는 일을 모색해왔기 때문에 어떻게 해야 할지에 대한 조언 때문에 전화를 건 것은 아니었다. 그들은 심리학자, 정신과 의사, 선생님과 목사로부터 받은 수많은 조언을 모두 따랐지만, 그 조언들은 언제나 무용지물이었다.

온타리오에서 전화 건 남자가 알기 원했던 것은 "아이의 뇌에 문제가 있는 걸까요? 아이는 그렇게 태어난 걸까요? 신경과학은 이런 현상에 대해 해답이 있을까요?"였다.

우연히도 나는 당시 로버트 헤어Robert Hare의 《진단명 사이코패스 Without Conscience》[3]를 읽었던 때였다. 그 책은 사이코패스에 대한 대표적인 토론을 담고 있었다. 그 책을 통해 사이코패스에 대해 어느 정도는 알고 있었지만 전문가가 아니었던 것은 분명하다. 나 역시 성장 과정에서 겪은 경험을 통해 가족과 주변 환경이 아무리 다정하더라도 사회적으로 문제가 될 수 있는 아이일 수 있다는 점을 알고 있었다.

---

3   Robert D. Hare, *Without Conscience: The Disturbing World of the Psychopaths among Us* (New York: Guilford, 1993). 켄트 키엘(Kent Kiehl)의 저서인 *The Psychopath Whisperer: The Science of Those without a Conscience* (New York: Crown, 2014)는 헤어의 책을 훌륭히 계승하고 있다. 다음 또한 참조해 보자. *Encyclopedia of Mental Disorders*, s.v. "Hare Psychology Checklist," 2018년 7월 9일 검색, http://www.minddisorders.com/Flu-Inv/Hare-PsychopathyChecklist. html#ixzz4wcrb2Ifk.

하지만 그렇게 말하고 전화를 끊을 수는 없었다. 내 형편없는 무지를 절실히 자각하고 망설이면서 나는 그 아이가 이례적인 사회적 기질을 가지고 태어났을 가능성이 있다고 제안했다. 만약 이러한 형질이 성년까지 계속된다면 어쩌면 아이는 사이코패스로 진단받을 수도 있다. 나는 헤어의 책을 추천했다. 당연히 아이에 대한 내 의견은 아이의 아버지에게 새로운 소식은 아니었다. 아무리 어리다고 해도 모든 형태의 인정과 불인정에 무감각했던 아이는 처음부터 양심의 가책이나 죄책감, 수치심이 전적으로 결핍되어 있음을 시사한다.

그럼에도 불구하고 신경과학은 사이코패스의 뇌와 일반적인 사회적 인간의 뇌가 어떻게 다른지에 대해 말할 수 있는 단계에 이르지 못했다. 그렇다면 이제 신경과학은 더 많은 것을 말할 수 있는 단계에 이르렀을까? 조금은 그럴 수 있겠지만 기대했던 만큼은 아니다. 과학자들은 뇌영상 기술을 통해 일반적인 뇌와 사이코패스의 뇌 사이의 차이점을 밝혀낼 수 있을 것으로 기대했지만, 이러한 기술에 기반한 근거는 여전히 흥미롭지만 결정적이지 못했다. 일반적으로 보상 시스템과 동기 부여, 감정에 중요한 영역에 대한 전두 구조와 루프loop가 원인으로 의심되고 있다.

사이코패스에 대한 뇌 영상 연구 결과, 사이코패스의 일부는 전두엽 영역, 일부는 보상 시스템, 일부는 전혀 예상치 못한 부위에서 활동 수준이 낮은 것으로 나타났다. 두부 사고를 당해 뇌의 앞부분이 손상된 사람들과 달리 사이코패스는 뇌 영상에서 명백한 병변이나 구멍이 보이지 않았다. 게다가 사이코패스로 진단 받은 몇 사람 중에는 전두 구조의 활동이 상대적으로 감소한 사람도 있지만, 완전히 전형적인 사람도 있었다. 개인차가 크다는 것은 의미있는 결과를 얻기 위해서는 연구 표본이 매우 커야 한다는 것을 의미한다.

더 나아가기 위해 우리는 사이코패스란 무엇인가에 대한 설명이 필요하다. 정신 병리학 진단을 위한 행동 기준은 반사회적 및 행동적 문제뿐만 아니라 좀 더 정확하게는 죄책감이나 죄의식 결여, 타인과의 유대감 결여 그리고 아주 큰 애정을 보여준 가족에게도 동정심이나 공감의 결핍을 수반하는 복잡한 기준이 있다.

사이코패스는 거짓말을 하다가 들키더라도 당황하거나 수치심을 전혀 느끼지 못하는 나르시시즘[4]적이고 병적인 거짓말쟁이다. 사이코패스는 도덕적 나침판도 없으며, 타인의 친절과 선함을 무자비하게 착취하는 등 매우 교묘하게 사람과 상황을 조종할 수 있다. 끔찍한 살인 죄로 수감된 몇몇 범죄자는 행동 장애를 보이지만, 그래도 여전히 어느 정도 양심의 가책과 수치심을 느낄 수 있고, 특정 가족 구성원에게는 강한 유대감을 가질 수 있다. 이들은 사이코패스와 몇 가지 같은 특성을 가질 수도 있지만, 사이코패스는 아니다. 따라서 반사회적 행위 그리고 죄책감과 후회와 같은 적절한 정서적 반응 부재라는 두 가지 측면을 고려하여 진단한다. 물론 사이코패스의 특성은 정도의 차이가 있다.

---

4 (옮긴이) 나르시시즘은 자신의 외모, 자신감, 업적, 중요성 등에 대한 지나친 자부심과 자기애로 인해 자기중심적이고 타인을 고려하지 않는 성향을 말한다. 이 용어는 그리스 신화의 '나르시스(Narcissus)'에서 유래했으며, 이 신화에서 나르시스는 자신의 우아한 모습에 반하여 결국 자신의 모습을 반사하는 연못에서 의식을 잃고 사망하는 이야기가 제시된다. 나르시시즘은 정신분석학자 프로이트가 처음 제안한 용어로, 인간의 심리발달 단계 중 자기애와 관련이 있다. 나르시시즘은 자기애가 지나치게 발달한 결과로 생기며, 이는 개인의 가족이나 문화적 배경 등과 관련이 있을 수 있다. 나르시시즘은 종종 타인과의 인간관계에서 문제를 일으키며, 대인관계에서의 어려움과 심리적 문제를 유발할 수 있다(G. R. VandenBos (Eds.), "Narcissistic Personality Disorder," *APA Dictionary of Psychology* (Washington, DC: American Psychological Association, 2015) 참조.

브리티시 콜롬비아British Columbia 대학교의 로버트 헤어는 브리티시 콜롬비아 교도소의 수감자들을 대상으로 한 초기 연구에서 동기를 얻어 사이코패시psychopathy에 대한 최초의 체계적인 연구 프레임 워크를 발족했다.[5] 아주 말이 번지르르한 사기꾼에게 몇 차례 사기를 당한 후 헤어는 교도소에 수감된 일부 사람들이 양심의 가책이 없고, 속임수와 조작에 능하며, 나르시시즘과 습관적으로 냉혹한 거짓말을 한다는 사실을 깨닫게 되었다. 헤어는 엄격한 기준이 제안될 뿐만 아니라 일반적으로 채택되기 전에는 이 현상에 대한 연구가 의미론적 혼란과 실험상 교란으로 인해 방해를 받을 수 있다는 것을 인식했다. 헤어와 그의 연구팀은 이 특별한 부류의 사람들에 대한 연구를 표준화할 수 있는 도구를 고안하기 시작했다. 그들은 이 도구를 '사이코패시 체크리스트'라고 명명했다. 사이코패스는 극악무도한 수감자 중 일부에 불과하다는 것을 알고 있었기 때문에, 헤어의 연구팀은 진짜 사이코패스와 나머지 범죄자를 구별할 수 있는 기준을 설계하였다. 모든 살인자가 사이코패스인 것은 아니며, 수표위조범, 마약상 혹은 상습적인 거짓말쟁이가 모두 사이코패스인 것은 아니다.

현재 '헤어의 사이코패시 체크리스트'라고 널리 알려진 이 문서는 현재 사이코패시를 진단하는 표준 기준이 되었다. 사이코패스는 대개

---

5   현명하게도 헤어가 미국 정신과 의사이며 신경정신과 격리병원에서 환자들에 대한 예리한 관찰을 해왔던 허비 클레클리(Hervey M. Cleckley)의 초기 저서에서 도출한 것이다. 클레클리는 사이코패스를 규정한다고 생각하는 16가지 주요 특징을 확인하였다. Hervey M. Cleckley, *The Mask of Sanity; an Attempt to Reinterpret the So-Called Psychopathic Personality* (Oxford: Mosby, 1941) (그리고 이후 많은 판본이 있다). 헤어의 고유한 공헌은 클레클리의 목록(사이코패시 체크리스트)의 각 항목을 신중히 평가하고, 기준을 추가하며, 사이코패시에 관한 토론과 보고서의 일관성 유지에 있어 광범위하게 채택될 수 있는 진단 도구를 조합한 것이다. 이러한 노력은 매우 성공적으로 다양한 연구소들과 지역의 연구를 촉진하였고, 해당 장애의 뇌 기반을 이해하는 데 진전을 가져올 수 있었다.

거짓말에 능하기 때문에 설문지에 정직한 답변을 기대할 수 없다는 것은 헤어에게 당연했다. 미국의 정신과 의사 허비 클레클리Hervey Cleckley가 20년 전에 예리하게 지적했듯이 사이코패스는 정상적인 감정을 가진 사람들을 거의 완벽하게 모방할 수 있다. 사이코패스는 타고난 재주와 완벽한 정직함의 가면을 쓴 채 황당한 이야기를 설득력 있게 늘어놓는다. 따라서 헤어의 체크리스트는 부모, 교사, 카운슬러, 지역 경찰, 형제자매 등의 독립적인 신원 확인이 필요하다. 또한 체크리스트를 다루는 데는 약간의 훈련이 필요한데, 왜냐하면 초보자는 피험자 삶의 모든 측면을 충분히 세심하게 파악하지 않고 높은 점수를 주는 경향이 있기 때문이다.[6]

사이코패시 체크리스트 개정판Psychopathy Checklist-Revised에서는 20가지 특성을 평가하며, 각 항목은 0점, 1점, 2점으로 평가하고 40점 만점 중 30점을 넘으면 사이코패스로 진단한다.[7] 피험자는 사회적 잔학 행위에 따른 감정 반응, 진실성, 타인(예를 들어, 자녀)에 대한 애착, 나르시시즘, 타인에게 상처를 준 후 죄책감과 양심의 가책을 느끼는지나 공상적이고 장황한 계획과 허황된 이야기로 타인을 설득하려는 경향이 있는지 등의 특징에 대한 평가를 받는다.

소시오패스는 사이코패스와 다른 의미인가?[8] 대중문화에서 두 용어

---

6 Kiehl, *Psychopath Whisperer*를 참조. 3장에서 키엘은 체크리스트를 적절히 사용하기 위해 훈련이 필요하며 테스트에서의 각 항목을 숙고해야 하고, 이것은 잘 알려진 역사상 인물이 그러한 특징을 얼마나 가지고 있었는지 여부를 판단하는 훈련임을 간략히 보여주었다.

7 S. D. Hart, R. D. Hare, and T. J. Harpur, "The Psychopathy Checklist-Revised (PCL-R): An Overview for Researchers and Clinicians," in *Advances in Psychological Assessment*, vol. 8, ed. J. C. Rosen and P. McReynolds (New York: Plenum, 1992), 103–30; R. D. Hare, The Hare Psychopathy Checklist-Revised (Toronto: Multi-Health Systems, 1991). 개정된 체크리스트는 초판보다는 조금 더 짧아졌다. 저작권 제한으로 인해 여기서는 그 특성 목록을 언급하지는 않는다.

는 종종 혼용되어 사용되기도 하지만, 과학자들은 두 용어를 동일시하지 않는 것을 선호한다. 소시오패스는 사회적 문제 행동의 원인이 유전적 이유가 아닌 전적으로 환경적 또는 사회적인 것 때문이라고 예측한 사람들에 의해 만들어지고 선호되는 용어로 보인다. 따라서 그들은 해당 예측을 용어 자체에 반영하기로 결정했다. 게다가 이 용어를 반사회적 행동을 자주 보이는 모든 사람에게 적용하여 그 범위가 넓어지게 되었다. 하지만 거만하고 정직하지 못한 중고차 판매원이나 관음증 환자 또는 강압적인 압류집행인은 지인들이 아무리 그들을 불쾌하게 여긴다고 해도 사이코패스 체크리스트에서는 40점 만점 중 30점에 밑도는 점수를 받을 수도 있다. 사이코패스는 헤어의 체크리스트에서 30점 이상을 받은 사람에게만 해당하는 용어이다. 그렇지 않다면 진단은 무의미해지고 마구잡이식이 된다. 반사회적 성격 장애Antisocial personality disorder란 말은 다른 나쁜 고객들 중 일부를 가려낼 수 있는 꼬리표이다.

19세기 의사들은 이러한 비정상적인 사람들에게 적합한 명칭을 찾기 위해 고심하다가 '도덕정신장애moral insanity'라는 표현을 사용했다.[9] 의사들의 관찰에 따르면 이들은 망상에 빠졌다거나 현실을 모르는 것이 아니었다. 일부 조현병 환자들과 달리 이들은 결코 자신을 예수나 신이라고 생각하지 않으며, 환청을 듣거나 일반적인 사물에서 예지를 보는 것도 아니다. 우울증을 앓는 것도 아니고 지능이 떨어지거나 병

---

8 (옮긴이) 이에 대한 독자의 이해를 위해 역자의 《뇌 신경과학과 도덕교육》(울력, 2019)의 11장을 참고

9 예를 들어 J. C. Prichard, *A Treatise on Insanity and Other Disorders Affecting the Mind* (London: Sherwood, Gilbert and Piper, 1835).

적으로 불안해하지도 않는다. 오히려 이들에게 두드러지는 너무나도 충격적인 특징은 양심이 결핍되었고, 그에 따라 행동한다는 것이다. 사회적 행동 영역 내에서 이들은 부도덕한 방식으로 행동하는 경향이 있으며, 종종 자신에게 아무런 이득이 없음에도 차분한 계획과 의도를 가지고 매우 무의식적으로 행동한다. 또한 양심의 가책이나 당혹감, 수치심도 전혀 느끼지 못한다. **도덕정신장애**라는 용어의 장점은 이상 상태의 핵심을 상당히 잘 포착한다는 것이다. 그러나 이 용어는 사이코패스가 '정신 장애인'이기 때문에 정신분열증 환자와 같이 환각에 시달리거나 강박장애를 가진 사람처럼 불안에 시달리는 것으로 오해하는 비공식적인 추론을 조장한다는 단점이 있다. 그러나 실제로 사이코패스는 전혀 그렇지 않다.

교도소 수감자 중 사이코패스는 약 25%를 차지한다. 사이코패스는 살인, 강간, 방화, 신원 도용, 폭행, 구타 등의 범죄로 복역한다. 사이코패스는 재범 가능성이 아주 높다. 이들은 자신의 행동이 잘못되었다는 것을 크게 신경쓰지 않기 때문에 종종 체포되어 감옥 신세를 지게된다. 더 폭넓은 모집단에서의 사이코패스 숫자 추정은 교도소에 있는 사람들보다는 더 어렵다. 따분해 하고 있는 수감자들은 심리학자들의 진단에 기꺼이 응할 수 있지만, 사이코패스 연구 대상자를 모집하는 광고가 일반인 사이의 사이코패스를 끌어들일 가능성은 거의 없다. 우선 사이코패스는 스스로 자신에 대해 조금도 불만이 없으며, 평가받을 이유가 없다고 생각한다. 이들은 자신에게 문제가 있다고 느끼지 않는다. 우리가 실제로 할 수 있는 것은 경험에서 나온 그 숫자의 추측이다. 헤어와 신경심리학자 켄트 키엘Kent Kiehl은 전체 인구의 1% 미만이 헤어의 체크리스트에서 30점 이상의 점수를 받을 것이라는 데 의견이 일치했다. 4%와 같은 더 큰 추정치는 느슨한 기준에 기반하여 산출한 것이므로 헤어의 체크리스트로 측정한 진짜 사이코패스가 아닌 불쾌한 사람들을 포함하고 있다.[10]

사이코패시는 남성뿐만 아니라 여성에게도 보인다는 사실도 중요하다. 왜냐하면 사이코패시적인 연쇄살인자의 대부분이 남성이고, 그러한 살인범은 극적인 뉴스거리가 되기 때문에 대부분의 사이코패스는 남성이라는 통념이 있다. 하지만 데이터가 보여주는 것은 무엇일까? 여성 교도소 수감자 중 약 25% 정도가 남성 수감자와 마찬가지로 사이코패스 점수를 얻었다. 그런데 전반적으로 남성 범죄자가 여성 범죄자보다 약 10배가 더 많다는 사실을 주목해 보자. 따라서 산술적으로는 여성 사이코패스는 남성 사이코패스보다 수적으로는 더 적다는 것을 시사한다.[11] 반면에 청소년에 대한 최근의 냉담-무정서callous and unemotional, CU 조사에서는 냉담 무정서 남성과 여성의 수는 거의 같은 것으로 나타났다.[12] 반드시 추가적인 연구가 필요하다. 연구자들이 채택한 의미론적 규약 때문에 오직 성인만 사이코패스로 진단된다. 행동장애가 있고 양심의 가책, 죄책감, 수치심이 결여된 21세 이하의 개인은 냉담-무정서CU로 진단된다.

지금까지 사이코패시의 행동 기준에 초점을 맞춰왔지만, 사이코패시적인 뇌는 어떨까? 신뢰할 수 있는 바이오마커biomarker는 감소된 놀

10 Kiehl, *Psychopath Whisperer.*

11 Kiehl, *Psychopath Whisperer*, 7장.

12 C. A. Ficks, L. Dong, and I. D. Waldman, "Sex Differences in the Etiology of Psychopathic Traits in Youth," *Journal of Abnormal Psychology* 123, no. 2 (2014): 406–11, https://doi.org/10.1037/a0036457; J. M. Horan et al., "Assessing Invariance across Sex and Race/Ethnicity in Measures of Youth Psychopathic Characteristics," *Psychological Assessment* 27, no. 2 (2015): 657–68, https://doi.org/10.1037/pas0000043.

람 반응startle response이다. 내가 말하고자 하는 바는 다음과 같다. 일반적으로 사람들은 곰이 습격하는 것과 같은 곤경에 빠진 이미지를 본 후 처음 중립적인 이미지를 봤을 때보다 놀람 반응이 더 강렬하게 나타난다. 우리 모두는 이러한 사실을 잘 알고 있을 것이다.[13] 고속도로에서 교통사고가 날 뻔했거나 한밤중에 협박 전화를 받는 등 위협을 받은 후에는 한동안 더 불안해한다. 사이코패스는 일반적으로 이런 강화된 놀람 반응을 보이지 않는다. 신경생물학적으로 이러한 차이는 그들의 양심 결핍과 무슨 관계가 있을까?

이 놀람 반응을 이해하려는 초기 가설에 따르면, 공포 반응에 관여하는 것으로 알려진 피질하 구조 편도체amygdala 기능장애일 수 있다는 것이다. 이 가설은 또한 사이코패스의 반사회적 행동을 변화시키는 데 처벌이 전혀 영향을 미치지 않는 경향이 있다는 일반적인 관찰에 의해 뒷받침되었다. 처벌과 처벌의 위협은 정상적인 사람에게는 두려운 것이다. 처벌에 신경 쓰지 않는다는 것은 공포 처리 기능의 장애를 시사한다. 편도체가 제대로 기능하지 않는 것일 수도 있다.

켄트 키엘과 로버트 헤어 그리고 동료 연구자들은 기능성 자기공명영상fMRI을 이용하여 사이코패스의 뇌를 스캔하고 그 결과를 일반 대조군 피험자들의 뇌와 비교한 최초의 연구자들이다. 이들의 영웅적인 노력으로 브리티시 콜롬비아주의 최고 보안시설에서 밴쿠버 병원의 스캔 시설로 이송된 남성 수감자들을 스캔할 수 있었다. 이 선구적인 연구에서 연구진은 사이코패스의 뇌에서 두려움과 불안 같은 감정을 유발하도록 설계된 과제를 수행하는 동안 편도체 활동이 감소하는 것

13 C. J. Patrick, M. M. Bradley, and P. J. Lang, "Emotion in the Criminal Psychopath: Startle Reflex Modulation," *Journal of Abnormal Psychology* 102, no. 1 (1993): 82–92.

을 발견했다. 그러나 편도체만이 눈에 띄는 유일한 영역은 아니었다. 사이코패스의 뇌는 해마hippocampus(공간 탐색과 삶의 개별 사건을 기억하는 데 필수적)와 보상 시스템(예를 들어, 중격의지핵)의 일부에서 활동도 둔화된 것으로 나타났다. 일단은 말이다.[14]

후속 뇌 영상 연구에서도 사이코패스 뇌의 활동은 대조군의 전형적인 패턴과는 다소 다른 피질 영역과 그렇지 않은 영역이 광범위하게 분산되어 있는 것으로 나타났다.[15] 설상가상으로 한 연구에서는 편도체 하부 영역에서의 활동이 사이코패스에서는 더 낮은 게 아니라 상대적으로 더 높은 활동을 보인다는 사실을 발견했다.[16]

장 데세티Jean Decety와 그의 연구팀은 150명의 남성 범죄자들을 대상으로 IQ, 나이, 기타 다른 특성을 일치시킨 뇌 영상 연구에서 사이코패시 점수가 높은 사람(30점 초과)과 낮은 사람(20점 이하)을 비교했다. 연구팀은 피험자들이 148편의 동영상에서 도덕적으로 의미 있는 콘텐츠를 시청하는 동안 그 뇌를 스캔했다.[17] 동영상은 머리카락이 뽑히는 등의 해를 당하거나 반대로 바닥에서 부축을 받으며 일어나는 사람을 보여주었다. 시나리오를 시청한 후 피험자들은 영상에서 본 사건의 정서적 결과를 어떻게 판단하는지를 테스트했다.

간단히 말해, 고득점 사이코패스들은 저득점 피험자들에 비해 두

14 Kiehl, *Psychopath Whisperer*, 5장.

15 Ana Seara-Cardoso et al., "Anticipation of Guilt for Everyday Moral Transgressions: The Role of the Anterior Insula and the Influence of Interpersonal Psychopathic Traits," *Scientific Reports* 6 (2016): art. 36273, https://doi.org/10.1038/srep36273.

16 K. J. Yoder, E. C. Porges, and J. Decety, "Amygdala Subnuclei Connectivity in Response to Violence Reveals Unique Influences of Individual Differences in Psychopathic Traits in a Nonforensic Sample," *Human Brain Mapping* 36, no. 4 (2015): 1417–28.

17 J. Decety et al., "Socioemotional Processing of Morally-Laden Behavior and Their Consequences on Others in Criminal Psychopaths," *Human Brain Mapping* 36, no. 6 (2015): 2015–26.

시나리오 모두에서 당하는 **피해자**와 도움받는 **사람**이 느낄 정서를 더 잘 파악했다. 반면 고득점자들은 해를 가하는 동영상에서 가해자에 대한 예상 정서 파악에는 더 서툴렀다. 사이코패스는 해를 가할 때의 가해자 관점을 취할 시에 공감 관련 중요 영역의 활동 수준이 감소했지만, 피해자의 관점을 택할 때에는 증가했다. 비록 대단한 발견이긴 하지만 사이코패스의 행동에서 나타나는 공감적 관심의 결여를 고려할 때 이러한 결과는 예상하지 못한 것이다. 이러한 데이터는 정말 혼란스럽다.

여기서 간단히 논의된 뇌 스캔 데이터 외에도, 편도체에 전적으로 초점을 맞추는 것의 문제점은 뇌의 양쪽 편도체가 완전히 퇴화된 특정 희귀 유전 질환 경우이다.[18] 이 유전병을 가진 환자는 예를 들어 공포 조절에 미묘한 결함은 있지만, 사회적 영역에서 사이코패스처럼 행동하지는 않는다.

많은 연구실의 뇌 영상 연구를 통해 밝혀진 새로운 가설은 사이코패스가 피질 및 피질하 구성 요소를 모두 포함하는 다소 광범위하고 복잡한 네트워크에 기능 장애가 있다는 것이다. 이 광범위한 기능 장애는 사이코패스를 대표하는 특징의 군집을 설명할 수도 있다. 가설로 제시된 네트워크의 기능은 무엇일까? 무엇보다도 '정서를 고차원적인 인지 작업에 통합시키는 것이다.'[19] 이것이 뜻하는 바가 정확히 무엇인지 나는 잘 모르겠다.

---

18 Nathaniel E. Anderson and Kent Kiehl also emphasize this point, in "Psychopathy and Aggression: When Paralimbic Dysfunction Leads to Violence," *Current Topics in Behavioral Neuroscience* 17 (2014): 369-93. 이 유전병은 우르바흐-비테 병(Urbach-Wiethe disease)이다.
19 앤더슨과 키엘 또한 ("Psychopathy and Aggression"에서) 이 점을 강조하고 있다.

확실히 이 가설은 폐기된 편도체 이론보다는 더 가치가 있다. 반면에 특별한 깨달음을 주지는 못한다. 왜냐하면 이 가설은 부분적으로 병리학적 행동 설명을 어느 정도 재구성한 것이기 때문이다. 다시 말해 사이코패스의 정서적 반응에 문제의 소지가 있다는 것이다. 가설을 발전시킨 사람들을 비난하려는 것이 아니라 현재 과학이 어디쯤 와 있는지에 대해 언급하려는 것이니 안심하도록 하자. 우리는 주의력, 정서적 반응, 문제 해결, 계획 세우기, 결과 예측하기와 같은 기능의 측면에 태그가 붙은 영역에서 상대적으로 활동이 감소하는 것이 무엇을 뜻하는지를 잘 알지 못한다. 더 큰 문제는 이러한 태그가 붙은 영역의 정상 기능에 대해서도 잘 알지 못한다는 점이다.

의미 있는 가설을 세우는 것은 어렵지만, 뇌 스캔 데이터가 예비 프레임워크를 제공하는 데 매우 중요하다. 비록 뇌 스캔은 활동이 고조되거나 감소된 영역에 대해 많은 것을 밝혀낼 수 있지만, 미세한 수준에서 무슨 일이 벌어지는지 알 정도로 민감하지는 않다.[20] 뇌 스캔은 뉴런과 그 뉴런들이 무엇을 하는지 이미지화할 수 없다. 예를 들어, 비정상적인 수용체 분포나 세포 유형의 배열 이상은 뇌 영상 기술로는 볼 수 없다. 그러나 마이크로 수준은 아마도 사이코패스의 기본적인 이상이 있는 곳일 것이다.

이러한 가능성은 유전자 분석을 통해 간접적으로 탐구할 수 있으며, 옥시토신 수용체 유전자의 이례적인 코딩이 사이코패스에게서 발견되었다.[21] 현 과학의 단계에서는 일반적으로 부검을 통해서만 인간

---

20 fMRI의 능력과 한계에 대해 특히 명확하고 읽기 쉬운 설명은 다음을 참조. *The New Mind Readers: The Power, Limits and Future of Brain Imaging* (Princeton, NJ: Princeton University Press, 2018).

뇌의 마이크로 수준의 세부 사항을 알 수 있다. 그럼에도 불구하고 적어도 스캐닝과 유전자 데이터는 사이코패스의 뇌를 부검하여 검사할 때 어디부터 살펴봐야 하는지를 알려준다. 신경과학의 새로운 기술은 상당히 놀라운 속도로 발전하고 있으며, 머지않아 살아있는 인간의 마이크로 회로에 대한 데이터를 안전하고 고통 없이 얻을 수 있는 방법을 개발하게 될 것이라 기대한다.

진전을 이룬 곳은 정신병리학적 형질의 유전율heritability에 대한 연구로 100건이 넘는 연구가 보고되었다. (연구자들은 성인이 된 사람만 사이코패스로 진단하는 관행을 따르고 있으며, 아동과 청소년은 냉담-무정서 특징, 즉 CU 특성을 가진 것으로 기술할 수 있다) 쌍둥이 연구의 결과에 따르면 아동의 냉담-무정서 특징(및 성인의 사이코패시)은 약 50~80% 유전될 수 있는 것으로 나타났다. 유전율은 모집단의 속성이라는 것을 상기해보면, 이 맥락에서 모집단 변동성 중 약 50~80%는 유전적 차이 때문이라고 할 수 있으며, 나머지 20~50%는 비유전적 조건으로 설명할 수 있다.[22] 이러한 데이터는 냉담-무정서 특징이 중간 수준에서 높은 수준까지의 유전율이라는 것을 보여주는 것이다.

사이코패시에서 유전자의 역할은 차치하고, 정신과 의사들은 **후천적 사이코패스**인 몇몇 사람들을 진단했다. 이러한 사람들의 경우 전시 중 아주 궁핍하고 일손이 부족한 고아원에서 영유아가 겪을 수 있는 부모와의 유대감 결여가 첫 번째 기여 인자로 지목된다.[23] 부모와의

---

21 M. R. Dadds et al., "Polymorphisms in the Oxytocin Receptor Gene Are Associated with the Development of Psychopathy," *Development and Psychopathology* 26, no. 1 (2014): 21-31.

22 E. Viding and E. J. McCrory, "Genetic and Neurocognitive Contributions to the Development of Psychopathy," *Development and Psychopathology* 24 (2012): 969-83.

23 G. Kochanska and S. Kim, "Toward a New Understanding of Legacy of Early Attachments for

유대감 결핍은 정서발달에 큰 영향을 미쳐 정서적 분리emotional detach-ment, 양심과 수치심의 결여 같은 사이코패스적 특성에 영향을 미치는 것으로 보인다. 두 번째 기여 인자는 어린 시절의 심각한 방임과 학대다. 이러한 조건에서 용납할 수 없는 행동은 얕은 감동shallow affect보다 반사회적 행위와 더욱 강력하게 연관되어 버린다. 유아기에 방임과 학대로 고통 받고 반사회적 행동에서 높은 점수를 받은 사람들도 어머니나 아버지와 어느 정도 유대감이 있다고 가정하면 정상적인 정서적 반응을 보일 수 있다. 심각한 방임과 학대를 겪은 모든 아동이 정신병적 증상을 보이는 것은 아니지만, 일부 아동은 특히나 취약한 것으로 보인다.

어렸을 때 학대를 당했던 사람은 뇌 영상 기술로 확인할 수 있는 뇌 영역에서 구조적인 이상이 있을 가능성이 높다.[24] 또한 일반인보다 조울증과 조현병 등 다양한 정신과 질환에 걸릴 위험이 더더욱 커진다. 학대의 영향을 받는 뇌 영역은 보상 시스템의 전두 영역과 구성요소를 포함하여 매우 많다. 이 영역들은 특히 스트레스에 민감한 것으로 알려져 있으며, 학대를 받으면 뇌 발달에 영향을 미칠 수 있는 높은 수준의 스트레스 호르몬이 분비될 수 있다. 감각기관 또한 접근 반응approach response 감소 및 회피 반응avoidance response 증가와 관련된 것으로 여겨지는 구조적 이상을 보여줄 수 있다.

학대로 인한 뇌 이상은 학대받은 아동의 일부에게 나타나는 정신병

Future Antisocial Trajectories: Evidence from Two Longitudinal Studies," *Development and Psychopathology* 24 (2012): 783–806.

24 Martin H. Teicher et al., "The Effects of Childhood Maltreatment on Brain Structure, Function and Connectivity," *Nature Reviews Neuroscience* 17 (2016): 652–66.

적 형질과 인과적으로 연관되어 있을 것이라는 합리적인 추측을 가능하게 한다. 따라서 뇌 스캔에서 이러한 뇌 이상이 나타난 사람들은 사이코패시 진단을 받은 사람과 동일할 것이라고 예상할 수 있다. 하지만 놀랍게도 상당수는 그렇지 않았다. 마틴 타이커Martin Teicher와 재클린 샘슨Jacqueline Samson은 해당 리뷰 논문review paper에서 마지못해 "학대로 인한 [뇌 구조의] 이상은 대체로 정신병 유무와는 무관하다"라는 결론에 도달했다.[25]

그렇다면 문제는 다음과 같다. 정신병리와 학대로 인한 뇌 이상 중 하나만 있고 다른 것은 없을 수 있다면 그 둘 사이에는 어떤 인과관계가 있는가? 타이커와 샘슨은 다음과 같은 가설을 생각했다. 아마도 뇌 스캐너에서 확인되는 학대로 인한 이상은, 학대를 당한 아동이 겪는 끔찍한 생활 조건을 감안할 때 다소 의아한 방식으로 적응하는 것일 수 있다는 것이다. 만약 그렇다면 뇌 스캐너에서는 볼 수 없는 다른 뇌와의 차이는 사이코패스의 특성을 보이는 사람과 그렇지 않은 사람, 즉 회복력이 있는 학대 피해자와 회복력이 없는 학대 피해자를 구별해야 한다. 그러나 그러한 차이가 무엇인지는 아직 밝혀지지 않았다.

외상성 뇌손상traumatic brain injury 또한 사이코패스 특징과 성격 변화를 포함한 유해한 영향과 관련이 있다. 외상성 뇌손상의 원인은 임신 중 일어나는 문제서부터 낙상, 스포츠 부상, 자동차 사고에 이르기까지 매우 다양하다. 다른 사람에 의해 의도적으로 가해진 손상 또한 아동기 뇌 외상에 중요한 요인이다. 진료소와 영안실에서 아이들은 충격

---

25 M. T. Teicher and J. A. Samson, "Annual Research Review: Enduring Neurobiological Effects of Childhood Abuse and Neglect," *Journal of Child Psychology and Psychiatry* 57, no. 3 (2016): 241–66, https://doi.org/10.1111/jcpp.12507.

을 받거나, 벽에 내동댕이쳐지거나, 차에 치이거나, 둔기에 맞아 손상된 것으로 나타났다. 이러한 부상의 경우 일반적으로 뇌 손상이 광범위하게 발생하며, 그 자체로 뇌에 더 큰 손상을 초래하며 치명적일 수 있는 내부 출혈을 수반할 수 있다. 미국에서는 1~19세 사이의 연령대에서 부상이 가장 큰 사망 원인이며, 외상성 뇌손상은 그중 50%를 차지한다.[26]

손상 원인과 손상 범위의 가변성은 뇌 손상과 개인이 나타내는 정신병리학적 특성 사이의 인과관계에 대한 연구를 제한한다. 신체적·언어적 학대를 가하는 아동 가족의 유전자 데이터를 얻는 것은 일반적으로 어렵다. 일단 뇌 손상은 결코 좋은 일이 아니며, 매우 빈번하게 비극적인 인지적·정서적 결함이 뒤따른다고 말해도 과언이 아니다.

세심증과 열광적인 양심

메이 웨스트Mae West에 따르면 좋은 일이 너무 많으면 좋지 않다고 한다. 그녀가 생각하는 좋은 일들이 무엇인지 안다면 우리는 적어도 제한된 범위 내에서는 그녀가 말하는 요점을 알 수 있을 것이다. 그러면 이러한 질문이 나올 수 있다. 제한된 범위 내라니 무슨 말인가? 우리 모두가 그 제한된 범위라는 것이 정량화될 수 없음을 알고는 있지만 그 범위가 지나치게 초과되면 제한된 범위가 분명해진다. 정신과 의사들은 성적(性的) 강박증에서 벗어나려는 환자들에게서 보이는 끝없

---

26 A. L. Schaller, S. A. Lakhani, and B. S. Hsu, "Pediatric Traumatic Brain Injury," *South Dakota Medicine* 68, no. 10 (2015): 457–61.

는 충동의 영향에 대해 잘 알고 있다. 끊임없이 파고드는 생각들과 수 그러들 줄 모르는 성적 동기 부여는 심신을 쇠약하게 만든다. 이로 인해 정상적인 사회생활과 직장생활을 방해하게 된다. 이러한 강박증은 끊임없이 손을 씻거나 계속해서 숫자를 세거나(내 접시, 네 접시, 그의 접시에 완두콩이 몇 개나 놓여 있는지), 또는 주변 환경을 완벽하게 정돈하도록 사람들을 옭아매는데, 이러한 강박행위 없이는 일과 놀이 그리고 일상생활을 할 수가 없다. 이렇게 통제할 수 없는 강박은 성공에 방해가 된다. 이러한 강박으로 사람이 쇠약해지는 지경이 되면 강박 장애로 분류된다obsessive-compulsive disorders, OCD. 그들이 쇠약해지는 정도가 아니라면 우리는 그들을 짜증난다고 여긴다.

　도덕적 행동은 일반적으로는 칭찬받을 만한 것이지만, 마찬가지로 지나치거나 과도하며 자기 파괴적일 수도 있다. 도덕적 행동에 한계가 없고 통제되지 않을 때 그 행동은 성직자, 목사 그리고 랍비들에게 역사적으로 잘 알려졌으며 아주 오래된 단어인 세심증scrupulosity[27]이라고 불린다. 모든 생명이 신성하다고 확신하는 사람은 개미를 밟지 않으려는 데에 과도하게 정신이 팔려 있을 수 있다. 부의 불평등으로 인해 자신의 재산을 더 많이 기부해야 한다는 강압적인 신념은 합리적인 쾌락과 삶의 만족을 방해하는 것은 물론 가족의 안녕을 위협할 수 있다. 잘못된 논리에 따르면 2마리의 유기견을 집에 데려오는 것이 훌륭

---

27 (옮긴이) 세심증(scrupulosity)은 사전상에는 꼼꼼함, 주도면밀, 세심함 등으로 뜻풀이 되어 있으나 여기서는 일종의 병적 감수성(민감성)으로서, 도덕적 혹은 종교적 이슈에 대해 병적인 죄책감이나 강박관념을 가지는 것을 주요 특징으로 하는 심리장애를 말한다. 세심증은 종종 강박적인 도덕적 혹은 종교적 의무 준수를 수반하며 극심한 고통과 부적응에 빠지게 한다. 다음을 참조. C. H. Miller & D. W. Hedges, "Scrupulosity disorder: an overview and introductory analysis," *Journal of Anxiety Disorders* 22, no. 6 (2008): 1042-58.

한 일이라면, 22마리의 유기견을 데려오는 것은 훨씬 더 훌륭한 일이어야 한다. 일부 세심한 사람들은 자신이 해낸 일에 안도하지 못하고 미완성된 일로 끊임없이 괴로워한다. 래리사 맥파쿠아Larissa MacFarquhar는 그녀의 저서《물에 빠져 죽어가는 문외한들Strangers Drowning》에서 도덕적 강도의 연속체moral-intensity continuum 맨 끝단의 인간 행동에 대해 기록하며, 더욱더 덕스러울 것을 강요하는 사람들을 '공상적 박애주의자do-gooder'라고 지칭했다.[28]

극단적인 도덕주의자들은 우리 모두가 본받는 것을 목표로 해야 하는 아주 좋은 사람들일까? 아리스토텔레스는 아니라고 말했을 것이다. 그는 도덕적 열정보다 도덕적 균형을 선호했던 것으로 유명하다. 그의 '중용Golden Mean(中庸)'(황금률the Golden Rule과 혼동하지 말자)은 우리에게 지나치게 관대하거나 지나치게 인색하지 말고 현명하게 너그러울 것, 너무 무모하거나 너무 겁내지도 말고, 현명하게 용감할 것 등을 충고했다. 공자도 마찬가지로 균형, 조화, 상식에 대해 조언했다. 아리스토텔레스와 공자 모두 그러한 조언은 정량화할 수 없으며, 당신이 언제 어느 한쪽으로 너무 많이 치우쳤는지 정확히 말해줄 수 없다는 것을 잘 알고 있었다. 그들은 상식이란 것이 실제로 어떻든 간에 자신들이 의미했던 바를 충분히 잘 파악할 것이고, 그렇기도 했다. 그러나 세심증으로 고통받는 사람들은 더 많은 선을 행해야 한다는 강박관념에 사로잡혀 좋은 일을 하는 데도 결코 충분하지 못하다며 집착

---

28 Larissa MacFarquhar, *Strangers Drowning: Impossible Idealism, Drastic Choices, and the Urge to Help* (New York: Penguin, 2015). 생물학적으로는 어떻든 간에 때로로 구별이 다소 모호하기는 하지만, 유난히 도와주고 싶어 하는 강한 충동을 가진 사람과 세심증으로 고통 받는 사람들 사이에는 분명 차이가 있다.

한다. 그로 인한 불행한 결과는 정상적인 선행은 사라지고 주변 사람들의 삶이 혼란에 빠진다는 것이다.

세심증은 강박장애OCD의 흔치 않은 특수형이 아니다. 도덕적 규범 또는 종교 의례와 관련한 통제할 수 없는 경직성으로 나타난다. 예를 들어 만약 기도하기 전에 청소하는 것이 의례의 일부분이라면 세심증 환자들은 자신들의 의례에서 청결함이 충분함을 채우지 못했고 그들의 기도가 효과적이지 못할 수 있다는 두려움에 여러 번 청소를 반복할 수 있다. 일부 정신과 의사들은 종교적 혹은 도덕적 믿음이 아마도 해당 강박장애의 원인이 아닐 수 있다고 결론 내리고 있다.[29] 오히려 그들은 강박장애를 가진 피험자들이 오염에 대한 두려움과 불확실성에 대한 공포로 인해 종교 의식이나 도덕적 의무를 강박의 적절한 대상으로 삼을 수 있다고 제안한다. 다른 정신과 의사들은 종교적 훈련이 단순히 못된 생각만 하더라도 실제 못된 행위들을 저지른 것과 동일시하는 등 죄와 죄책감을 강조할 때, 강박적이고 파괴적인 사고의 발생률이 더 높아진다고 보고한다.[30] 마음속에서 죄짓는 것이 세상에서 죄짓는 것과 다를 바 없을 정도로 나쁘다는 교리는 문자 그대로 받아들인다면 감당하기에는 너무나 무거운 짐이다. 강박장애 경향을 가진 사람들은 생각만 해도 행동으로 옮긴 것과 마찬가지라는 말을 헛소리라고 치부하는 능력이 다른 사람보다 떨어질 수 있다.

종교적 죄지음, 성관계, 고해에 대한 과도한 우려와 같은 종교적 강

---

29 David Greenberg and Jonathan D. Huppert, "Scrupulosity: A Unique Subtype of Obsessive Compulsive Disorder," *Current Psychiatry Reports* 12 (2010): 282-89.

30 M. Inozu, A. N. Karanci, and D. A. Clark, "Why Are Religious Individuals More Obsessional? The Role of Mental Control Beliefs and Guilt in Muslims and Christians," *Journal of Behavior Therapy and Experimental Psychiatry* 43, no. 3 (2012): 959-66.

박관념은 오랜 역사를 가지고 있다. 성 알폰소Saint Alphonsus(1696-1787)
가 십자가와 같은 것을 밟는 것에 대해 과도한 두려움으로 고통받았던
것처럼, 수세기 전 교회 사람들은 주기적으로 교구민들이 지나치게 양
심적인 태도를 취하지 말라고 경고했다.

> 현실적으로는 전혀 죄가 없음에도 사소한 이유로 그리고 합리적
> 근거 없이 죄에 대해 빈번히 두려워할 때 양심은 세심해진다. 양
> 심의 가책이란 무엇인가에 대한 불완전한 이해인 것이다.[31]

1541년 예수회를 세운 성 이냐시오 데 로욜라St Ignatius of Loyola는 그
가 죄에 지나치게 초점을 맞췄었다고 기록했다. 그가 인정하는 집착은
아마도 양심의 가책이었을 것이다.[32] 이와 같이 가늠해 본다면 그의
집착은 악마의 작품으로 간주되었다. 이처럼 악마에게 귀속되는 세심
증은 세심증인 사람들이 양심적인 것은 훌륭하지만 개인과 사회적 비
용을 초래할 정도로 지나치게 양심적이라는 점을 합리적으로 관찰한
것에서 비롯했을 것이다. 어쨌든 그러한 행동이 바람직하지 않다는 통
찰은 전형적으로 세심증인 사람들에게는 부족했지만, 이러한 관점에
서 로욜라는 예외였다. 통찰의 부족은 보통은 덕행에 부합한다는 진심
어린 승인과 결부될 수 있을 것이다.[33]

---

31 Alphonsus de Liguori, *Selected Writings*, ed. Frederick M. Jones, The Classics of Western
Spirituality (New York: Paulist Press, 1999), 322.
32 G. E. Ganss, ed., *Ignatius of Loyola: The Spiritual Exercises and Selected Works* (New York:
Paulist Press, 1991), 77-78.
33 여기 세심증 정보 관련한 유용한 사이트가 있다: 로스앤젤레스 강박장애 센터(OCD
Center of Los Angeles), "강박장애에 있어 도덕적 세심증: 인지적 왜곡(Moral Scrupulosity in
OCD: Cognitive Distortions)," 2014년 6월 17일 검색, http://ocdla.com/moralscrupulosity-ocd-
cognitive-distortions-3405.

한 가지 가설은 강박장애로 고통 받는 사람들은 불확실성에 대해 기질적으로 참지 못한다는 것이다.[34] 종교상 문제에 대한 확실성은 본질적으로 도달 불가능하다는 이유로 강박장애인 사람들이 하나님의 은총을 확신하거나, 혹은 하늘나라에 더 가까워지기를 소망하며 반복적으로 고해하거나 기도할 수 있다. 제시된 가설은 인지적/정서적 수준에 있으며, 도움이 될 수도 있겠지만, 나는 뇌의 집적회로인 뇌 네트워크 측면에서의 더 심오한 수준의 설명에 더 신뢰를 둔다.

종교적 믿음이 없음에도 세심증에 사로잡혀 있는 사람들에 있어서는 어떤 측면에서 불가피하게 미흡하다고 여겨지는 일부 도덕 영역, 종종 성관계와 관련한 수행이 있다. 성적(性的) 환상에서 방황하는 자신을 컨트롤하는 것을 포함하여 도덕적 행위에서의 완벽이란 결코 달성할 수 없는 것이다. 이러한 실패의 필연성이 처벌에 대한 두려움을 포함한 고통을 초래하며, 도덕적 기준에 다가서기 위해 새롭게 강화된 노력을 야기한다. 세심증인 사람의 양심은 겉보기에 부도덕한 행위를 쉴 새 없이 질책하면서 사실상 부당한 일을 요구하고 있는 잔인한 감독자이다. 사이코패스가 전적으로 양심의 가책을 전혀 느끼지 않는다면 세심증인 사람은 그 반대로 양심의 가책에 압도당하는 것이다.

내 대학 지인의 경우처럼 세심증으로 인해 음식 제한이 결정되어 버린다면 그 사람은 사회적으로 점점 더 용인되지 않는 청렴 수준에 도달하려는 바람 속에서 스스로를 서서히 굶주리게 할 수 있다.[35] 안

---

34 Fletcher Wortmann, *Triggered: A Memoir of Obsessive-Compulsive Disorder* (New York: St. Martin's Press, 2012).

35 강박적 기아(OCD starvation)의 사례 보고서는 다음을 참조. Dinesh Dutt Sharma, Ramesh Kumar, and Ravi Chand Sharma, "Starvation in Obsessive-Compulsive Disorder Due to Scrupulosity," *Indian Journal Psychiatry* 48, no. 4 (2006): 265–66, https://doi.org/10.4103/0019-5545.31563.

타깝게도 내 지인은 결국에는 풀만 먹고 살려고 했다. 시간이 흘러 그의 양심이 풀을 먹는 것도 풀의 권리를 침해하는 것이라고 간주하자 그는 식습관을 순전히 햇빛 하나에만 의지하는 것으로 전환했다. 그의 꼬불꼬불한 행보는 결국 비극으로 끝났고 끝내 죽고 말았다.[36]

일반 인구 중 강박증의 발생률은 보수적으로 2~3%로 추정되지만, 세심증을 가진 강박장애의 추정치는 어떻게 해석할지에 따라 지역마다 각기 다르다. 한 공동체에서 죄짓는 것에 지나치게 걱정한다고 여겨지는 사람들은 다른 공동체에서는 잠재적인 성인으로서 간주될 수 있으며, 그에 따라 강박장애가 전혀 없음으로 분류될 수 있다. 그러나 일반적으로 동의하는 바는 지나친 기도, 청소, 고해로 인해 정상적인 삶에 크게 지장을 준다는 것이다. 하루에도 서너 번씩 불려 와 불안에 떠는 교구 사람의 고해성사를 들어줘야 하는 사제들은 세심증이 있는 사람이 직업을 유지하거나 가족을 제대로 돌볼 수 없다는 것을 잘 알고 있다.

세심증은 어떻게 진단되는가? 펜의 세심증 검사Penn Inventory of Scrupulosity는 간단히 말해 18개의 설문문항이 한 묶음으로 되어 있다.[37] 피험자들은 각각의 문항에서 0점(전혀 그렇지 않다)에서 4점(극단적으로 그렇다)

---

36 당시 우리는 대학원생이었고, 그러한 현상에 대해 전혀 들어본 적 없었다는 말을 아마도 덧붙여야 할 것 같다. 그가 심각한 정신 질환을 앓고 있다는 것을 전혀 알지 못했기에 그가 정말 배고프게 되면 제정신으로 돌아올 것이라고 우리는 확신했다. 그리고 우리는 확실히 그가 멍청한 짓을 그만둘 것이라고 생각했다. 물론 지금 같았다면 나는 그의 가족을 찾아가 경고했거나 최소한 이 일에 개입해 줄 만한 의사를 찾았을 것이다. 너무나 빈번하게도 모르는 게 능사인 것은 아니다.

37 "The Penn Inventory of Scrupulosity (PIOS)," 2018년 7월 9일 검색, http://www.psytoolkit.org/survey-library/scrupulosity-pios.html. 강박장애를 평가하도록 설계된 다른 검사들은 다음과 같다. : the Maudsley Obsessive-Compulsive Inventory, the Perfectionism Cognitions Inventory, the Multidimensional Anger Inventory, 그리고 the Barron Ego Strength Scale.

까지의 척도를 사용하여 그들 자신에게 어떻게 적용되는지를 말함으로써 응답하게 된다. 총점이 21점 이상이 되면 어느 정도의 강박장애를 나타낸다고 한다. 여성과 남성은 거의 동등하게 영향을 받았다. 설문 사례는 다음과 같을 수 있다. "나는 오염되었다고 느끼기 때문에 자주 씻거나 청소를 한다." 또는 "나는 끔찍한 생각이 들지만 떨쳐버리기가 어렵다." 확실히 21이라는 임곗값이 다소 임의적이지만, 극단 값 사이에서 임계값은 임상적으로 유용하며 정신과 의사들은 자신들의 임상 경험상 21점이 상당히 잘 맞는 것 같다는 것에 일반적으로 동의한다.

세심증에 고통 받는 사람들과 더 전형적이긴 하지만 진지하게 도덕적 관심을 가진 사람들 간의 근본적인 뇌의 차이에 대해서는 거의 알려진 바가 없다. 강박장애를 가진 이들은 보상시스템과 관련하여 무엇인가가 꽤나 잘못되었을 가능성이 높다. 일부 뇌 스캔 결과는 보상시스템과 전두피질 간의 정상적인 신호교환이 어떤 식으로든 문제가 있음을 시사한다.[38] 하지만 정확히 어떤 면에서, 그리고 왜 손을 씻거나 심장 박동을 확인하는 것과 같은 유용한 습관들이 통제할 수 없는 습관이 될 수 있는지는 여전히 수수께끼다.

강박장애를 가진 사람들은 선택적 세로토닌 재흡수 억제제selective serotonin reuptake inhibitors, SSRIs에 아주 잘 반응할 수 있지만, 그러나 정반대로 그렇지 않을 수도 있다. 세로토닌은 뇌의 광범위한 영역에서 통상

---

38 A. M. Graybiel and S. L. Rauch, "Toward a Neurobiology of Obsessive-Compulsive Disorder," *Neuron* 28 (2000): 343-47; Claire M. Gillan and Trevor W. Robbins, "Goal-Directed Learning and Obsessive-Compulsive Disorder," *Philosophical Transactions of the Royal Society of London. Series B, Biological Sciences* 369, no. 1655 (2014): 20130475, https://doi.org/10.1098/rstb.2013.0475.

발견되는 신경조절물질이며, 3장에서 살펴봤듯이 보상 시스템에서 중요한 역할을 감당한다. 만성 우울증 치료에 널리 사용되는 프로작과 같은 약물은 뉴런의 수용체와 결합하는 세로토닌의 가용성을 증가시키는 방식으로 세로토닌 시스템에 영향을 준다. (다음의 선택적이란 말은 도파민과 같은 다른 대상이 아니라 해당 약물이 세로토닌을 대상으로 한다는 것을 뜻할 뿐이다) 왜 선택적 세로토닌 재흡수 억제제SSRI가 강박장애OCD나 우울증 치료에 영향을 미치는가에 대해서는 아직은 잘 알려져 있지 않다. 또한 강박장애가 있는 사람이 왜 식사 제한과 같은 다른 행동보다는 종교적 준수와 같은 한 종류의 행동에 집착하게 되는 이유 또한 제대로 알지 못한다.

우리의 양심은 나쁘게 처신할 수 있다. 그럼에도 불구하고 우리의 기분이 급등락하더라도, 삶이 우리에게 던지는 어려움에 막히고 방황할 때에도, 우리는 우리의 양심이 마치 나침반처럼 안정되어 있다고 믿고 싶어 한다. 하지만 때로는 우리의 양심도 안정적이지 않을뿐더러, 자석으로 작동하는 나침반조차 북극권에 가까이 다가갈 때처럼 엉뚱한 방향으로 굽어질 수 있다. 우리 자신의 심리적 동요 속에서도 우리를 흔들리지 않게 도와주는 것은 우리의 사회 제도와 일반적인 사회생활이다. 그리고 이들이 위협받을 때, 우리는 매우 방황하는 것처럼 느낄 수 있다.

균형 잡힌 양심

아리스토텔레스의 견해에 따르면 보통의 실용적인 판단과 마찬가지로 도덕 판단에서의 균형은 하나의 스킬이라고 한다. 그는 우리가 사회적 소란에 대한 방어로써 그리고 문제를 극복하는 방법으로써 가능한 한 효과적으로 그러한 스킬을 함양하는 것이 매우 현명할 것이라고 생각했다. 아리스토텔레스와 비슷하게 영원한 현자 닥터 수스Dr. Seuss[39]는 "조심스럽게 그리고 능숙한 솜씨로 발을 내딛도록 하라. 그리고 인생의 가장 균형 잡힌 그 행위를 기억하라"고 조언한다.[40]

뇌가 아리스토텔레스가 생각했던 균형을 이룰 수 있는 많은 방법들이 있을 것이고, 아마도 우리들 각자 고유의 방식을 찾게 될 것이다. 우리가 밸런스의 은유를 좀 더 문자 그대로 받아들이고, 우리 몸의 균형을 유지하기 위해 우리에게 필요한 것이 무엇인지 생각해 본다고 가정해 보자. 신체 균형의 문제는 모든 뇌가 해결해야 하며, 인간과 같은 두 다리를 가진 동물에서는 이 문제가 특히 신경계에 요구된다. 영유아 때 우리는 똑바로 앉기를 배우고 나서 기어가기를 배우고, 천천히 돌아다니기를 배우다가 마침내 걷기를 배우게 된다. 뇌는 근육, 힘줄, 관절로부터의 피드백과 눈과 피부로부터의 피드백뿐만 아니라 우리의 기초적 균형 메커니즘인 전정계vestibular system[41] 자원을 사용한다. 이것이 균형과 함께 넘어지지 않게 해주는 것에 대한 전부이다.

---

39 (옮긴이) 본명은 시어도어 수스 가이젤(Theodore Seuss Geisel)이며, 미국의 유명한 동화책 작가이다.

40 Dr. Seuss, *Oh, the Places You'll Go!* (New York: Random House, 1990).

41 (옮긴이) 전정계(vestibular system)는 감각기관의 하나로서, 머리의 움직임과 관련된 정보를 수집하고 이를 뇌로 전달하여 우리가 균형을 유지하고 움직임을 조절할 수 있도록 돕는다.

삶의 균형을 이루는 것이 효율적이고 편안한 이족 보행을 하도록 성장하는 것과 비슷하다고 가정해 보자.

우리가 뒷다리로 효율적으로 걷기 위해 학습할 때, 우리의 뇌는 자신이 갖고 있는 특정한 신체 구조에 대해 대처해야 한다. 우리는 아기일 때 매우 짧은 다리로 아장아장 걸어 다녔지만 결국 우리 몸이 성장하고 변화함에 따라 전형적인 보폭에 정착한다. 키가 크든 작든, 마르든 통통하든 아니면 다리 근육의 수축 속도가 일반적으로 느리든 아님 빠르든 간에 우리는 균형을 유지할 수 있다. 뇌는 만약 한쪽 다리가 다른 쪽 다리보다 더 짧더라도 30파운드짜리 짐을 들고 있어도 충분히 잘 대처할 것이다. 우리는 지팡이나 목발을 사용할 수 있고, 뇌는 재빠르게 적응한다. 우리는 스케이트나 스키를 탈 수 있다. 연습을 통해 우리의 균형은 유지될 것이다. 게다가 노력과 관심을 기울이면 연기자나 체조선수들이 하는 대로 우리는 자세의 질을 바꿀 수 있고 따라서 우리의 움직임을 바꿀 수 있다.

우리가 휘청거릴 경우 다시 균형을 잡기 위해 전정계(내이(內耳), 뇌간brainstem, 피질)에 의지하게 된다. 우리는 넘어지지 않기 위해 팔을 뻗는데, 여기에 의식적 계산은 전혀 필요하지 않다. 우리는 전정계 시스템을 통해 자기운동self-motion과 움직여지는 것을 구별하게 된다. 의식적 노력 없이도 전정계는 우리가 균형을 유지하게 해준다. 우리는 어느 방향이 위로 향하는지 안다.

아리스토텔레스가 말한 균형은 우리의 인생살이와 다소 비슷할 수 있다. 우리의 뇌는 우리가 우연히 가지게 된 기질, 성격, 체력, 특정한 정서들의 혼합과 선호도, 목표 정도만 가지고, 삶이 우리에게 던져주는 시련과 고난에 대응해야만 한다. 때때로 우리는 비극으로 인해 좌절하기도 하고 성공으로 인해 아주 위험할 정도로 높이 올라가기도 한다. 그에 따라 우리는 실수할 수도 있을 것이다. 평상시에 기본이 잘 갖춰져 있다면 우리는 스스로에 대해 곰곰이 생각하고 반성하며 솔직한 친구의 말에 귀를 기울이면, 우리의 뇌는 결국 우리의 **설정점**으로 돌아가는 길을 찾을 것이다. 다시 말해, 우리의 뇌는 우리가 있어야 할 곳으로 다시 돌아가는 경향이 있다.

우리의 뇌는 왜 그런 설정점을 가지게 될까? 전형적으로 우리가 사회성과 접속되어 있기 때문이다. 우리는 소속되어야 하고 친구를 가져야 하며, 사회적 삶을 살아야 할 필요가 있다. 우리는 또한 분별력과 연결되어 있어야 하고 우리 자신의 필요를 보는 것과도 연결되어 있어야 한다. 만약 오랫동안 조화와 균형을 유지할 수 있다면 우리는 번식에 충분할 만큼의 긴 시간 동안 생존할 더 나은 기회를 가지게 될 것이다. 회복력, 희망 그리고 결단력은 어려운 시기에도 우리로 하여금 계속 나가게 해주는 생물학적인 적응이다. 그러한 심리적 균형은 우리가 침착하고 계속 나아갈 수 있게끔 어떻게 도파민과 세로토닌 같은 신경조절물질이 서로 간의 균형을 잡아줄지에 달려 있을 수 있다(3장 참조).

나는 전정균형vestibular balance과 아리스토텔레스의 균형 간의 비유를 그다지 많이 하고 싶지는 않다. 분명 그것은 한계가 있다. 그러나 앞서 언급한 심리적 균형이나 흠결을 기술하기 위해 자주 사용되는 균형 관련 비유들을 보고 있으면 내 마음도 흔들린다. 그 비유들은 사람을 묘사하는 데 있어 균형을 잡지 못하고 어지러워하는 것부터 시작하여 불안정하고 혼란해 하는 것까지 존재한다. 사람들은 실수한다거나, 발을 헛디디거나, 비틀거리거나, 절제력을 잃었다고 하는 말을 듣거나 그렇지 않고 운이 좋으면 행실을 바로 하면서 착실해졌다는 말을 듣게 된다. 때때로 충고란 것은 균형에 대한 비유와 함께 포장되어 있다. 예를 들어 "평정이란 열망과 무관심 사이에 균형을 이루는 것이다"[42] 같은 것. 이와 관련 없는 비유들도 마찬가지로 흔하지만, 아마도 균형에 대한 비유가 특별히 높은 지위를 가진 것은 아닐 것이다. 그럼에도 불구하고 비유의 유용함에 대해 내가 알게 된 바는 그것이 우리의 생물학적 본성과 그 진화에 대한 예비교육이라는 점이다.

우리의 양심과 그 설정점에 대한 다른 종류의 사고방식은 스코틀랜드의 경제학자 아담 스미스Adam Smith(1723-1790)로부터 유래한다. 그는 어떤 행동의 도덕적 지위를 고려하고 있을 때 시뮬레이션 모드로 들어간다고 설명했다. 그는 스스로를 두 역할을 감당하는 각각의 두 사람으로 상상했다. 하나는 시험관이고, 다른 하나는 시험을 치르는 사람이다. 양심은 시험관이다. 좀 더 효과적인 시험관이 되기 위해 스미스는 거리감과 공정성이 필요하다고 제안했다.

> 우리는 공정 내지 공평한 다른 관찰자가 우리의 행위를 검토하는
> 것을 상상하듯이 자신의 행위를 검토하려고 노력한다.[43]

우리가 의도치 않게 스스로를 우호적으로 보도록 꾸민다는 것을 인지하면서 스미스는 처음에는 친구들이 우리들에 반응해주고 판단해줄 것을 마음속에 그릴 수 있다고 제시했다. 시작할 때는 그러한 것이 괜

---

42 다음을 참조. *Made of Metaphors* (blog), "Balancing Act," 2018년 7월 9일 검색, http://madeofmetaphors.com/balancing-act.

43 Adam Smith, *The Theory of Moral Sentiments*, ed. D. D. Raphael and A. L. Macfie (Oxford: Clarendon, 1976), pt. 3, chap. 1, sec. 2. First published 1749.

찮겠지만, 우리의 교활하고 자기 잇속만 차리는 본성은 실제로 우리가 받을 만한 것보다 상당히 더 많은 관대함을 기대할 것이다. 그래서 스미스는 좀 더 성숙한 결과를 위해 시뮬레이션된 심판은 우리가 상상할 수 있는 한 진정 공명정대한 것에 가까워야 한다고 주장하였다. 그렇다면 그러한 것을 어떻게 얻을 수 있겠는가? 자, 당신의 행위로 수혜 볼 친척이나 친구 혹은 그러한 사람들을 시뮬레이션 대상으로 삼지 말도록 하자. 더욱이 우리는 공명정대한 관찰자의 인지적 평가뿐만 아니라, 그들이 어떻게 느낄지에 대해서도 상상해야 한다.

흔치 않지만 사람들은 이제 어떤 선택을 할지 질문한다. "예수님은 어떻게 했을까?" 이는 기독교인이 특정 딜레마에서 스미스의 조언을 따르는 합리적인 방법이다. 스미스는 우리의 공명정대한 관찰자로서 시뮬레이팅하기로 선택한 사람들에 있어 가변적일 수 있다는 것을 깨닫게 되었다. 마틴 루터 킹Martin Luther King일 수도 있고, 윈스턴 처칠Winston Churchill일 수도 혹은 솔직하고 공정한 선생님일 수도 있다. 단순히 시뮬레이션하기보다는 변호사나 상담사와 같이 우리가 실제로 상담했던 사람일 수도 있다.

완벽하지는 않더라도 존경할 만한 사람의 행동을 모델링하는 것은 인간 발달의 전형적인 특징이다. 우리가 존경하는 사람들의 불완전함을 알게 되면, 우리는 그들의 최선의 판단을 시뮬레이션하면서 그 불완전함을 제외시킨다. 우리가 다른 사람들을 본으로 삼는 것은 또한 카리스마 있는 유명 인사들이 악당이나 사기꾼들 또는 소아성애자가 아니어야 함이 아주 중요한 이유이기도 하다. 그리고 우리 자신이 비겁하지도 인색하지도 않고 비열하지 않아야 하는 것도 중요한 이유이다. 4장에서 본 바와 같이 우리가 사회 영역에서 정상이라고 생각하는 것은 의식적 인식 없이 변화하며 다소 유연해질 수 있다.

스미스에 따르면 궁극적으로 공명정대한 관찰자의 판단을 시뮬레이션하는 이 방법은 제2의 본성이 되며, 시뮬레이션하는 데 필요한 노력은 줄어들게 된다. 당신은 의사결정 과정에서의 무의식적인 부분으로서 공평한 판단을 내재화하게 될 것이다. 또는 이렇게 말할 수도 있겠다. 기저핵전두 연결basal ganglia-frontal connectivity이 대부분의 결정을 처리할 수 있도록 안정된 설정이 정착되었다. 그렇지만 아직도 해당 전략은 남용될 수 있는데, 예를 들어 부처라면 그랬을 것이라고 생각하는 중에도 우리가 전적으로 정직하지 않다면 특히나 그렇다. 내 스스로에 대한 시뮬레이션에서 라스베이거스에서 도박하기 위해 내 직장의 은퇴연금 계좌를 빼돌려도 된다고 부처님이 승인했다던가 하는 식으로 속임수를 쓸 수도 있다. 분명 스미스는 너무나도 인간적인 이러한 약점을 깨달았겠지만, 적어도 자신의 전략이 이 세상에서는 좋은 결말을 이끌어줄 것이라고 여겼을 가능성이 크다.

실제로는 플라톤의 생각[44]을 각색한 스미스의 아이디어는 양심이 우리 머릿속에 있는 뇌의 결과라는 사실을 이해하는 그의 방식이었다. 양심은 우리의 신경회로망에 뿌리를 둔 뇌의 구성체이며, 신적인 존재가 우리 안에 심어놓은 신학적 실체가 아니다. 정직하게 자문 받는다고 해도 양심은 절대 확실한 것은 아니다. 양심은 시간이 지남에 따라 발달하며 인정과 불인정에 민감하며, 성찰과 상상력과 결합하여 나쁜 습관, 나쁜 친구, 나르시시즘의 시대정신에 의해 뒤틀릴 수 있다. 모

---

44 Plato, *The First Alcibiades: A Dialogue on the Nature of Man*, trans. Floyer Sydenham and Thomas Taylor (Jon W. Fergus, 2016), 132C–33C. First published 1804. See also Seneca, *Letters from a Stoic*, trans. Richard M. Gummere (Digireads.com, 2017), 11.8–10, 25.5–6.

든 사람이 양심을 갖게 되는 것은 아니며(사이코패스에서 증명), 때로는 양심이 병적인 불안감의 노리개가 되기도 한다(세심증 환자처럼). 이 모든 것을 고려할 때 우리가 할 수 있는 최선은 공명정대한 관찰자가 우리를 어떻게 판단할지 이해하는 것을 목표로 하는 것이다. 이 말이 상식적인 것인지에 대한 질문에 나는 그렇다고 생각한다. 아담 스미스와 데이비드 흄은 여전히 그리고 지금도 빛나는 상식의 본보기이다.

양심에 오류가 없거나 종교가 절대적인 규칙을 제공하지 않는 한 도덕은 기반을 둘 것이 전혀 없고, 무엇이든 허용된다고 주장하는 것은 아무런 소용이 없다. 우선, 그러한 주장은 거짓이다. 또 다음으로 우리에게는 도덕이 기반을 둘 만한 무언가, 즉 유전 신경생물학inherited neurobiology이 있다. 이에 덧붙여 우리에게는 어느 정도 시간과 다양한 조건에 따라 검증되어 한 세대에서 다른 세대로 전해져 내려오는 전통을 가지고 있다. 우리에게는 많은 지혜를 구현하는 기관과 제도가 있다. 그러한 것들이 돛으로서 기반이 되어준다. 불완전하다고? 물론 그렇다. 그럼에도 불구하고 불완전한 기반이 거짓된 기반보다는 더 낫다. 우리가 원치 않는 일은 무오한 양심이나 신성한 법에 대한 신화를 날조하여 그것을 사실인 것처럼 퍼트린 다음, 사람들이 그 모든 것이 지어낸 것이라고 깨닫고 나서야 들통나는 것이다.

그러므로 도덕적 행동과 그 도덕적 행동을 이끄는 양심은 생물학적으로 설명할 수 있다. 그럼에도 불구하고 인간의 도덕적 행동의 기원과 본질에 관한 매우 다양한 이론이 존재하며 널리 받아들여지고 있다. 생물학적 관점은 이러한 다른 접근 방식에 어떻게 맞설 것인가? 다음 장에서 그 주제를 다루고자 한다.

CHAPTER 7

사랑이 그것과 무슨 상관일까?

사랑이 그것과 무슨 상관일까?

보편적일 가능성이 가장 높은 것은 너무나 흔하기에 규칙의 형태로 언급할 필요가 없는 충동이다.

제임스 Q. 윌슨[1]

규칙에 따라

1989년 나는 뇌에 대한 기본적인 사실을 배우고 싶다는 달라이 라마Dalai Lama의 요청에 따라 로스앤젤레스에 초대받았다. 우리 그룹은 네 명의 신경과학자로 구성되어 있었다. 래리 스콰이어Larry Squire는 사건과 에피소드의 기억에 대해, 앨런 홉스Allan Hobson는 수면과 꿈에 대해, 안토니오 다마지오Antonio Damasio는 의사결정에서 정서의 역할에 대한 데이터를, 그리고 나는 과학자들이 일반적으로 물리적 뇌 이외에 비물리적 영혼이 있다고 믿는지 아니면 뇌가 꿈을 꾸고 생각하고 느끼는 것인지에 대한 문제를 다루는 일을 맡았다. 나는 뇌만 있을 뿐 영

---

1   James Q. Wilson, *The Moral Sense* (New York: Free Press, 1993), 96.

혼은 없다는 것을 암시하는 광범위한 데이터에 대해 설명했다.

달라이 라마와 우리 네 사람의 사적인 대화가 있었고, 필요할 때마다 불교 승려들이 통역을 도왔다. 긴 정원 식탁에서 점심을 먹으면서 나는 승려들에게 불교에서 십계명에 해당하는 것이 무엇인지 물어보며 대화를 시작했다(지금 생각해도 이 순간은 내가 불교에 대해 얼마나 무지한지를 여실히 보여줬기 때문에 매우 부끄러운 순간으로 남아 있다. 여전히 얼굴이 화끈거리지만 이 이야기에 꼭 필요한 내용이기 때문에 이를 포함시켰다). 나의 무지에도 승려들은 불교에서의 도덕성은 규율에 기반하지 않는다고 공손하고 친절하게 설명해주었다. 대신에 연민, 신중함 그리고 문제를 다각도로 바라보고 연장자에게 조언을 구하기는 습관을 길러준다고 하였다. 다른 집단과 마찬가지로 불교의 사회 집단에도 사회적 규범이 있지만, 이 규범은 엄격하게 지켜야 할 규칙이라기보다는 참고해야 할 가이드라인으로 기능한다.

그날 저녁 강연에서 달라이 라마는 도덕성에 대한 이러한 핵심 아이디어를 확장 했으며, 점심시간의 내 동행자들처럼 엄격한 규칙은 걸림돌이 될 수 있는 반면, 유연한 가이드라인은 개인의 특별한 이력과 상황을 포함하는 실제 삶에서의 의사결정에 조금 더 도움이 되는 경향이 있다는 것을 설명했다. 이야기, 존경할 만한 롤 모델 그리고 강한 사회적 습관의 발달이 융통성 없는 규칙의 반복적 연습보다 교육도구로서 조금 더 효과적이었다.[2] 열심히 귀 기울이는 동안 나는 달라이 라마의 도덕성에 대한 의견이 적어도 학계에서 서방 도덕철학을 지배했던 (짧게 말해) 규칙 제공자라기보다는 아리스토텔레스와 흄에

---

2   Ruth Paradise and Barbara Rogoff, "Side by Side: Learning by Observing and Pitching In," *Ethos* 37, no. 1 (2009): 102–38을 참조.

조금 더 부합하다는 것을 깨달았다. 규칙 제공자가 규정한 **진정한** 도덕 이론은 보편적인 규칙을 찾고 그것이 종교 또는 순수이성에서 어떻게 기원했는가를 보여주는 것으로 구성된다.[3]

샌디에이고로 운전하며 돌아가는 길에 나는 궁금해졌다. 규칙 제공자와 지혜를 찾는 사람 사이의 이러한 차이는 우리가 그 추종자들에서 관찰할 수 있는 사회 행동의 질(質)을 비교할 때 나타날까? 규칙 제공 사회는 지혜를 추구하는 사람들의 사회보다 더 대단한 도덕적 품위와 덕을 보여줄까? 내가 결정할 수 있는 것은 아니다. 그 누구도 그들의 도덕성이 규칙 기반이 아니라는 이유로 일반적으로 불교신자들이 도덕적으로 열등하거나 다소 타락했다고 진지하게 주장할 수 없다.

문화 전반에 걸친 실제 행동에 대한 나의 피상적 비교는 현시대의 도덕 이론화를 지배하는 가정을 다시금 새롭게 살펴보도록 했다. 만약 지혜 추구를 지향하는 사회가 엄격한 규칙을 지향하는 사회와 별반 다를 것이 없다면 **엄격한 보편적** 규칙은 도덕적으로 선한 행동을 유발하는 데 있어 필수적이지도 심지어 유리하지도 않을 것이다. 나는 왜 대부분의 동시대 도덕철학자들은 도덕적 영역에서 세련되지 못하다며 아리스토텔레스와 흄을 열외로 취급했을까 하는 의문이 들기 시작했다. 더구나 몇 가지 주목할 만한 예외는 있지만 동시대 도덕철학자들은 생물학이 인간 도덕성의 본성에 대해 무엇인가 알려줄 것이라는 아이디어를 단호하게 거부하고 있다.[4] 왜 아리스토텔레스와 흄과 달리

---

3 이는 토론토 대학교의 주류 도덕철학자인 토마스 허카(Thomas Hurka)가 2012년 미국철학 협회(American Philosophical Association, APA)의 시카고 학회모임에서 한 내 저작에 대해 논의한 비판의 핵심이었다.

4 주목할 만한 예외에는 줄리언 바지니(Julian Baggini), 사이먼 블랙번(Simon Blackburn), 로니 드수사(Ronnie deSousa), 데이비드 에드먼즈(David Edmonds), 오웬 플래너건(Owen Flanagan),

그들은 도덕적 의사결정에 있어 생물학이 중요한 역할을 하지 않는다고 보는가?

규칙 제공자의 세 가지 문제

첫째, 도덕성이 보편적 규칙을 구성하지 않는다면 그것은 도덕성일 수 없다는 규칙 제공자들의 규정은 실제로 그저 하나의 규정에 불과할 뿐이다. 하지만 내 학생들처럼 버릇없게 반문할지 모른다. "설마 그럴 리가요?"

둘째, 도덕철학에서 규칙 제공자의 목표, 즉 도덕성을 진정으로 특징 짓는 보편적이고 예외 없는 규칙을 규정하는 것은 눈에 띄게 성공한 적이 없다. 수십 년의 노력에도 불구하고 이러한 목표를 공유하는 사람들 사이에서조차 그 목표가 달성되었거나 심지어 거의 달성되었다는 그 어떤 합의도 존재하지 않는다. 한 가지 주요 문제점은 인기 있는 후보이론들에서도 우리가 여기서 보게 될 바와 같이 큰 결함이 있다는 것이다. 설상가상으로 각 후보 이론은 다른 후보 이론들이 절망적인 결함이 있다며 경멸하고 있다는 것이다. 이러한 결함들과 씨름하며 굴복시키려는 영리한 시도들이 수년간 있었음에도 불구하고 이 결점들은 지속되었다. 특이하게 규칙 제공자의 교리를 고수하는 사람들은 전략의 실패가 해당 가정에 대한 재평가를 좀처럼 이끌어내지 못하면서, 대신 그 가정에 대해 더 헌신하라고 독려하는 것 같다.

마크 존슨(Mark Johnson), 월터 시놋-암스트롱(Walter Sinott-Amstrong), 나이젤 워버튼(Nigel Warburton)이 있다. 무엇보다도 그들은 내게 용기를 주었다.

셋째, 그리고 가장 비판적인 부분은 현실에서 의사결정이란 전형적으로 제약 충족[5] 과정constraint satisfaction process이다. 육체적 선택이든 사회적 중요 선택이든 선택에 직면했을 때, 우리의 뇌는 많은 제약들을 통합하여 무엇을 해야 하는지에 대한 결론에 도달하게 된다. 일부 관련 제약들은 다양한 선택의 결과에 대한 예측과 더불어 관찰 가능한 상황에 대한 사실들이다. 일부는 나의 선택에 의해 영향을 받는 다른 사람들에 대한 사실, 즉 그들의 현재 및 예상되는 마음 상태와 이 상황에서 사회적으로 규범적이 되는 것에 대한 사실이다. 일부는 자신의 역량과 선호뿐만 아니라 가용 자원에 대한 사실이다. 종종 시간 제약이 있으며, 이는 평가 과정을 제한할 수 있다. 중요한 것은 우정, 교육, 사유 재산, 아름다움 등과 관련된 **가치들**에 대한 몇 가지 제약 사항이다.

제약 조건은 사람에 따라 그 중요도가 다르기 때문에, 그에 따라 제약들에 가해지는 가중치도 달라지게 된다. 예를 들어 어떤 사람들은 공정성을 강하게 평가하고, 어떤 사람들은 그렇지 않을 것이다. 또한 어떤 제약은 예측된 결과가 매우 가능성이 높은 것으로 간주되는 반면, 다른 예측 결과는 단지 희망이나 기도에 불과하기 때문에 제약들 또한 그 확실성에 관한 평가에 따라 다양하게 될 것이다. 우리는 수년 간의 경험을 바탕으로 다양한 시간 척도에 걸쳐 통합하고, 상상 속에서 결과를 시뮬레이션하며, 우리의 기억에서 도출된 관련 유사 사례들

5　(옮긴이) 인공지능과 운영연구(operations research, 수학적 분석방법을 이용하여 경영, 군사, 정책 효율성을 높이기 위한 연구)에 있어 제약 충족(constraint satisfaction)이란 상황에 부과된 제약들의 집합 속에서 변인들이 제약들을 만족시키는 답을 구하는 과정을 뜻한다. 따라서 그 답은 모든 제약들을 충족시키는 변수 값들의 집합이 되며, 가용 영역 내의 한 점이 된다. 다시 말해 제약 충족 과정은 주어진 다수의 제약들을 충족하는 해를 구하는 것이다.

로부터 일반화한다. 이는 불안정한 도덕 네트워크를 묘사하는 인상적인 이야기에서 고려사항이 되는 종류의 요소로 살짝 예를 들자면, 호머의 오디세이, 셰익스피어의 비극, 입센Ibsen의 드라마, 앨리스 먼로Alice Munro의 단편 소설 등이다.

규칙 제공자들이 직면하게 되는 이상의 세 문제는 보편적인 적용이 가능한 규칙을 요구하는 데 있어 엄격한 도덕철학자들과 비록 법이란 것이 (존재한다고 할 때) 공식적인 법률 시스템을 굳건히 해준다고 해도 실제로 인간에 있어 실제 기능하고 있는 도덕 판단을 뒷받침하는 것은 본능, 습관 규범, 사회적 스킬, 가치(관) 그리고 상황에 맞는 문제 해결/맥락 감수성을 가진 문제 해결이라고 알고 있는 사람들 간에 보이는 상반되는 논리를 도드라지게 보여준다.

해당 논리를 더 구체화하기 위해 우리는 먼저 다음과 같은 질문을 할 필요가 있다. 규칙기반 철학이론의 성과는 무엇인가? 다음으로 나는 규칙 기반 도덕 이론에 대한 세 명의 선두주자를 생각해 볼 것이다. 소크라테스의 정신에 입각하여 그 이론들의 결점들이 그 장점들과 단호히 맞서게 할 것이다.

종교, 순수이성 그리고 규칙

먼저 인간의 도덕성이 종교에서 나왔다는 생각을 살펴보고자 한다. 서론에서 이 아이디어를 언급했기에 지금은 다소 깊이 살펴보는 것이 적절하다.

몇몇 종교에 따르면 도덕성은 신성한 존재에서 기원한다. 하나님은 완벽히 이성적이라는 생각에 찬성한 토마스 아퀴나스Thomas Aquinasca.(1225-1274년경)는 우리가 하나님의 은총을 받는다면 우리가 도덕적으로 해야 할 의무가 무엇인지 알게 될 것이라고 믿었다. 완전히 이성적인 하나님은 우리가 십계명에 따라 살아가려고 할 때 특정 행위가 옳은지 아니면 그른지에 관한 이성적인 지시를 내리실 것이다. "살인하지 말라"는 계명에 동물이나 중죄를 범한 인간을 포함하는지 여부와 같은 도덕적 딜레마에 직면했을 때 만약 우리가 이성적인 일을 하도록 은총을 받았다면 하나님이 우리를 깨우쳐 주시기에 우리는 이성적인 일을 하게 될 것이다. 무엇이 옳고 그른지에 대한 확신은 명백히 은총을 받았다는 표시 그 자체이다. 만약 내가 사형과 같은 특정 도덕적 질문에 양가감정Ambivalence(兩價感情)을 가지고 있다면 나는 아직 은총을 받지 못했다는 것을 알게 될 것이다.

어떤 점에서 호소력이 있긴 하지만, 종교적인 접근은 별개의 종교들에서 도덕적으로 그릇된 것이라고 여기는 일탈을 미봉책으로 가린다. 그러한 가변성은 단지 아퀴나스와 그의 생각뿐만 아니라 좀 더 일반적인 종교적 접근에서도 장애물이 된다. 한 가지 난처한 문제는 하나님으로부터 어떤 형태의 메시지나 은총을 받았다고 주장하는 각각의 개인들이 들었다는 서로 다른 도덕 판단에서 비롯된다. 그러한 주장을 확인할 수 있는 독립적인 방법이 없기 때문에 이러한 문제를 다루는 데 있어 설득력 있는 옵션이 존재하지 않는다.

다음으로 난처한 문제는 한 종교 내의 종파들조차도 의견이 다를 수 있다는 것이다. 예를 들어 기독교에서 개신교도는 피임법의 도덕성과 교황의 도덕적 권위에 관하여 가톨릭교도와 다를 수 있다. 많이 보이는 태도는 오직 나의 종파만이 진정한 도덕적 진리를 알고 있으며, 다른 종파들은 유감스럽게도 잘못 이해하고 있다고 선언하곤 하는 것이다. 아니면 더 극단적으로 말해 다른 종파들은 이단이라고 선언하는 것이다. 독립적인 증거 부족과 더불어 순수할지는 몰라도 하나님이라고 자처하는 망상적인 사람들로 인해 혼란스러워진 이러한 전략은 어려운 시기를 겪었으며, 신학자들은 그 전략을 대부분 한구석으로 치워 버렸다.

중요한 점은 유교나 불교와 같은 일부 주요 종교에서는 우리에게 따르라고 하는 도덕률을 베풀어주는 신성한 존재나 심지어 어떤 종류의 신성한 존재도 전혀 마련되어 있지 않다는 것이다. 신성한 존재의 결여는 흔히 북미의 많은 토착부족의 것과 같은 소위 민속종교에서도 해당된다. 앞서 언급한 바와 같이 이러한 종교에서의 도덕성은 신이 내려주는 일련의 규칙에 존재하는 것이 아니라, 경험과 모방 그리고 성찰을 통해 얻은 지혜와 같은 것에 있다.

도덕성에 대한 초자연적 기반을 주제로 많은 것들이 저술되어 왔고, 소크라테스식 대화인 **에우튀프론**Euthyphro[6]은 가장 강력하고 결정적인 토론 중 하나로 남아 있다.[7] 그들이 법정으로 걸어가고 있을 때 에

---

6 (옮긴이) 플라톤의 초기 대화편. 각자 재판을 앞두고 있던 소크라테스와 에우튀프론이 우연히 법정 근처에서 만나면서 대화편이 전개된다. 본문의 설명은 에우튀프론의 경건에 대한 세 번째 정의에 대해 소크라테스가 경건하기에 신들에게 사랑받는 것인지 아니면 신들의 사랑을 받기에 경건한 것인지에 대한 질문(에우튀프론 딜레마)을 던지는 부분이다.

7 사이먼 블랙번(Simon Blackburn)의 버전이 짧고 소크라테스 사상의 본질을 잘 포착하고 있다: Simon Blackburn, *Being Good: A Short Introduction to Ethics* (New York: Oxford University Press, 2001). 우수하면서도 인격적인 장시간 토론을 위해서는 다음을 참조. Mark Johnson, *Morality for Humans: Ethical Understanding from the Perspective of Cognitive Science* (Chicago: Chicago University Press, 2014). 이 주제에 대한 "신님(Mr. Deity)"과의 재치 있는 토론은 다음을 참조. "Mister Deity and the Philosopher," YouTube, August 24, 2011, https://www.youtube.com/watch?v=pwf6QD-REMY.

우튀프론은 소크라테스가 도덕성의 기원에 대해 묻는 것이 좀 어리석어 보인다는 인상을 풍기며 그에게 신들이 옳고 그름의 원천이라고 자신있게 설명했다. 소크라테스는 생각에 잠긴 채 혼잣말을 했다. 신들이 무엇을 옳다고 말하는 것은 그것이 옳기 때문인가(따라서 그것은 독립적 근거에서 옳다), 아니면 신들이 그것을 옳다고 말하기 때문에 무엇이 옳게 되는가(신들의 말이 그것을 옳게 만든다)?

소크라테스는 명확하게 해당 딜레마를 설명했다. 만약 첫 번째 옵션이라면 신은 단지 도덕적 정보의 전달자일 뿐 도덕 정보 그 자체의 기원은 아니다. 만약 두 번째 옵션이라면 신이 옳다고 말한 것은 그 무엇이라도 옳다. 신이 그렇다고 말한 것은 옳은 것이다. 비록 우리의 눈에는 아무리 끔찍하거나 제멋대로인 관례라고 할지라도 말이다. 에우튀프론은 쩔쩔매게 된다. 어떤 대안도 도덕성의 기원의 설명으로서 마음에 들지 않는다. 다른 대안은 제시되지 않았다. 최종적인 결론은 종교로부터 도덕성의 유래를 찾는 것에서는 기대한 바를 얻을 수 없으며, 우리의 도덕적 이해가 어디서 비롯되는지에 대한 질문은 활짝 열린 채로 남아 있다.

많은 세속 철학자들은 신성한 존재가 아닌 이성에 호소함으로써 도덕적 지식의 유래 이슈에 접근한다. 이러한 접근은 이성을 도덕적 지식의 원천으로 보는 점을 고려해 볼 때 아퀴나스와 연관이 있다. 차이가 있다면 그 이야기에서 신을 빼놓았다는 것이다. 저명한 철학자 토마스 네이글Thomas Nagel은 자신의 유명한 1979년 에세이《생물학 없는 윤리Ethics without Biology》에서 그 생각을 다음과 같이 요약한다.

사람들은 정도의 차이는 있지만, 단순히 문화적 형태를 통해 걸러지거나 새로운 환경에 적용되며 진화적으로 주어진 본능에 노예처럼 봉사하는 것이 아니라 문제의 주제에 적합한 자율적 기준을 따르는 추론 능력을 가지고 있다. 그러한 성찰, 추론, 판단 그리고 그 결과로 발생한 행동은 진화상 갖게 된 특정 경향에 의해서는 그다지 형성되지 않고 대신 문제 추구에 적합한 독립적인 규범을 따르며 사고의 훈련이 수반된다는 점에서 자율적으로 보인다.[8]

이러한 관점에서 도덕성은 신경생물학과는 별개이다. 도덕성은 네이글이 이성에 의해 발견 가능한 진리의 자율적 영역이라고 부른 것에 의해 구성된다. 그가 단언하듯 그것은 실로 본능에 의해 형성되지 않는다. 도덕규칙Moral rules은 단지 본능에 의해 형성된 일을 습관적으로 하는 방식이 아니라 이성이 발견하려고 추구하는 것이다. 해당 견해에 따르면 도덕규칙은 우리에게 단지 어떤 문화에서 혹 생각되는 바가 옳고 그른지에 대한 것이 아니라 무엇이 옳고 그른지—진정 옳은 것과 진정 그른 것—에 대해 말해준다. 사회적 관행은 우리에게 단지 해당 공동체의 관습이 무엇인지를 알려준다.

거듭 말하지만 이러한 접근에 따르면 만약 어떤 규칙이 올바른 도덕규칙이라면 그 규칙은 우리의 이성적 능력에 의해 파악된 '독립적이고, 안정적인 도덕적 진리'를 반영한다.[9] 이 맥락에서 독립적이란 말은 우리의 사회적 본능으로부터의 독립이란 뜻이다. (해당 입장 진술에 있

---

8 Thomas Nagel, "Ethics without Biology," in *Mortal Questions* (Cambridge: Cambridge University Press, 1979), 142–46.

9 *Stanford Encyclopedia of Philosophy Archive*, s.v. "Morality and Evolutionary Biology," by William FitzPatrick, accessed April 20, 2018, https://plato.stanford.edu/archives/spr2016/entries/morality-biology.

어 여전히 미심쩍은 부분이 있어 이를 반복해둔다.) 올바른 도덕규칙 이른바 진정한 규칙은 보편적이며, 그러기에 문화에 따라 각기 다를 수 없다. 그러한 규칙을 고수하지 않는 문화는 도덕적으로 그릇된 것이다. 요컨대 올바른 규칙은 결코 달라지지 않는 안정적인 수학적 진리와 같다. 비록 문화적 신념이 다르더라도 그 진리는 달라지지 않는다. 어디서나 2+2=4인 것이다.

이러한 관점에서 철학자들은 일반적으로 이러한 도덕적 진리를 파악하는 데 합리성(비인간인 동물들은 가지고 있지 않는 것으로 추정되는)과 의식(인간이 아닌 동물은 또한 가지고 있지 않은 것으로 추정되는)이 필요하다고 주장한다. 인간의 고유한 능력인 합리성은 우리의 생명활동이 우리에게 명하는 행동 방식에서 벗어나 보편적인 도덕적 진리를 이해할 수 있게 해준다. 혹은 그렇게 주장된다.

네이글이 간결하게 묶어 놓은 이 견해는 내가 알기로는 적어도 미국의 학문 철학 내에서는 주류 견해이다. 독일철학자 임마누엘 칸트 Immanuel Kant(1724-1804)는 이러한 생각의 분수령이다. 그러기에 칸트가 그의 강력한 영향력을 초래한 도덕이론에 기여한 바를 살펴보는 것은 도움이 된다.

칸트에 따르면 하나의 선택이 만약 즐거움이나 기쁨, 혹은 만족을 위해서 이루어졌거나, 또는 고통 받는 곤경상황이나, 가족애와 같은 어떠한 정서에 끌린 것이거나 형제애를 느껴서 그런 것이라면 진정 도덕적인 것이 아니다. 선택이 오직 의무만을 위해 이루어진 것일 때에만 진정 도덕적인 것이다.[10] 칸트가 비록 기독교의 하나님을 믿었던

---

10 다음을 또한 참조할 것. Christine Korsgaard, *The Sources of Normativity* (New York: Cambridge University Press, 1996).

것으로 보이지만, 그는 율법을 부여하는 신의 도덕성에 내재된 부적절함, 즉 소크라테스가 훌륭하게 폭로한 부적절함을 인식했다. 그 결점을 바로 잡기 위해 칸트는 순수한 논리만으로 도덕규칙들을 혹은 최소한 근본적인 도덕규칙 하나를 도출할 수 있기를 바랐다. 아마도 하나님 자신이 그러셨듯. 칸트는 이성적 불일치의 영향을 받지 않는 근본 원리를 분명하게 설명하고 싶어 했다. 그는 순수이성이 모든 이성적인 존재로부터의 승인을 명하여 불일치는 사라져버릴 것이라고 가정했다. 그리고 정서의 영향을 받지 않는 오직 순수이성만이 우리에게 우리의 의무가 어디에 있는지 말해줄 수 있다. 칸트는 그의 선견지명(先見之明)을 다음과 같이 표현했다.

> 의무 기반은 인간의 본성이나 인간이 처하고 있는 세상 상황에서
> 가 아니라 순수이성의 개념에서 **선험적으로** 구해야만 한다.[11]

이러한 언급은 다른 사람에 관심 가지며 사회적이 되는 우리의 생물학적 성향과 함께 도덕성과 무관하면서, 종종 그에 현저히 상반되는 우리의 본성을 무시해야 한다는 칸트의 주장을 제대로 보여주는 것이다. 이 언급은 어떻게 이성을 순수하게 만드는지를 말하고 있다. 자, 그러면 순수이성이 최종적으로 도덕률을 포기한다면 순수이성은 어떤 결과를 내놓을까?

칸트가 내세우는 기본원칙은 다음과 같다. 규칙이 당신 자신을 포함한 모든 사람들에게 보편적으로 적용된다고 이성적으로 보증할 수 있

---

11 Immanuel Kant, *The Groundwork to the Metaphysics of Morals*, trans. H. J. Paton (New York: Harper and Row, 1964), 57. First published 1785.

CONSCIENCE

는 경우 그리고 오직 그럴 경우에만 규칙은 도덕적으로 옳다. 그 말은 모든 조건에서 항상 모든 사람들에게 그것이 적용되어야 한다는 것을 의미한다. 특별한 애원도, 회피를 위한 술수도 없다. 단지 논리만의 순수함이 있을 뿐이다. 누가 그에 반대할 수 있을 것인가? 칸트가 생각하기에 일단 그러한 원칙이 손에 들어오면 우리의 순수이성은 거짓말과 부정행위 등에 대한 예외 없는 규칙들의 집합을 추론하고 그러한 규칙들을 인생의 도덕적 이슈들에 적용하는 전략을 사용할 수 있다.

칸트주의 프로그램은 출발점에서 문제가 발생한다. 이 문제는 '이성적 지지'라는 구문에서 시작된다. 칸트와 그의 추종자들은 예를 들어 당신과 내가 직감적으로 '불공평하다unfair'고 부를 수도 있는 규칙을 아무도 이성적으로 지지할 수 없다고 가정했던 것으로 보인다. 칸트학파에 따르면 이성적인 사람은 누구라도 다음과 같은 추론을 할 것이기 때문이다: 만약 어떤 규칙이 누군가에게 불공평하다면 그것은 나에게 불공평할 수 있다. 이성적인 그 어떤 사람도 아마 매우 심각한 방식으로 그에게 불이익을 줄 수 있는 규칙에 동의하지 않을 것이다. 예를 들어 어떤 규칙이 6피트 4인치[12] 이상의 키를 가진 사람을 노예화하는 것을 허용한다면, 그 규칙은 다른 모든 사람뿐만 아니라 나에게도 적용될 것이고, 내 키가 6피트 4인치 이상이라면 나는 고통 받게 될 것이다. 어이쿠, 칸트학파에 따르면 나는 이성적으로 그 규칙을 지지할 수 없다. 그렇게 하면 일관성이 없어지기 때문이다. 즉, 규칙에 대해 "예"라고 말한 다음 "아니요"라고 말하는 것이다. 말하자면 자기모순을 범하게 되며 이는 비합리적이다. 그러기에 그 규칙은 이성적인

---

12 (옮긴이) 약 193.04 cm.

사람이라면 누구나 거절하게 된다. 이것이 칸트의 제안이 작동하게 되는 방식이다.

핵심 문제는 단순한 논리적 일관성은 도덕적 무게감이 전혀 없다는 것이다. 계산에 전혀 도덕적 무게감이 없는 것처럼 말이다. 단지 당신 자신과 모순되지 않는다는 것에서 도덕성을 얻을 수는 없다.

칸트 전략의 치명적인 테스트는 도덕적으로 끔직스러운 규칙을 제시하고 누군가가 해당 규칙을 일관적으로 지지할 수 있는지의 여부에 대해 물어보는 것이다. 다시 말해 그 규칙에 "아니요"라고 말하지 않고 "네"라고 말해야 한다. 예를 들어보면 자폐증 아동을 안락사시켜야 한다는 나치의 안락사 규정을 생각해 보자.[13] 칸트 지지자들로 구성된 팀에서 헌신적인 어떤 나치는 이러한 규정이 비록 그 자신이 불행히 자폐증을 가지고 태어났을지라도 그 자신도 포함하여 모든 조건하에서 모든 사람들에게 적용되어야 한다고 간절히 바랄지 모른다. 그 스스로도 이에 대해 반박하지 않고 있다. 그러므로 칸트에 따르면 일관성을 보이는 나치는 이성적으로 그 규칙을 지지하며 따라서 해당 규칙은 도덕적인 규칙이다. 평범한 광신도나 극단적 이데올로기 추종자 중 아무라도 나치의 전략을 채택할 수 있다는 것을 주목해 보자. 그가 해야 할 일은 논리적으로 일관성을 유지하는 것이다. 그가 할 일은 스스로에게 반박하지만 않으면 된다. 칸트의 관점에서 혐오감이나 역겨움은 이와 무관하다.

---

13 현재는 자폐 스펙트럼 장애를 가졌다고 진단될 약 800명의 어린이들이 공식적인 나치의 정책에 의해 비엔나의 암슈피겔그룬트(Am Spiegelgrund) 클리닉에서 살해되었다. 문서에는 이 참상에 한스 아스퍼거(Hans Asperger)가 연루되었다고 한다. 다음을 참조. Edith Sheffer, *Asperger's Children: The Origins of Autism in Nazi Vienna* (New York: Norton, 2018).

칸트 지지자들에게 유혹적인 대답은 "예를 들어 안락사법의 지지자들은 분명 비이성적이다"라고 답하는 것이다. 하지만 칸트 지지자들은 무슨 근거로 이렇게 말하는 것일까? "음, 왜냐하면 제시된 그 규칙이 도덕적으로 혐오스럽기 때문이야." 여기서 잠시. 칸트 지지자에 있어서의 순전한 발상은 순수이성이 도덕적 진리가 무엇인지 말해주도록 되어 있다는 것이다. 만약 우리에게 무엇이 이성적인지와 이성적인 것이 아닌지를 도덕적으로 정확하게 말해주는지에 대해 이전의 직관에 의존하게 된다면 그러한 생각은 무너져 버린다. 만약 칸트지지자의 답변에서 순환논리의 냄새가 느껴진다면 당신의 그 생각은 전적으로 옳은 것이다. 순환논리의 지독한 악취이기 때문이다. 그러한 점을 강조하기 위해 아무리 불쾌해도 나치가 최소한 일관성에서 벗어나지 않았다는 것을 주목해 보자. 그는 스스로에게 반박하지 않고 있다. 그와 정반대로 그는 한결같다. 그의 논리는 순수논리로서는 물샐 틈이 없다. 칸트에 있어 나치의 규칙은 도덕으로서의 자격을 얻기에 충분하다. 그렇기에 칸트적인 프로그램의 절망감이 드러나게 된다.

우리의 그리 허구적이지 않은 나치처럼 온갖 부류의 괴짜들은 도덕적으로 불쾌한 규칙을 일관되게 받아들일 수 있고, 그들 자신이 규칙에 위배되더라도 별상관 없다고 하면서 **일관하여** 도덕적으로 아주 불쾌한 규칙들을 수용할 수 있다.

도덕성은 순수 논리만으로는 나오지 않으며 나올 수도 없다. 다른 사람들과 우리의 복지와 번영을 뒤엉키게 한 사람들에 대해 관심을 가지고자 하는 우리의 깊은 바람에서 벗어날 수 없다. 그것은 사회적 삶을 살고자 하는 우리의 필요로부터 벗어나게 할 수 없다. 데이비드 흄David Hume은 이 점을 분명하게 보았다. 역사 속의 다른 철학자들뿐만 아니라 그도 다른 이들에 대해 관심가지고 배려하고자 하는 그리고 우리의 공동체의 방식에 대해 배워가려고 하는 것이 우리의 본성의 일부라는 점을 깨달았다. 사리분별은 성숙하게 공동체의 기준을 평가하고 인생의 문제를 어떻게 다룰지를 알아내는 일에 관여한다는 것을 관찰했다. 배려와 학습 그리고 사리분별은 서로 맞물리고, 상호의존적이며 도덕적 양심을 지탱 해주는 기질의 세 쌍둥이다. 칸트는 순수이론 하나에 전부를 걸며 이 모든 것을 반대했다.

많은 철학 분야에서 따뜻한 환영을 받는 칸트의 접근법이지만, 더 넓은 세상에서는 자기 영역이 훨씬 더 적어 보인다.[14] 참된 도덕률은 예외를 인정하지 않는다는 칸트의 확신을 생각해 보자. 조금만 똑똑해도 학부생조차 금세 지적할 수 있을 정도로 공정한 예외에 영향 받지 않는 규칙은 없는 것 같다. 항상 진실을 말하라고? 항상 무슨 일이 있더라도 우리의 약속을 지키라고? 비록 영향 받는 모두에게 완전하고 확실한 재앙을 의미한다 해도? 비록 무고한 사람들의 죽음을 의미할지라도? 비록 내가 내게 이롭게만 거짓말을 하는 것은 용납되지 않지만, 거짓말이 큰 재난을 막는 상황이 있을 수 있고, 심지어 진실을 말하는 것이 불필요하게 실례가 되는 상황도 있을 수 있다. 더군다나 거짓말 말라는 규칙을 어기는 것이 언제 도덕적으로 용인되는지를 명시한 심오한 규칙은 아직 존재하지 않는다.

황금률, 즉 "남에게 대접받고자 하는 대로 다른 사람을 대접하라"조차도 우리가 배경 가치background values를 공유할 때만 잘 작동한다. 고

---

14 순수이성이 보편적 도덕률에 접근하는 능력이 있다고 가정하는 오만함을 비난하는 견해에 대해 다음 또한 참조할 것. Jesse R. Prinz, *The Emotional Construction of Morals* (New York: Oxford University Press, 2007), 48.

등학교 때 나는 사이언톨로지로 개종한 남자친구가 있었으며, 그는 그 것을 너무나도 엄청나게 가치 있는 실제라고 여겼다. 그가 원했던 바는 만약 우리가 입장이 바뀐다면 그가 내 입장에 있을 것이라면서 황금률에 따라 나 또한 개종하기를 바랐던 것이다. 고맙지만 됐네요. 아니 조지 버나드 쇼가 말했듯이 "남이 당신에게 해주기를 바라는 대로 남에게 하지 마라. 그들의 취향은 다를 수 있다."[15]

내가 학부생이었을 때 칸트의 접근, 특히 우리의 본성과 삶의 조건들은 도덕성과 상관없다는 그의 확고한 신념이 내게 이상한 일이었다. 칸트가 합리성을 숭배하는 것처럼 보였지만 그의 이야기는 오지마을을 방문하여 지옥 불과 지옥으로 떨어지는 것을 설교하는 순회전도사들이 전하는 것보다 더 합리적인 것처럼 보이지는 않는다. 그저 말, 말 그리고 더욱 공허한 말들. 너무 시골 촌뜨기라서 그런지 나는 칸트가 위대한 도덕철학자로서 여겨진다는 것을 제대로 인식하지 못했다.

현대 도덕철학에 있어 칸트식 접근법의 주요 경쟁자는 공리주의이다. 칸트와 같이 공리주의자들은 도덕성에 대한 세속적 근거를 추구했지만, 칸트와는 달리 그들은 계획의 결과를 평가하는 것이 "거짓말을 절대 하지 마라"와 같은 규칙을 엄격히 준수하는 것보다 더 중요하다고 생각했다. 우리가 앞서 인지했듯이 때로는 거짓말을 하는 것이 진정한 대참사를 막기 위해 해야 할 일이다. 공리주의자들은 이를 올바로 깨달았다. 공리주의의 주 창시자는 제러미 벤덤Jeremy Bentham(1748-1832), 헨리 시지윅Henry Sidgwick(1838-1900), 그리고 더 정교해진 형태로서 밀J. S. Mill(1806-1873)이 있다. 좀 더 최근의 저명한 공리주의자로는

---

15 George Bernard Shaw, *Maxims for Revolutionists* (San Bernardino, CA: Dossier Press, 2016), 1.

철학자 피터 싱어와 신경과학자인 조슈아 그린이 있다.

칸트주의자들처럼 공리주의자들도 의견 불일치를 해소하고 모든 올바른 도덕적 결정이 나올 수 있는 단일 기본 규칙(그들이 원칙이라고 부르는)의 이상을 선호한다. 공리주의의 기여는 행복이 고통보다 더 낫다와 같이 논란의 여지가 명백히 없는 주장과 행복을 향한 행위로 인해 영향을 받게 될 사람들이 얻게 될 해당 행위의 결과만이 도덕적으로 중요하다는 가정에 의존한다.

공리주의가 말하는 것은 정확히 무엇일까? 효용의 원칙은 묘한 매력의 단순성을 가지고 있다: **최대 다수의 최대 행복을 줄 수 있도록 행동하라.** 또는 더 짧게 표현하면 **총효용을 극대화하라**(효용이란 영향 받는 사람이 원하는 또는 달리 말해 그들의 행복에 기여하는 일을 뜻한다).

그렇다면 공리주의자들은 어떤 식으로 우리 각자가 자신의 행복을 추구한다는 전제에서 출발하여 우리 각자가 모두의 행복을 추구해야 한다는 도덕적 지침으로 나아가게 되는 것일까? 사이먼 블랙번Simon Blackburn의 논의[16]를 바탕으로 비유하자면, 각 개인이 자신의 치아에 치실을 사용해야 한다고 말하는 것은 괜찮지만, 각 개인이 다른 모든 사람의 치아에 치실질을 해야 한다고 말하는 것은 옳지 않을 수 있다. 블랙번의 요점은 일부 전제가 누락되었으므로 이를 채워 넣어야 한다는 주장에 대한 근거가 필요하다는 것이다. 일반적으로 개인에게는 고립된 삶보다 사회적 삶이 더 낫다는 주장, 다시 말해 대체로 우리 인구 중 고통 받는 사람들보다는 잘 사는 사람들이 더 많아야 우리들 각자에게 더 좋다는 배후가정background assumption을 통해 이러한 주장을

---

16 Simon Blackburn, *Ethics: A Very Short Introduction* (New York: Oxford University Press, 2001).

뒷받침할 수 있다. 하지만 논의의 허점을 메우는 것은 쉽지 않으며, 공리주의자들은 그 허점이 없는 척하는 일을 곧 잘 해낸다.

더 심각한 결함이 존재한다. 공리주의자들이 '총효용 극대화'를 고수하기 때문에 그들은 효용을 계산할 때 모든 개인이 다른 모든 사람들과 동등한 입장으로 취급되어야 한다고 주장한다. 가족 구성원이나 친구에게 특별한 지위를 허용해서는 안 된다. 이러한 공평성에 대한 이 엄격한 적용은 언뜻 보기에는 존경스럽게 보일 수도 있겠지만, 인간과 같은 사회적 포유류의 기본 본능과 충돌하게 된다.

특히 **공평성**의 요건은 공리주의자들을 "자선은 가까운 곳부터Charity begins at home" 같은 도덕적 확신moral conviction을 반대하게 만든다. 그것은 예를 들어 지구 반대편에 있는 20명의 고아를 부양해야 할 의무가 내 두 자녀를 부양해야 할 의무보다 더 크다는 뜻이다. 5명의 노숙자보다 나의 연로한 어머니 한 명을 훨씬 덜 중요하게, 0.2명 정도로 계산해야 한다는 뜻이다. 만약 내가 신장을 기증한다면, 공정성을 위해 신장이 절실히 필요한 어린 여동생에게 기증해서는 안 되고 기증자은행donor bank에 기증해야만 한다.

공리주의자들은 우려스러운 결과를 완화시키기 위한 체면치레용 조정들을 제시하였다. 이러한 조정들은 우리가 애착을 가지는 사람을 돌보는 것은 우리가 그리 하도록 회로가 구성되었으며, 또는 그러는 것이 삶의 의미를 부여하는 중요한 부분이라는 심오한 생물학적 이유로 인해 실패한다. 도덕적 숙고와 무관하다면서 고려사항에서 그 본능을 배제한다는 것은 도덕적으로 추잡함 그 자체라고 비판 받아왔다.[17]

---

17 예를 들면 다음을 참조. Bernard Williams, *Ethics and the Limits of Philosophy* (San Bernardino, CA: Fontana Press, 1985).

우리의 수많은 매일의 행위 속에서 가족과 친구의 특별한 의미로 인해 우리의 삶에서 도덕적으로 중요한 모든 판단을 인도해줄 간단하고 보편적인 규칙으로서의 효용의 원칙은 지속적으로 도전받게 된다. 내가 채택한 바와 같은 생물학적 관점으로 볼 때 공리주의의 이러한 특징은 딱 잘라 말해 실행불가능이다. 우리들 대부분은 공정한 공리주의의 원칙의 요구에 맞춰 살아갈 수 없다. 알다시피 공리주의자들은 어느 것도 할 수 없음을 인정한다.[18]

그렇다면 왜 모든 도덕적 결정에서 철저한 공평성을 주장하는 것일까? 그들의 답은 다음과 같다. 왜냐하면 우리가 그런 식으로 사는 게 가장 좋을 것 같기 때문이다. 이는 전혀 검증되지 않은 주장이다. 형사법원과 같이 공평성을 위한 장소가 실제 있기는 하지만, 항상 그리고 어디서나 있을까? 나의 모든 도덕적 결정에 대해 그럴까? 공평성 원칙에 대한 고집은 아주 위험하게도 우리를 부도덕 영역의 끝단 가까이까지 다다르게 한다.[19]

클라크 글리모어Clark Glymour는 도덕 이론화에 있어 주요 제약은 … 해야 한다/…할 의무가 있다ought는 것은 …할 수 있다can는 것을 의미하는 것이라고 지적했다. 그가 의미하는 바는 아무도 그/그녀가 절대 할 수 없는 일을 할 의무는 없다는 점이다. 예를 들면 당신이 고주망태가

---

18 조슈아 그린(Joshua Greene)은 지구 어딘가의 수많은 아이들보다 우리 자신의 아이 보살 피기를 선호하는 경향을 '종(種)의 전형적인 도덕적 한계(species typical moral limitation)'라고 부른다. 그린은 공리주의의 공평성 원칙을 적용하며 우리가 알지 못하는 다른 사람들보다 가족을 더 좋아해서는 안 된다고 말한다. 관련한 통찰력 있는 리뷰는 다음을 참조. Thomas Nagel, "You Can't Learn about Morality from Brain Scans," *New Republic*, November 1, 2013, https://newrepublic.com/article/115279/joshua-greenesmoral-tribes-revie wed- thomas-nagel.

19 다음 또한 참조. G. Kahane et al., " 'Utilitarian' Judgments in Sacrificial Moral Dilemmas Do Not Reflect Impartial Concern for the Greater Good," *Cognition* 134 (2015): 193–209.

되었을 때 달리기 하는 것. 글리모어가 공리주의자들에게 테스트한 바는 다음과 같다. 엄마와 아빠가 자신의 두 아기를 방치한 채 알지 못하는 고아 20명을 돌볼 수 있을까? 공리주의자의 계산상 그 부모는 그래야 한다고 말한다. 하지만 그 부모는 할 수 있을까? 대체로 아니다. 나는 내 양심이 단지 20명의 고아를 돌보기 위해 내 두 아이를 방치하지 않을 것이라는 것을 단연코 알고 있다. 자신의 가족에 대한 사랑은 단순한 이념만으로 제거되기를 바랄 수 없는 엄청난 신경생물학적 그리고 심리학적 사실이다.

공리주의자들이 엄격한 공평성 요건을 약화시키지 않는 경향의 이유는 아마도 그것이 없다면 공리주의의 원칙은 남아 있는 것이 거의 없기 때문일 것이다. 예를 들어 나와 내 종족을 위한 최대 행복의 극대화는 도덕적으로 말하기에는 어딘가 빈약해 보인다. 공리주의자들에게 엄격한 공평을 대신해줄 것은 진정 없다.

선택의 결과가 어떻게 모든 사람의 행복에 영향을 미치는지에 대한 계산 또한 공리주의자에게 문제를 제기한다. 비록 이것이 공리주의자들이 빛나게 되는 유일한 부분이긴 하지만. 실제로 우리 행복의 영향에 대한 평가는 배경 가치의 기능에 따라 달라진다. 그러한 가치 중 몇몇은 도덕적으로 좋은 삶에 기여하는 것과 관련이 있으며, 이러한 평가는 개인마다 달라진다. 종교적 은둔자는 좋은 삶에 기여하는 것에 대한 기본적인 생각이 매우 사회적인 간호사나 해군 대령 또는 바닷가재잡이 어부나 낙농업자와 비교해 아주 다를 수 있다. 어떤 사람들은 온화한 기후가 만족스러움에 필수적이라고 생각하지만, 모험을 즐기는 많은 영혼들은 최북단이나 최북단에서 부족한 의식주, 그 황폐함, 그 춥고 긴 겨울밤에 대해 커다란 열정을 품고 있다. 그럼에도 불구하고 그 계산에 들어가게 되는 유일한 가치는 가치중립적인 행복에 관한 것이다. 이러한 요건 또한 매우 비현실적이다.

철학자 오웬 플래너건Owen Flanagan이 그의 통찰력이 엿보이는 토론에서 언급한 바와 같이 행복으로 가는 길은 하나만 있는 것이 아니며, 모든 사람에게 좋은 인생이나 행복에 도움이되는 일련의 사건도 없다. 인간이란 서로 다른 성격을 가지고 삶을 시작하며, 우리의 인생 경험에 따라 성취감과 기쁨, 만족감을 매우 다른 종류에서 찾을 수 있기 때문이다. 플래너건은 이 점을 명확하게 주장한다. "한 가지 문제는 행복에 도움이 되는 가장 자연스러운 환경이란 것이 도토리나 난초에게 하는 그런 방식처럼 사람에게는 고정될 수 없다는 점이다. 그러기에는 인간의 본성은 너무나도 변화무쌍하고 잠재력이 너무 방대하다."[20]

공리주의적 고려는 일상생활의 결정과 반대로 법률적 맥락에서 적용될 때는 문제가 크지 않을 수 있다. 공원과 같은 공유자산 유지를 위해 주택소유자협회가 부과하는 수수료와 마찬가지로 누진 소득세는 일반적으로 공리주의적 근거로 정당화된다. 개들이 광견병 바이러스에 대한 백신을 접종해야 한다는 요건과 마찬가지로 무척이나 필요한 학교를 건축하기 위해 개인의 사유 자산 전용을 위한 수용권의 사용은 공리주의적 정신 내에서의 찬반양론에 대한 저울질에 달려 있다. 좀 더 일반적으로 입법제안은 종종 누가 얼마나 이익을 얻고, 잃는지, 그리고 관련하여 손실을 입는 사람들의 수와 이익을 얻는 사람들의 수를 계산함으로써 평가된다. 편파적인 경우는 더 쉬운 편이다. 많은 이들이 엄청난 이익을 얻고 소수 사람들이 적은 비용을 부담하는 경

---

20 Owen J. Flanagan, *Varieties of Moral Personality* (Cambridge, MA: Harvard University Press, 1991), loc. 757, Kindle.

우나, 많은 사람들이 미미한 비용을 부담하고 일부가 상당한 이익을 거두는 경우. 그럼에도 불구하고 어떤 경우에는 공리주의적 계산이 다른 가치들과 충돌하여 도덕적으로 역겨운 권고를 내리게 된다.

공리주의자들에게 문제를 일으키는 경우는, 수학적으로 어떤 선택지가 총효용을 극대화할 것인지 명시되지만, 그 선택지가 오직 죄 있는 사람만을 처벌하는 가치, 사유재산의 가치 또는 개인 생명의 가치와 같이 소중히 여겨지는 가치들을 훼손할 때 발생한다. 왜 장기를 적출하기 위한 아기들을 낳지 않는가? 오직 소수가 희생되고 많은 이들이 살아날 수 있다고 추정되는데 말이다. 공리주의적 계산은 우리가 앞으로 나아가야 한다고 명한다. 반란 수괴를 찾은 척하고 그 공개처형을 해버림으로써 반란을 막는 것은 공리주의적 계산에서는 높은 점수를 받을 수 있을 것이다. (내 러시안 친구는 이를 레닌의 계산법이라고 불렀다.) 무고한 사람에게 유죄 판결을 내린다는 것을 알고 있다는 것은 도덕적으로 혐오스러운 것이다. 공리주의적 계산임에도 불구하고.

소수의 바람에 반하는 다수의 횡포는 정치적 혼란 중에 표현과 언론의 자유를 제한하려고 준비 중인 공리주의자들에게 또는 장기적으로 우리 모두를 위한 최선책이 무엇인지 안다고 상정하는 공리주의자들이 때때로 비난받게 되는 불평거리이다. 사이먼 블랙번은 유감스럽게도 "많은 범죄가 자유라는 이름으로 저질러지듯이, 공동의 행복이란 이름으로도 저질러질 수 있다"라는 점을 지적하고 있다.[21]

비록 여기서 요약된 비판들이 새로울 게 없긴 하지만, 두 유력한 윤리 이론인 공리주의와 칸트주의는 이 시점에서 다소 논파된 것처럼

---

21 Blackburn, *Being Good*, loc. 851, Kindle.

보인다. 철학적 영역에서 무엇이 잘못되었는가? 나는 모험 삼아 가설 하나를 제안해 보려 한다.

제약 충족과 도덕적으로 품위 있는 인간

앞선 논의에서 검토한 윤리 이론들은 지저분한 예외들과 해결할 수 없는 불일치로 좌초되지 않을 간단명료한 시스템을 추구한다. 그 이론들은 이성만으로도 그 진실성이 충분히 입증된다고 믿고 있는 규칙이나 규칙의 세트가 적용하여 옳음이 무엇인지에 대한 견해의 차이점들을 해결하겠다는 것을 목표로 한다. 각 접근법들은 가령 모두의 행복을 위해 기대되는 결과(공리주의자들)나 이성으로부터 유래한 규칙들(칸트주의)과 같이 의사결정 절차에 있어서 근본적으로 한 종류의 제약을 선택한다는 공통된 결점들을 가지고 있다. 그래서 그들은 자신들이 선호하는 단일 제약을 그들의 '올바른 행위에 대한 윤리적 이론'에 있어 전부이자 궁극적인 것으로 끌어올리려 한다.[22]

일반적으로 많은 제약들은 판단과 관련되어 있다는 점을 인정하는 것이 더 타당하다. 선택의 결과들이 항상 제약과 관계있다는 것을 완전히 알기 위해 공리주의자가 될 필요는 없다. 누군가에 대한 그리고 다른 사람들에 대한 영향 평가는 항상 중요하다. 마찬가지로 널리 받아들여지는 관련 규칙들이 그와 관련 있는 제약임을 알기 위해 칸트주의자가 될 필요는 없다. 항상은 아니고 이따금씩 익숙한 격언이 떠

---

22 이는 일리야 파버(Ilya Farber)가 도덕 이론사의 상당 부분을 특징짓는 방식이다. 저자와의 대화, 2017년 6월.

오를 수 있다: 예를 들어 "뛰기 전에 잘 살펴보라Look before you leap."[23] 만약 당신이 수영을 못하거나 다리가 부러졌다면 배 밖 물속에 빠진 사람을 구하기 위해 깊은 물로 뛰어드는 것은 좋지 못한 생각이다. 결국 구조작업은 훨씬 더 복잡하게 될 수도 있다. 만약 당신이 국경 없는 의사회에 가입하기를 원하지만 어린 네 자녀들과 매우 아픈 배우자를 남겨두고 떠나야 한다면 당신은 옛 속담을 생각해볼지도 모른다. "자선은 가까운 곳부터Charity begins at home."

실제 뇌에서의 의사결정은 어떤 모습일까? 의사결정 동안의 신경 활동에 대한 영장류와 설치류 연구에서 밝혀진 바에 따르면 뇌가 단기 및 장기 모두에 걸쳐 증거를 축적한다고 한다. 해당 회로는 인체의 서로 다른 감각적 양상으로부터의 증거에 대한 신뢰성에 민감하며, 과거 공간적 지식과 유사한 상황에서의 선택 경험에 의존한다.[24]

특히 동물이 배가 고플 때 음식의 필요와 같은 배후 충동background drive들은 강력한 제약이 된다. 몇몇 실험에서 동물은 자신의 자원이 고갈됨에 따라 한 지역에서 얼마나 계속 먹이를 찾을지 그리고 노력 대비 가치가 불확실한 어떤 지역으로 언제 옮길지를 결정해야만 한다. 설치류의 뇌에서 그러한 가치는 비교되며, 결정에 대한 자신의 신뢰 또한 추산한다.[25] 놀랍게도 수학적으로 결정된 것처럼 해당 동물의 결

---

23 (옮긴이) 우리 속담에는 "돌다리도 두드려 보고 건너라"에 해당될 것이다.

24 J. P. Sheppard, D. Raposo, and A. K. Churchland, "Dynamic Weighting of Multisensory Stimuli Shapes Decision-Making in Rats and Humans," *Journal of Vision* 13, no. 6 (2013), https://doi.org/10.1167/13.6.4; A. L. Juavinett, J. C. Erlich, and A. K. Churchland, "DecisionMaking Behaviors: Weighing Ethology, Complexity and Sensorimotor Compatibility," *Current Opinion in Neurobiology* 49 (2018): 42–50.

25 P. Grimaldi, H. Lau, and M. A. Basso, "There Are Things That We Know That We Know, and There Are Things That We Do Not Know That We Do Not Know: Confidence in DecisionMaking," *Neuroscience and Biobehavioral Reviews* 55 (2015): 88–97.

정은 전형적인 최적화에 가까운 것으로 보인다. 밝혀진 바에 따르면 최적이 아닌 차선의 결정이 나오는 것은 보통 인간과 쥐 모두에 있어 감각 시스템에서의 노이즈나, 혹은 관련 없는 정보에 의존하기 때문이라고 한다.[26]

행동 및 뇌 영상 연구는 일반적으로 인간의 선택에 있어 유사 신경 연산similar neural operation이 관련됨을 보여주고 있다.[27] 예를 들어 다른 포유류처럼 인간은 가까운 장래의 사례와 젊어서 언젠가 마주쳤던 사례 사이의 관련 유사성을 인식한다. 심리학자들은 이를 사례기반 추론 case-based reasoning이라고 부른다. 우리는 물리계에서의 많은 문제들에 대해 사례기반 추론을 사용하기 때문에 그 추론을 사회적 세계에서도 사용하게 될 가능성이 높으며, 이러한 결론은 행동 연구에 의해 사실임이 확인되었다. 설치류처럼 의사결정을 내리는 인간은 다른 선택들에 비하여 한 선택의 가치에 대해 얼마나 자신감을 가지는지를 대략적으로 감지한다. 설치류처럼 인간은 어떤 증거가 다른 증거들보다 더 신뢰할 수 있다고 인식한다.

도덕적 의사결정은 또한 지역사회에서 존경받는 다른 사람들이 해당 사례를 어떻게 바라볼지를 인식하는 능력뿐만 아니라 자원, 추진력 등을 평가하는 것을 포함한다.[28] 심각한 도덕적 이슈인 경우 사람들은 다른 사람들의 의견을 구하는 경향이 있다.[29] 많은 제약들이 고려사항

26 B. W. Brunton, M. M. Botvinick, and C. D. Brody, "Rats and Humans Can Optimally Accumulate Evidence for Decision-Making," *Science* 340 (2013): 95–98.

27 Sheppard et al., "Dynamic Weighting."

28 Cendri A. Hutcherson, Benjamin Bushong, and Antonio Rangel, "A Neurocomputational Model of Altruistic Choice and Its Implications," *Neuron* 87 (2015): 451–62; Nathaniel D. Daw, Yael Niv, and Peter Dayan, "Uncertainty-Based Competition between Prefrontal and Dorsolateral Striatal Systems for Behavioral Control," *Nature Neuroscience* 8 (2005): 1704– 11.

이 되고자 앞서거니 뒤서거니 하며, 내성적인 사람은 외향적인 사람과는 다르게 제약을 평가할 수 있다. 게다가 다른 문화에서는 특정한 제약을 정도의 차이는 있어도 가치 있다고 평가할 수 있다. 예를 들어 내 어린 시절의 농업 공동체에서 고된 일과 절약은 높게 평가되는 반면, 게으름과 낭비는 업신여겨졌다. 그래도 우리는 다른 공동체에서는 이러한 특성들을 다소 다르게 평가하며, 대신에 예술적 추구나 운동적 성취를 중요시한다는 것을 깨닫기는 했다. 하지만 어른들은 그러한 차이들에 관해 특별히 판단하지 않으면서 그 차이들을 그냥 있는 그대로 보았다. 선천적인 **제약들**은 자신의 자식이나 짝에 대한 개인적인 애착이나 아마도 안전과 음식에 대한 그들의 욕구를 반영하게 될 것이다. 아직 신경생물학이 신경네트워크가 제약들을 충족시키는 처리를 어떻게 실행하는지에 대해 말해주지는 않지만, 유망한 모델들은 존재하고 있다.[30]

공리주의자들은 우리의 도덕적 초점을 총행복의 극대화라는 오직 하나의 제약으로 좁힐 것을 권고하나, 그렇게 초점을 좁히는 것은 실제 뇌가 최적화하는 방법 혹은 최적화에 가까운 결정을 내리는 방법과는 상충한다. 언제나 본질적으로 다수의 제약들은 의사결정의 조합에 있다.[31] 당신은 공리주의의 충직한 지지자들이 단 하나의 제약에 과도한 비중을 두어 제약 만족을 위한 두뇌의 고도로 진화된 절차를

---

29 Camillo Padoa-Schioppa and Katherine E. Conen, "Orbitofrontal Cortex: A Neural Circuit for Economic Decisions," *Neuron* 96, no. 4 (2017): 736–54.

30 Z. Jonke, S. Habenschuss, and W. Maass, "Solving Constrain Satisfaction with Networks of Spiking Neurons," *Frontiers in Neuroscience*, March 30, 2016, https://doi.org/10.3389/fnins. 2016.00118.

31 사회적 상호작용의 본질에 대한 실험적 연구를 보려면 다음을 참조. Andreas Hula, P. Read Montague, and Peter Dayan, "Monte Carlo Planning Method Estimates Planning Horizons during Interactive Social Exchange," *PLoS Computational Biology* 11, no. 6 (2015): e1004254.

실제로 망치고 있는지 여부가 궁금할 수 있다.

비인간의 사회성에 대한 주의 깊은 관찰에서는 비인간(동물)이 들판 이나 갇혀 있는 경우 둘 다에서 인간이 보기에도 틀림없는 '도덕적'이 라고 불릴 만한 행위를 정기적으로 보여주었다는 것이 밝혀졌다.[32] 적 어도 이러한 데이터들은 인간 도덕성에 있어 진화의 전구체evolutionary precursor가 존재함을 제시한다. 이 질문은 곰곰이 잘 생각해볼 가치가 있다. 왜냐하면 최소한 유대-기독교의 서구 문화에 있어 오직 인간만이 도덕적 행동을 보여주기 때문이다. 짐승들은 그저 짐승스러울 뿐이다.

패배 후 친구 위로, 목표 달성을 위한 협력, 음식 나누기, 티격태격 싸우다가 화해하기, 다른 이를 해한 자를 처벌하기, 고아가 된 새끼 입양하기 그리고 사랑하는 이를 잃은 후 슬퍼하기 등 이 모든 행동은 야생이든 혹은 갇혀 있든 침팬지와 보노보 모두에서 볼 수 있었다.[33] 많은 부분들을 개코원숭이, 늑대, 원숭이, 설치류에서도 보여준다. 내 가 놀랐던 것은 쥐들이 친사회적, 비이기적 행동을 보여준다는 점이었 다. 한 연구에서 먹이 저장고의 접근을 통제하는 쥐들이 스스로 먹이 를 차지하는 이익을 포기하고 배고픈 친구들에게 먹이 접근을 허락하 였다.[34] 쥐들은 내가 생각했던 것보다 사회적으로 더 잘 도와준다는 것이 밝혀졌다.[35]

---

32 Frans de Waal, *The Age of Empathy: Nature's Lessons for a Kinder Society* (New York: Harmony Books, 2009). 내가 처음으로 읽었던 드발(De Waal)의 책—*Good Natured* (Cambridge, MA: Harvard University Press, 1996)—은 내가 도덕성을 별세계의 플라톤적인 것 이 아니라 우리의 본성의 일부로 여기는 데 큰 도움이 되었다.

33 Jane Goodall, *Through a Window: My Thirty Years with the Chimpanzees of Gombe* (New York: Houghton, Mifflin, Harcourt, 2010).

34 Cristina Marquez et al., "Prosocial Choice in Rats Depends on Food-Seeking Behavior Displayed by Recipients," *Current Biology* 25 (2015): 1736-45.

35 시카고 대학교 페기 메이슨 연구소(Peggy Mason's lab) 인바 벤-아미 바탈(Inbar Ben-Ami

어려움으로 곤란을 겪고 있는 이를 위로하는 것은 도덕적 행동의 원형적 특징이긴 하지만, 다른 상황에서는 다른 종류의 지원이 필요하다. 외집단과의 갈등에는 위로가 아니라 협력과 충성이 요구된다. 사람들은 모두 다른 모든 사람들의 지원을 신뢰할 수 있어야 한다. 옥시토신이 이러한 종류의 지원에 관련이 있을까? 보아하니 그럴 것 같다. 눈에 띄는 결과 조합들이 야생 침팬지 관찰에서 나오고 있다.[36] 가끔 발생하는 침팬지 무리들 간 집단 충돌이 있을 때, 사회적 소속과 상관없이 집단 내 구성원들 간에 단단한 결집력과 조직화가 관찰된다. 그들의 생명이 이에 달려 있다.

(야생에서의) 소변 샘플을 채취하고 소변에서의 옥시토신을 측정함으로써 연구자들은 충돌 직전과 충돌기간 동안 암컷과 수컷 모두에 있어 옥시토신 수치가 높다는 것을 발견했다. 옥시토신이 집단 구성원과의 유대감을 증진시키는 데 중요하다는 추측은 일리가 있다. 왜냐하면 동물연구에서 옥시토신은 또한 불안반응을 줄여준다는 결과를 보여주기 때문에 옥시토신이 갈등상황에서도 그렇게 할지가 문제이다. 예를 들어 용기는 집단의 결집력과 함께 신장될 수도 있다. 비강에 옥시토신을 분무했던 몇몇 인간 대상 연구 결과에서는 외집단 구성원에 대한 더 큰 적개심을 동반하며 더 강한 집단 내 결속을 보여준다. 결과는 아주 흥미롭지만 방법론적인 우려로 인해 당분간은 (2장에서 논의

Bartal)의 연구에서 어떤 쥐가 다른 쥐를 구하는 놀라운 실험 장면을 또한 시청해 보자: "Biological Roots of Empathically Motivated Helping Behaviour, Strong Evidence," YouTube, 2023, 11월 10일 검색. https://www.youtube.com/watch?v=3jkOwYKBJEI.

36　Liran Samuni et al., "Oxytocin Reactivity during Intergroup Conflict in Wild Chimpanzees," *Proceedings of the National Academy of Sciences of the United States of America* 114, no. 2 (2017): 268–73.

한 바대로) 주의하기를 권고한다.

마크 존슨Mark Johnson과 오웬 플래너건과 같은 다른 현대 도덕철학자들을 따라 나는 모든 상황과 모든 사람에게 적용되는 분명하고 간단한 규칙이나 규칙들 조합의 전망은 사회생활의 현실에 의해 약화될 수 있다고 생각하게 되었다. 대부분의 사람들은 도덕적으로 잘못된 일련의 핵심 사례에 동의할 수 있겠지만, 모호한 경계에서는 상황이 훨씬 더 복잡해진다(서론을 다시 참조할 것). 도덕 판단은 수학판단과는 다르다. 2+2는 항상 4지만, 진실을 말하는 것이 종종 그렇다고 하더라도 항상 도덕적으로 최선의 판단인 것은 아니다. 진실을 말하는 것이 도덕적으로 더 좋다고 말할 수 없는 경우에 대한 규칙은 존재하지 않지만 일반적으로 인간의 뇌는 놀랍게도 그럴 때를 계산하는 데 능숙하다.

아리스토텔레스와 공자는 신중, 연민, 인내, 정직, 용기, 친절, 노력, 관대함 등 덕목이라고도 알려져 있는 강한 사회적 습관을 기르는 것이 중요하다고 강조했다. 모든 습관은 의사결정의 비용을 줄여준다. 앞서 살펴본 바와 같이 뇌는 웰빙에 부합하는 에너지 비용을 최대한 낮게 유지하는 것을 목표로 하며, 습관은 에너지 효율을 높이는 좋은 해결책 중 하나이다. 연민이나 정직과 같은 덕목을 함양하는 데 있어 습관이 갖는 장점은 제약 충족 과정을 도덕적으로 올바른 결정, 즉 호모 사피엔스와 같은 고도로 사회적인 포유류에 적합한 결정의 방향으로 편향시킨다는 점이다. 비록 이러한 습관이 도덕적 의사결정의 전부는 아니지만, 친절과 같은 몸에 깊이 밴 덕목은 뇌가 선택과 관련된 모든 요인들을 처음부터 계산하거나 평가할 필요가 없다는 것을 의미한다.

다시 말해 당신이 모든 사람들에게 친절한 습관을 가지고 있다면,

일상적인 경우에 무엇을 해야 할지 알아내는 데 시간이나 에너지를 쓸 필요가 없다. 만약 매우 이상한 일이 벌어진다면 습관적인 대응은 보류될 수 있다. 아리스토텔레스가 올바르게 관찰한 바와 같이 덕목들은 당신이 할 일을 융통성 있게 정하지는 않는다. 그러나 일반적으로 사회적이든 아니면 다른 것이든 간에 습관은 제약 충족 활동의 비용을 줄인다. 왜냐하면 고려해야 할 선택이 더 줄어들면서 당면한 상황에 대한 최적화된 결과를 찾는 데 필요한 계산이 더 적어지기 때문이다. 조건들이 규범과 극적으로 다르다면, 예를 들어 친절에 유리한 편향은 신중에 유리하도록 그리고 추가 증거 수집에 유리하도록 보정될 수 있다. 대조적으로 한 번에 의사결정 하나를 내리며 원리를 착실히 따르는 공리주의 뇌의 계산 비용은 과도하며 낭비적일 수 있으며, 당신은 틀림없이 그런 사람이 무슨 일을 해낼 수 있을지 의아해 할 것이다.

추가적인 아리스토텔레스의 요점은 아이들이 자랄 때 도덕적 환경이 중요하다는 점이다. 품위, 존중, 친절은 아이들이 자라는 환경에서 통상적일 것이 중요하다.[37] 이와 반대되는 특성은 갈등을 유발하고 어려운 시기에 협력에 필요한 신뢰를 붕괴시킨다. 사회적으로 배려하는 습관을 기르는 것은 모두의 삶을 수월하고 더 낫게 만든다. 습관이 판단을 배제하지는 않지만, 의사결정의 에너지 비용을 줄여준다.

---

37 Simon Gachter and Jonathan F. Schultz, "Intrinsic Honesty and the Prevalence of Rule Violations across Societies," *Nature* 531 (2016): 496–99. 다음 또한 참조. Maria Konnikova, "How Norms Change," *New Yorker*, October 11, 2017, https://www.newyorker.com/science/maria-konnikova/how-norms-change?.

인간을 위한 도덕성[38]

생물학적 접근법의 주목할 만한 장점은 어쨌든 우리가 도덕적으로 행동하도록 동기부여 받을 수 있는 이유와 친절하게 또는 너그럽게 행위하는 것이 우리의 본성에 어긋나지 않는 이유를 이해시켜 줄 그럴듯한 길로 안내해 준다는 것이다. 이는 심지어 말을 배우기 전 어린아이들조차도 쉽게 공감하며 자발적으로 도우려 하는지에 대한 이유를 우리가 이해할 수 있도록 돕는다.[39] 이것은 얼마간의 비용이 들더라도 우리가 사회생활과 그로 인한 이득을 소중이 여기는 이유를 설명해 준다. 인정과 불인정이 자신의 그룹에서 사회적 관행을 배우게 하며, 그룹 내에서 잘 지내게 하는 강력한 동기부여가 되는 이유에 대해 설명한다.

우리는 도덕성의 정확한 정의에 더 가까이 다가설 수 있을까? 아니, 서론에서 개괄한 이유로 인해 그럴 수 없다. 도덕성은 방사 구조의 우리 일상 개념을 공유하는데, 이것이 의미하는 바는 중심부에 있는 사례들은 논란의 여지가 적겠지만, 방출되어 나가면서 중심부 사례와의 유사성이 떨어지게 된다는 것을 뜻한다. 그 경계는 애매모호하다. 그럼에도 불구하고 우리는 첫 번째 단계의 공식화가 논의를 원활히 하기에 충분하다는 것을 알 수 있을 것이다: 도덕성은 집단 내 개인들 사이에 결집력과 안녕을 촉진하기 위해 개인의 행동을 통제하는 공유된 태도와 관행들의 조합이다. 잘 지내는 법에 대한 사회적 관행들은 무엇을

---

38 《인간을 위한 도덕성Morality for Humans》은 마크 존슨(Mark Johnson)의 훌륭한 저서 제목이다.

39 Alison Gopnik, *The Philosophical Baby: What Children's Minds Tell Us about Truth, Love and the Meaning of Life* (New York: Farrar, Straus and Giroux, 2009); Michael Tomasello, *A Natural History of Human Morality* (Cambridge MA: Harvard University Press, 2016).

해야 할지에 대한 결정에 포함되는 기대를 만들어 낸다. 거의 확실하게 다른 사람들이 어떻게 행동하고 반응할지에 대한 기대는 의사결정에서의 에너지 관련 효율성을 수반하며, 실패한 기대는 그릇되었다거나 잘못되었다는 느낌을 불러일으킬 수 있다.

이러한 기대와 감정은 의식적으로 이해될 수도 있고, 안 그럴 수도 있다. 언어적으로 유창한 사람이라도 따르고 있는 사회적 관행을 명확히 설명하지 못할 것이다. 우리의 뇌는 거리가 지나치게 멀거나 아니면 그것이 너무 좁거나 하면 우리에게 불안감의 신호를 주긴 하겠지만 우리들 중 누가 새로운 지인에게 얼마나 가까이 다가가야 할지 정확히 말해줄 수 있을까. 예절상 선을 넘었다는 것을 우리 대부분이 잘 알고 있을지라도 동승자의 어떤 행동이 지나치게 친하게 구는 것인지 누가 정확하게 말할 수 있을까? 아이들은 관찰을 통해 재정과 같은 특정 주제가 가족 외부에서는 이야기되지 않는다는 것을 알게 되고, 또한 가족 내부에서도 이야기되지 않는 다른 주제들도 있다는 것을 포착한다. 그와 같은 방식으로 아이들은 웃음소리가 언제 그리고 어떻게 어색한 분위기를 가라앉히는 데 사용될 수 있는지 그리고 과열된 토론에서 언제 물러나야 하는지를 배운다.

도덕규범은 사회적 긴장의 맥락 속에서 나타나며, 생물학적 기질(基質)에 의해 고정된다. 사회적 관행을 배우는 것은 긍정적인 그리고 부정적 보상에 대한 뇌의 시스템뿐만 아니라 뇌의 문제해결 능력에 의존한다. 호미닌hominin은 그들의 특정 생태계에 맞는 배 만들기를 배웠듯이, 특정 생태에서 집단을 번영하도록 도와줄 사회적 관행 또한 획득하고 연마했다. 그리고 보트를 건조하는 각 세대들이 표준 설계에서 약간의 수정이 가해진 배를 만들어낸 것처럼 사회규범은 새로운 사정과 새로운 아이디어의 출현으로 수정될 수 있다. 보트를 향상시킬 수 있는 모든 아이디어들이 실제로 더 나은 보트를 생산한 것은 아니다. 이와 마찬가지로 사회규범을 개선하려는 모든 생각들이 실제로 더 가치 있는 결과물을 가져오지는 않았다. 아무리 바라더라도 진보는 확신할 수는 없다.

보트 건조에 보편성이 있을까? 그럴 리는 없겠지만, 아마 어느 정도는 그럴 것이다. 어떤 집단도 바위로 배를 만들지 않는다; 어떤 집단도 쓰려고 하는 보트 바닥에 구멍을 뚫지 않는다. 나는 어떠한 집단도 신진 보트 건조인들에게 이를 상세히 설명할 필요가 없다고 추측한다. 설계는 보트가 처하게 될 물의 상태 예를 들면, 격류가 흐르는 강, 거친 바다, 잔잔한 바다, 혹은 거울같이 잔잔한 호수에 따라 만들어진다. 나무껍질에서 통나무 그리고 물개가죽까지 많은 종류의 재료가 사용될 수 있다. 비슷한 방식으로 사회규범들에서 비공인의 보편성을 볼 수 있다. 정치학자인 제임스 Q. 윌슨James Q. Wilson이 지적하는 바대로 보편적인 도덕규범은 법으로 명시될 필요가 없다.[40] 보이는 것 너머에 집단이 결정하게 되는 이 같은 도덕규범은 항상 배후의 힘으로 나타나는 사회성에 대한 강한 욕구의 기본 플랫폼과 함께 사회적 및 생태적 조건에 따라 형성될 것이다.

수렵채집과 야생의 동물 사체를 먹는 호미닌 같은 큰 뇌를 가진 영장류에 있어 안정성, 안전 그리고 번영에 대한 선호를 반영하고 있는 사회관행은 일상생활 중에 나타난다. 비록 우리가 두드러진 역할을 담당하는 뇌 영역에 대해 잘 알고 있다고 해도 그러한 관행이 정확히 어

---

40 Wilson, *Moral Sense*.

떻게 발전하는지에 대해 잘 알지 못한다. 명시적 논의가 많이 없어도 규범이 내부 합의에서 종종 나타나는 것처럼 아마 더 큰 집단 내에서도 또한 규범이 나타나게 될 것이다. 성공적이라고 인식되는 사회관행은 젊은이들에 의해 학습되며 집단 문화의 일부가 된다. 이후의 수정은 마찬가지로 아마도 팡파르가 울리는 축하 없이 혹은 단체적으로 이마를 찌푸리게 하는 방식으로 많이 나타날 것이다. 소집단이 자급자족하여 먹고사는 방식에 대한 인류학적 기술은 초기 **호모 사피엔스**가 어떻게 사회적 삶을 관리했을지에 대해 느끼게 해준다.

프란츠 보아스Franz Boas가 북극 배핀Baffin섬 이누이트 마을 방문 초기(1883-1884)에 남겼던 상세한 서술은 높은 지략이 있는 소집단 인간들이 안정과 생존을 촉진하는 가변적 사회관습을 예로부터 발전시켜 왔다는 핵심을 실례로서 분명하게 보여주었다.[41] 예를 들어 누가 어떤 일을 어떠한 순서로 할지, 출산은 어떻게 관리할지, 나이 들어 자연사한 경우와 그에 대비하여 감염으로 사망했을 시 어떤 절차를 따라야 할지에 대한 관습처럼 사냥꾼들이 돌아와 음식을 나눌 때 매끄럽게 일이 처리된다. 집단 내 싸움은 강하게 저지되며, 이누이트 사이에서는 일상적인 분쟁을 해결하기 위해 노래 대결이 흔히 이용된다.[42] 놀

---

41 Franz Boas, *The Central Eskimo*, Sixth Annual Report of the Bureau of Ethnology to the Secretary of the Smithsonian Institution, 1884-1885 (Washington, DC: Government Printing Office, 1888).

42 이러한 대결에서 노래는 겉보기에 꽤나 공들여 선곡될 수 있으며, 곡들은 전형적으로 모두 상대와 그 결점에 대한 것이었고, 그 결과는 듣는 사람들이 그 공연된 노래를 얼마나 즐겼는지에 따라 결정되었다. 노래 대결은 분쟁을 해결할 수 있으며, 그 결과 고도로 통제된 물리력 교환이 이루어질 수 있다. 분쟁이 다른 구성원들을 연루시키며 확장되는 것은 강력하게 제한된다. 노래 대결의 사례는 다음을 참조. "Song Duel," YouTube, November 14, 2009, https://www.youtube.com/watch?v=nuoy4dPbaP48&frags=pl%2Cwn. 다음도 참조할 것. Penelope Eckett and Russell Newmark, "Central Eskimo Song Duels: A Contextual Analysis of Ritual Ambiguity," *Ethnology*, 19, no. 2 (1980): 191-211.

이 또한 이누이트 생활의 중요한 요소로 사회적 유대를 강화하고 짜증과 분노로 인한 날선 상황을 누그러지게 하는 역할을 한다.

19세기 이누이트 사이에서 있었던 단 한 건의 살인에서 피해자의 가족들은 복수할 수도 있었지만, 복수의 순환 고리를 끊어야 했다. 다수의 살인을 저지른 사람에게는 좀 더 주의를 요구했다. 보아스의 서술 중 하나의 사례에서 한 마을의 남자가 재범자들을 처형해야 하는지 여부 결정을 위해 다른 마을 사람들과 함께 협의하는 일의 책임을 맡게 되었다. 광범위한 합의하에 사형집행이 이루어졌다. 아쿠드미르무이트Akudmirmuit 마을의 촌장은 범인과 함께 사냥을 갔고 등 뒤에서 그를 총으로 쐈다. 다른 인류학자들도 북극의 다른 곳에서도 유사한 관습을 보고하고 있다. 당시에는 이누이트에게 글이 없었기 때문에 아무것도 기록되지 않았다. 그럼에도 불구하고 어떻게 해야 할지에 대한 이해는 관습의 실행가능성에 기여하는 모든 사람들, 이야기들, 노래들에 의해 택하여진다.

이누이트와 같은 소규모 사냥-어로 집단에 의한 이러한 사회적 합의들은 기본적인 도덕적 관습이 지역 생태계뿐만 아니라 집단 내 사람들의 수요와 바람 그리고 희망에도 민감하다. 이누이트가 자신들의 필요에 본질적으로 완벽하면서 놀랍도록 튼튼하고 항해에 적합한 카약을 발명했던 것과 같이 그들의 많은 사회관습은 또한 힘든 북극에서 사는 동안 그룹 내의 출산, 사냥, 보온, 불쾌한 행동 관리라는 기본적인 포유류의 생물학적 관심사와도 잘 맞는 듯 보인다. 물이 새지 않는 카약을 만들 때 물개 가죽을 사용하는 방법을 찾았던 것처럼, 또한 그들은 드물지만 필요한 사형 집행을 다루는 방법을 발견했다. 굶주림, 오래 계속되는 폭풍, 전염병에 의한 개들의 죽음과 같은 가혹한 조건에도 불구하고 이누이트는 번성했다. 사람들은 그러한 삶을 도덕적으로 미숙하다고 볼 수 있지만, 보아스의 조언을 받아들이고 더 자세히 살펴볼 필요가 있다.

인류학자들의 보고에 따르면 사냥과 채집 및 야생의 동물 사체를 먹는 25만 년 전의 **호모 사피엔스** 무리는 보아스가 방문했던 이누이트와 별반 다를 바 없었다고 한다. 이들의 유연한 관습은 구전되어 전승되었고, 이들의 생태와 삶의 방식에 대체로 적합했다. 이들의 상황과 (약 30에서 50 정도의) 소규모 무리의 상대적 단순함이 의미하는 바는 그들의 사회적 관행이 가이던스를 제공할지라도 어떤 경우라도 변치 않는 융통성 없는 규칙은 아니었다는 것이다. 유전적으로 볼 때 초기 **호모 사피엔스**는 소화효소와 머리카락의 질감과 같은 형질 유전자의 일부 차이를 제외하고는 본질적으로 지금의 우리와 거의 같았다.

알려진 바에 따르면 규칙들을 명시적으로 처음 성문법전화한 것은 메소포타미아 우르의 왕 우르남무(기원전 2050년)였다. 더 유명한 바빌로니아의 함무라비 법전은 함무라비 재임시절인 기원전 1792~1750년 사이라고 추정된다. 그 무렵 중동에서는 동물들의 가축화와 농작물 재배가 약 8천 년 동안 진행되고 있었다. 크고 안정적인 공동체가 발달하게 되었고, 그러한 조건하에서 사회생활의 많은 측면이 석기 시대와 달라졌다. 왕, 노예, 사유재산은 공통의 제도가 되었다. 함무라비 법전은 계약상 합의, 범죄 유형에 대한 처벌 수준, 상속, 이혼, 병역, 집이 무너졌을 때 책임자, 상품과 서비스에 대한 가격(예를 들면 황소 마부와 외과의사)을 통제하기 위한 규칙들을 포함하고 있다.

그 당시 중요했던 것은 지구에서의 호모 사피엔스 역사 대부분 동안 우리는 작은 무리를 지어 살아왔고, 사냥감을 찾고 기후 변화에 적응하기 위해 이곳저곳으로 이동하며 살고 있었다. 우리 조상들은 우리가 알고 있는 이누이트, 코만치족, 하이다족이 아주 최근까지 했던 것처럼 사회생활의 매우 기본적인 특징에 관한 관습에 의지했다. 이 사실을 숙고하면 가족과 친구에 대한 배려를 뒷받침하는 인간의 신경생물학적 기반과 물리적 및 사회적 환경의 많은 요구에 대처하기 위해 그 기반에서 발생할 수 있는 일련의 관습 사이의 다소 밀접한 조화를 인식하도록 촉구한다. 그리고 이러한 관련성 속에서, 본성과 동떨어진 것이거나 우리의 본성에 강요된 것이 아니라 공통의 문제에 대한 실질적 해결책으로서 도덕규범을 이해할 수 있게 해주는 것이 이 조화에 있다.

의회나 형사사법제도와 같은 복잡한 제도들을 관할하는 우리의 현행법들을 살펴볼 때 신경생물학적 플랫폼과 문화규범 사이의 조화는 존재하지 않는다고 할 정도로 부차적인 것으로 보일 것이다. 결과적으로 '현실' 혹은 최소한 '고등의' 도덕성을 반영하거나, 도덕성이 실제로는 무엇인지에 대한 최고의 모델을 제공하는 그러한 법들을 보게 될 수 있다. 우리는 우리의 생명 작용과는 무관한 우리의 발달한 문화가 '안정적인 도덕적 진리'를 발견했다며 스스로를 설득할 수도 있다. 그러나 이것은 산업시대와 탈공업화 시대의 서로 다른 생태적 조건에서 더 많은 문제를 해결한 결과일 가능성이 더욱 크다.

양심의 소리와 양심이란 감정

오직 도덕적 선택과 동행하면서도 단지 관습적 선택만은 아닌 특별한 '당위'감은 없는 것일까?[43] 그것을 우리는 양심의 소리라고 말할 수 있을 것이다. 그저 그러한 감에 근거하여 도덕성은 사회규범과 완전히 다른 기반에 있다고 직접적으로 말할 수 있을까? 보상 시스템을 논할 때 봤던 대로 '당위oughtness(當爲)'의 정적 유인가positive valence(正的誘因價) 혹은 '부당위ought-not-ness(不當爲)'의 부적 유인가negative valence(負的誘引價) 감정들은 전형적으로 모방뿐만 아니라 강화학습reinforcement learning이 생겨나는 사회 습관을 동반하며, 여기에는 보상 시스템의 요소들이 또한 결부되어 있다. 그러한 감정은 아주 강하면서 부담이 클 수도 또는 더 약하거나 하찮을 수 있다.

이 감정이 얼마나 강할지는 어떻게 행동해야 할지에 대해 우리가 배운 바에 따라, 여러 행동이 아니라 행동 하나의 결과에 따라, 우리의 정서가 관련된 정도에 따라 달라진다. 그것은 또한 다른 사람들이 그 결정에 대해 알고 있을 때 사회적 반대가 뒤따를지에 대한 우리의 판단에 달려있기도 하다. 그러나 나는 고유의 신경망이 정확히 그리고 오직 도덕적 당위만을 위해 이에 관여한다는 생각에는 회의적이다.

여기 한 일화가 있다. 어렸을 때 나는 거짓말을 하거나 어린 소녀

---

43 이 점에 대해 케빈 미첼(Kevin Mitchell)에게 많은 감사를 보낸다. 이는 그가 2015년 3월 24-28일 동안 있었던 콜드 스프링 하버 연구소에서의 "뇌로의 접속(Wiring the Brain)"에서 나와 대화하며 제기했던 의견이었으며, 내 초기 저서에 대한 그의 리뷰에서 제기했던 의견이기도 하다: Patricia S. Churchland, *Braintrust: What Neuroscience Tells Us about Morality* (Princeton NJ: University Press, 2011). 다음은 그의 리뷰이다: Kevin Mitchell, "Where Do Morals Come From?" *Wiring the Brain* (blog), June 13, 2011, http://www.wiringthebrain.com/2011/06/where-do-morals-come-from.html.

의 삐드렁니에 대해 비열한 농담을 하는 것같이 진정으로 도덕적 이슈를 생각할 때만큼이나 금요일에 고기를 먹는다는 생각에 대해 '하면 안 되는' 감정이 강했던 가톨릭 친구들이 있었다. 내 친구들은 생선이 필요한 금요일 식사 제한을 교회가 관면[44]했을 때조차도 하면 안 된다는 부당위의 감정이 계속 넘쳐났었고, 금요일 미트볼에 유혹당할까봐 여전히 두려워했다. 보상 시스템의 뿌리 깊은 습관은 종교 정책만큼 빨리 바뀌지 않는다.

강한 감정은 머리 스카프를 하지 않거나 가슴을 가리지 않는 것과 같은 특정 복장 규정의 고수나 쇠퇴를 동반할 수 있다. 이러한 규정들은 문화적인 것이며, 분명 선천적인 것이 아니다. 다리는 적당히 가렸지만 가슴은 거리낌 없이 전부 드러내고 있던 마을 여성들의 **내셔널 지오그래픽** 사진들을 기억하는가? 서로 다른 관습이 감정을 그렇게 바꿀 수 있는 것에 우리 모두 청소년으로서 얼마나 놀랐던가. 그것은 가슴을 가리는 단순한 문화적 요건으로 느껴지지 않았다. 사실 우리 시골 농장 소녀들에게는 가슴 노출은, 특히나 남성들 면전에서는, (개인적 차원에서) 표면상 도덕률을 위반한 '선의의 거짓말'을 하는 것보다 훨씬 더 나쁘게 느낄 수 있었다.

때로는 다른 차의 운전자가 차선 변경을 방해하는 것과 같은 무례함이 약속 위반에 대한 상당한 분노를 불어넣을 수 있다. 무고한 죽음과 기괴한 사고자동차 잔해와 같은 참상에도 불구하고 여러 해 동안

---

44 (옮긴이) 본문에서의 언급하는 것은 가톨릭에서 금요일마다 육식을 금하는 '금육재(禁肉齋)'에 대한 것이다. 단 이때도 생선, 우유, 계란, 기름으로 된 양념은 허용된다. 그리고 여기서의 '관면'이란 가톨릭에서 정당한 이유가 있을 시 교회법 규정 준수 의무를 일시적으로 면하게 하는 것을 말한다. 예를 들어 금육재를 관면하게 되면 금요일에 고기를 금하는 의무에서 면하게 된다.

CONSCIENCE

술집에서 취한 채 집으로 운전하는 것은 엔간한 남자들이 다 그렇지 뭐 수준의 바보 같은 짓 정도로 여겨왔다. 음주운전 반대 어머니회의 수십 년 가까운 캠페인과 수많은 비극적 죽음 후에나 여론의 흐름이 바뀌었다. 이제 우리는 음주 운전자를 도덕적 백치로 본다.

요컨대, 어떤 계획이 아주 부정적인 평가를 받고 있든 아니면 약간 불만스러운 평가를 받든 간에 동일하고 근본적인 뇌의 메커니즘이 작동한다(4장 참조). 우리의 문화는 우리가 그러한 관행을 집단 구성원에 있어 중요하고 필수적이기에 도덕적 영역의 끝단에 있다고 여기는지, 아니면 식사예절같이 사회관습의 영역 끝단을 향해 있다고 여기는지 여부에 강하게 영향을 미친다. 예를 들어 미국인들은 일반적으로 성조기에 경의를 표하는 것에 대해 도덕적 의무를 존중하는 것으로 생각하며 예민하게 느끼는 경향이 있다. 반면 캐나다인들은 전형적으로 자국의 국기에 그다지 정서적으로 연결되지 않았으며, 자국 국기에 경의를 표하는 것을 예의 바른 사회 관습으로 여긴다. 문화적 관행, 심지어 우리가 공유하는 언어조차도 우리가 느끼는 바를 특징짓는 방법(예를 들어 무례에 대한 도덕적 격노나 비도덕적 분개)에 영향을 미친다. 우리가 사용한 서술 그리고 아마도 우리가 의식적으로 느끼는 바는 문맥에 의존한다.[45]

유전적으로 출생을 준비하는 (뇌신경의) 접속은 보살핌의 기질을 지원하며 차례차례로 반대를 회피하고 인정에서 보상을 찾는 공동체의 사회관행을 획득하고자 하는 동기부여를 지원한다. 음식분배, 거짓말,

---

45 Ralph Adolphs and David Anderson, *The Neuroscience of Emotion in Humans and Animals* (Princeton, NJ: Princeton University Press, 2018); Lisa Feldman Barrett, *How Emotions Are Made: The Secret Life of the Brain* (New York: Houghton, Mifflin, Harcourt, 2017).

결혼, 살인 또는 관대함과 같은 문화적 관행도 배우게 된다. 사회규범의 순응은 인정을 받게 되고, 인정은 우리의 결정을 긍정적으로 강화한다. 위반은 반대에 부딪히게 되고 그러한 행위는 결과적으로 부적 유인가를 받게 된다. 이와 같이 뇌는 구조적 변화를 통해 그러한 행위가 그 조건에서 다시 일어날 가능성을 변화시킨다.

일단 학습되면 사회규범은 피질하 구조뿐만 아니라 피질에서 끊임없이 발전하는 확장된 신경망의 일부가 된다. 가족이나 친구, 부족과의 유대와 함께 기억, 언어, 상상은 신경망을 조절하고 형태를 만들어 낼 것이다. 특정 문화적 관행은 절대적이고 보편적인 것처럼 보일 수 있다. 보는 사람에게 그 관행들은 옳은 것처럼 보인다. 그게 다다. 사회적 포유류의 보상 시스템은 그러한 확신을 키우는 경향이 있다. 자기 집단의 규범과 관련 있는 도덕적 확실성[46]의 감은 적응적일 수 있지만, 우리는 확실성에 도전하고 뿌리 깊은 신념의 획일성을 방해하는 독립적인 개인들에 대해서도 또한 알고 있다. 이렇게 하여 노예제는 잘못된 것처럼 보이게 되었고, 고래잡이 금지도 옳은 것처럼 보이게 되었다. 시대가 변하고 있다. 그럼에도 불구하고 모든 변화가 도덕적 진보의 사례가 될 것이라고는 그다지 자신할 수 없다.

---

46 (옮긴이) 논리적 확실성과 구분하는 개념으로 개연적 증거들이 쌓여 가며 생기는 믿음으로 절대적 진리는 아니라도 합리적 의심의 여지가 없을 정도(beyond reasonable doubt)의 확실성이라는 의미를 가진다.

생물학적 관점 채택의 기쁨

이번 장의 목표는 인간의 도덕성에 대한 생물학적 접근을 보다 주류인 철학적 접근법과 함께 논의의 장에 오르게 하는 것이다. 내가 말하는 주류란 도덕적 이해의 원천으로서 함께든 따로든 간에 율법을 제정하는 신에 대한 믿음과 순수이성이라는 의미이다. 나는 본능, 학습, 문제해결과 제약 충족과 같은 생물학에 내기를 걸었지만, 이성과 종교에 대한 논의를 제시하는 것이 중요하며, 그 단점뿐만 아니라 장점도 고려하는 것이 중요하다.

　뇌의 보상 시스템은 도덕적으로든 그렇지 않든 우리가 마땅히 해야한다고 생각하는 일에 대해 강력한 역할을 하고 있는 것으로 알려져있다. 우리가 규칙 위반을 생각할 때 듣게 되는 양심의 소리는 우리의 보상 시스템이 '부정적 가치'라는 신호를 보내는 것이다. 어떤 선택에서 정당하다는 우리의 신념은 물리적 뇌와 연결되지 않는 가상의 '순수이성'에서 나오는 것이 아니다. 이는 우리 뇌가 적당한 규범으로 내면화한 것, 즉 보상 시스템이 어디에 가치를 부여하고 어떤 제약 조건이 지배적인지에 따라 달라진다. 충성심이냐 진실이냐 혹은 진실이냐 피해냐 등 내면화된 가치가 충돌할 때 내적갈등이 발생할 수 있다. 때로는 내부적으로 또는 다른 사람들과 대화한다고 해서 규범 충돌이 해결되지 않는다. 보통 긴 산책이나 긴 잠을 자고난 후에 갈등이 진정되고 결정이 내려지는 경우가 많다. 이는 '순수이성'의 기능은 고사하고 단지 신피질의 기능만은 아니다. 그것은 뇌 전체의 기능이다. 보상 시스템과 그에 따른 가치 할당은 매우 중요하다.

　대부분의 철학 관련 교육에서 의심의 여지없이 받아들여지던 지배적인 견해는 보상학습으로는 사실 우리가 도덕적 규범을 어떻게 이해하고 따를지에 대해 접근하는 데 아무런 도움이 안 된다는 것이었다. 보상 학습은 도덕 지식의 본질에 절망적으로 부적합하다고 여겨졌다. 우리는 길들이기가 **전자**와 함께 **후자**와의 그저 보잘것없는 연관성만 있다고 들었다. 도덕규범에 대한 지식은 전자를 훠어어어얼씬 넘어선다면서 말이다.

이 정도로 철학적 확실성 문제가 있다는 것은 그것이 틀렸다는 말이 된다. 완전히 틀렸다. 그것은 강화 학습 시스템이 포유류에 있어 특히 피질과 해마가 서로 연결됨에 따라 얼마나 정교하고 강력한지에 대한 무지함에 기반했다. 인간 뇌의 특별한 바는 매우 많은 수(860억)의 뉴런들이다. 짧은꼬리원숭이는 65억 개의 뉴런을 가지고 있다.[47] 860억 개의 뉴런이 함께 어떻게 작용하여 우리가 대화하고 멋진 수학을 하는지, 그리고 우리가 교향곡을 작곡하고 의회를 구성하는지는 알려진 바 없다. 그럼에도 불구하고 더 많은 뉴런을 가지는 것은 인간의 뇌를 다른 영장류 뇌와 다소 다르게 만들어주는 한 요인으로 보인다.

뉴런이 더 늘어나게 되면 행동 능력이 확대, 다시 말해 선형적이 아니라 **기하급수적으로** 된다고 하는 것은 좋은 추측이다.[48] 이는 어떤 뉴런이라도 다른 뉴런들과 약 10,000개의 연결을 만들기 때문이다. 뉴런 수가 10배라 하면 대략 화려하게 10^{10} 증가한다는 것을 의미한다. 아주 대략적으로 말이다. 주목할 만한 사실은 인간의 뇌는 정교한 사

---

47 코끼리는 약 2,570억 개의 뉴런을 가지고 있는데, 이는 놀라운 것처럼 보이긴 하지만 뉴런의 97%(2,510억 개)는 피질이나 피질하가 아닌 소뇌에 있다. 코끼리가 왜 그렇게 놀랍도록 큰 소뇌를 가졌는지는 여전히 미스터리다.

48 Suzana Herculano-Houzel, "The Human Brain in Numbers: A Linearly Scaled-Up Primate Brain," *Frontiers in Human Neuroscience*, November 9, 2009.

회제도나 예술 또는 도덕적 양심을 창조해내는 고유의 비밀스런 구조가 없다는 것이다. 우리의 뇌는 단지 더 많은 뉴런들을 가지고 있을 뿐이다.

모든 포유류 종에 있어 유전자는 개인의 사회생활에 유대감을 형성한 이들에게 관심가지기를 자연스럽게 그리고 반드시 포함하도록 신경화학물질 조합을 접속하거나 만들어낸다.[49] 그렇다. 인간의 사회성은 침팬지와는 다르며, 침팬지의 사회성은 보노보 침팬지나 대초원 들쥐와는 다르다. 그럼에도 불구하고 내가 도덕성 플랫폼이라고 부르는 것과 문화적 규범의 획득을 지원하는 보상 시스템의 강력한 능력을 포함하는 기본 원칙은 고도로 사회적인 포유류 사이에서 광범위하게 공유되는 것으로 보인다.

생물학적 진화의 기쁨 중 하나는 종들 내뿐만 아니라 종들 간의 다양성이다. 고도로 사회적인 동물들에 있어 피할 수 없는 변동성이 의미하는 바는 하나의 그룹 내에서 기질, 가치와 선호도 그리고 성공하는 방식에서 차이가 있다는 것을 뜻한다. 필연적으로 개인들은 경쟁하며, 또 필연적으로 서로의 심기를 불편하게 한다. 몇몇 시끄러운 장면 후 상황은 일반적으로 다시 진정되며, 만약 분별력이 통한다면 상당한 의견 불일치 부분을 문제 해결을 위해 협상할 수 있다. 개인들 사이의 다양성은 새로움과 창의성을 의미한다. 그 결과로 인해, 다른 사람들이 문제를 해결하는 방법, 감자를 재배하거나 양을 방목하거나 미래 상품에 대한 계약을 유지하는 방법에 대해 많이 배워나가는 것뿐만

---

49 E. A. D. Hammock and L. J. Young, "Neuropeptide Systems and Social Behavior: Noncoding Repeats as a Genetic Mechanism for Rapid Evolution of Social Behavior," *Evolution of Nervous Systems* 3 (2017): 361–71.

아니라 즐길 것도 많다는 결과를 가져다주었다. 생물학적 변동성은 또한 그룹들 간 상호작용에 있어 자신이 선호하는 도덕 규칙을 적용하려고 애쓰면서 그 결과가 기대했던 바에 미치지 못했을 때 도덕적으로 격분하는 것보다는 사회적 지혜가 훨씬 더 효율적일 수 있다는 것을 의미한다.

로마의 위대한 황제 마르쿠스 아우렐리우스Marcus Aurelius(서기 161-180)는 현명한 통지자이자 양식 있는 사람이다. 다음은 그가 한 말이다.

> 선한 삶을 살라. 신이 있고 그들이 정의롭다면 그들은 당신이 얼마나 독실했는지를 신경 쓰지 않고 당신이 살아온 미덕을 바탕으로 당신을 맞이할 것이다. 만약 신들이 있고 그들이 부당하다면 당신은 그 신들을 섬기고 싶지 않아야 한다. 만약 신들이 없다면 당신은 사라지겠지만, 당신이 사랑하는 사람들의 기억 속에 계속 살아 숨 쉬는 고귀한 삶을 살게 될 것이다.[50]

---

50 William Kaufman, ed., *Meditations*, Dover Thrift Editions (Mineola, NY: Dover, 1996). 다른 고전 학자들은 해당 구절을 다소 다른 방식으로 해석한다. 이 번역이 특히 명확해 보인다.

CHAPTER 8

실제적 측면

실제적 측면

가장 현실적인 정치는 품위의 정치다.

시어도어 루스벨트

지금까지 양심에 대한 이야기는 사회적 편향, 즉 타인에 대한 돌봄과 관심이 있을 때에만 특권을 누려왔다. 사회적 편향에 초점을 맞추는 것은 양심이 타인을 위해 자신의 이익에 반하는 행위를 하라고 강력히 촉구할 수 있기 때문에 일리가 있다. 역사적으로도 철학자와 신학자들은 주로 우리가 다른 사람들, 때로는 신이라고 주장되는 다른 이들과 어떻게 잘 조화되는지에 대한 양심의 역할을 생각했다.[1] 그렇지만 예사롭지 않게 우리는 양심이 우리 자신에 대한 의무에도 영향을 미친다고 생각할 수 있다. 양심은 주로 우리 자신에게 결과가 중요할 때 목소리를 낼 수 있다.

예를 들어 음식 절제나 인내와 신중함의 특성 발달은 양심이 우리

---

1   Richard Sorabji, *Moral Conscience through the Ages: Fifth Century B.C. to the Present* (Chicago: University of Chicago Press, 2014); Paul Strohm, *Conscience: A Very Short Introduction* (Oxford: Oxford University Press, 2011).

에게 목표로 하여 나아가기를 명하는 덕목에 속한다. 가령 규칙적인 운동 결심이 흔들릴 때 우리의 양심은 꾸짖는 경향이 있다. 음식 절제와 같이 스스로에게서 비롯된 의무는 또한 간접적인 영향을 다른 사람들에게도 일부 미칠 수 있다. 예컨대 과음으로 인한 건강의 악영향은 종종 반대로 가족과 친구들에게 영향을 끼친다. 그럼에도 불구하고 여기서의 초점은 주로 우리 자신의 웰빙과 잠재력 달성이다.

소크라테스는 사회적 문제에 관심이 많기로 유명하지만 그럼에도 불구하고 "그대 자신을 알라Know thyself"라는 단순한 충고에 대해서는 흔들림이 없었다. 소크라테스는 우리에게 자신에게만 몰두하라고 촉구한 것이 아니다. 오히려 소크라테스는 숨겨져 있지 않은 사실들이 우리를 대놓고 바라보고 있는데도 우리가 스스로를 속일 수 있는 수많은 방식들에 대해 경고하고 있었다. 소크라테스는 우리가 스스로에게 정직하지 못하거나 단호하지 않을 때, 또는 희망 사항에 불과한 일들에 빠져 있을 때에 우리 스스로가 사리사욕이 담긴 행동에 취약해진다는 것을 알고 있었다. 스스로의 실수를 인정하지 않을 때 우리는 재앙을 무릅쓰게 된다. 소크라테스는 비극적인 전쟁과 정치적 격변의 시기를 살아오면서도 시민들이 권력자에게 현혹당하는 것을 기꺼이 용인할 때 퍼지는 부패를 고통스럽게 인식하고 있었다.

소크라테스를 몹시 짜증나게 했던 것은 오만이었다. 특히 도덕적 영역에서 개인들이 종종 자기가 아는 것보다 더 많이 아는 척, 실제로는 아는 게 미미한데도 심오한 이해를 가지고 있는 것처럼 가장하는 경우가 많다는 것에 주목하고 있었다. 지혜가 있는 척 하는 사람들은 소크라테스식 문답법의 단골 표적이었다. 꾸준하면서도 온화하게 질문을 던지면서 그가 혐오하던 거만함의 기를 꺾었다. 우리가 스스로에 대해 제대로 인식해야 한다고 그가 생각했던 것은 우리의 무지가 얼마나 큰지 그리고 과신으로 인해 얼마나 쉽게 어리석은 실수를 저지르는지였다.[2] 우리의 지식이 완전하다거나 그에 근접하다고 착각하면서 만족한다면 우리는 아무것도 배울 수 없다. 우리는 위험을 회피하고 기회를 잡기 위해 우리의 장점과 단점에 대한 현실적인 평가를 해야만 한다.[3]

소크라테스는 확신이란 특히 정치에 있어 종종 위험한 가식이라고 생각했다. 우리는 확신에 찬 모습을 볼 때 회의적인 태도를 취하는 것이 좋다. 소크라테스가 보기에 우리는 진정한 지식으로 입증되지 않는 확실성에 대해 경계하지 않으면 쉽게 속아 넘어갈 수 있는 멍청이들이다. 그는 이러한 취약성이 정치적 영역(소크라테스에 있어 가장 큰 관심사는 아테네 민주주의의 미래였다)뿐만 아니라 종교와 철학 그리고 법의 실천에도 영향을 미친다고 보았다. 소크라테스는 그것을 용인하지 않았다.

그대 자신을 알라. 소크라테스는 이 간단한 의견이 우리 자신에게 가장 본질적인 의무를 표현하는 것이라고 믿었던 것 같다. 그의 충고는 신화와 마법의 위로가 우리의 넋을 완전히 빼놓는 경우에 대해 도전하는 것으로 보인다. 진실은 때로 잔인하다. 얼마나 우리가 진실을

---

2 공자도 같은 맥락으로 언급했다. 진정한 앎은 자기 무지의 정도를 아는 것이다(Real knowledge is to know the extent of one's ignorance).
(옮긴이) 논어 위정(爲政)편에서 공자가 제자인 자로에게 한 말이다. 원어는 다음과 같다. 知之爲知之, 不知爲不知, 是知也(지지위지지, 부지위부지, 시지야).

3 일부 역사가들은 소크라테스의 "너 자신을 알라"가 의미하는 바의 핵심으로 이러한 측면을 보여주고는 있지만, 내가 읽었던 바는 소크라테스에 있어 사람의 특성에 대한 자기 이해는 스스로를 위해 쉽고 편하게 넘어가고자 하는 유혹에도 불구하고 일반적으로 현실적이 되기 위해 고군분투하는 광범한 태도 중 일부일 뿐이다.

숨겼는지 또는 그렇지 않은 척 하든지에 상관없이 데이터는 데이터다.

잠깐. 소크라테스의 간곡한 권고는 우리가 진정 선택을 할 수 없다면 모두 요점에서 벗어난다. 우리가 진정 원치 않는 충동을 억제할 수 없다면, 우리가 진정 마음을 달래주는 신화를 정중히 거절하고 냉혹한 현실을 수용하는 것을 선택할 수 없다면, 소크라테스의 훈계는 그저 대단한 허풍일 뿐이다.[4]

실제 일부 과학자와 철학자들은 세심히 통제된 선택, 말하자면 자유의지는 그 자체가 신화이며, 그리고 우리가 지워버려야 하는 신화라고 결론 내리기도 한다.[5] 이 주장의 핵심은 다음과 같다.

자유의지는 인과적 공백 상태에서 행위할 것을 요구한다. 달리 말해 진정한 자유 선택은 인과관계에 의한 선택이어서는 안 된다. 뇌는 유전자에 의해 설계된 인과적 기계이며, 우리의 모든 행위들은 뇌 활동의 결과물들이다. 우리의 모든 선택들과 결정들은 뇌에서의 처리과정으로 인한 것이다 그러므로 자유의지 같은 것은 존재하지 않는다.

그 필연적 결과는 다음과 같다.

왜냐하면 아무도 자유의지를 가지지 않기 때문에 누구도 진정 그 무엇에 대해서 책임질 수 없다. 그러므로 형사사법제도는 해체되어야 한다.

---

4 Patricia S. Churchland, "Free Will, Habits, and Self-Control," in *Touching a Nerve: The Self as Brain* (New York: Norton, 2013), chap. 7.에서 내가 논의했던 바를 참조할 것.

5 왜 사이코패스에게 그들의 행위에 대해 책임을 물으면 안 되는지에 대한 아주 사려 깊은 논의에 대해서는 다음을 참조. Paul Litton, "Criminal Responsibility and Psychopathy: Do Psychopaths Have a Right to Excuse?" in *Handbook on Psychopathy and Law*, ed. Kent A. Kiehl and Walter Sinnott-Armstrong (Oxford: Oxford University Press, 2013), 275-96. 그리고 마찬가지로 사려 깊지만 다른 의견에 대해서는 다음을 참조. Samuel H. Pillsbury, "Why Psychopaths Are Responsible," in *Handbook on Psychopathy and the Law*, 297-318.

이것은 매우 심각한 사회적 결과를 수반하는 중대한 결론이다. 만약 사이코패스가 또한 연쇄 강간범이자 살인자라면 우리는 그저 한숨 쉬면서 "글쎄, 뭐 그가 사이코패스인 것은 그의 잘못이 아니야. 그를 감금하는 것에는 정당성이 전혀 없어"라고 말하는 것을 권고해야 할까? 그게 아니라면 우리는 그를 감금하고 나서 그가 책임은 없지만 단지 극악무도하기 때문이라고 말해야 할까? 아니면 뭐라고 해야 하는가?

여기에는 세 가지 관련 요점이 있다. 첫 번째는 형사사법제도가 조금이라도 가지고 있는 근거에 대한 것이다. 두 번째는 치료가 사이코패스와 상습범을 사회적으로 온당한 사람으로 변모시키는 데 유용한지에 관한 것이다. 세 번째는 자유의지가 인과적 공백 상태에서 선택하는 것을 의미한다는 말의 의미론적 요점을 다루어 보는 것이다. 이제 순서대로 이에 대해 다루어보겠다.

고대부터 지금까지 수많은 사상가들은 형사사법제도의 실질적 근거들을 인정해 오고 있다.[6] 한 가지 근본적인 핵심은 실용주의이다. 형사사법제도는 사회 안전과 보안의 필요에 의해 뿌리 내리게 된다. 어떤 사람들은 가령 순전히 재미삼아 다른 사람을 반복적으로 살해하는 사람처럼 극도로 위험할 수 있다. 두 번째 근본적 핵심은 정확하게 범죄자를 확인하고 그들이 저지른 짓에 대해 공정한 결정을 내리는 합리적인 시스템이 존재하지 않는다면 가혹한 처벌이 만연하게 될 것이라는 점이다. 사법 제도가 일반적이지 않다면 가령 피해자의 가족과 친구들이 아마도 사적 제재를 가하게 될 것이다. 보통 법에 근거하지 않고 공평하지도 않은 처벌은 확실히 아주 추악한 것이다. 어떤 사법

6　예를 들면 Stephen J. Morse, "Preventative Detention of Psychopaths and Offenders," in *Handbook on Psychopathy and the Law*, 321-45을 참조.

제도든 결점과 불완전함을 가지겠지만, 일반적으로 완전 무고한 사람들을 진짜 죄인 다루듯하며 쉽게 사형과 파멸을 가져다주는 자경단의 처벌과 비교한다면 그러한 점은 희석되어 버리게 된다.

여기서 현실적 핵심은 뇌란 것이 인과적 기계이기 때문에 형사사법 제도를 해체하라고 주장하는 사람들은 도덕적 우위를 주장할 수 없다는 것을 시사한다. 실망스럽게도 자유의지는 환상이라고 주장하는 사람들에게서는 제도 개선을 위한, 여기서 강조된 실용적 고려사항과 일치하는 개선을 위한 실질적인 제안이라고 할 만한 것이 별로 없다.

"치료는 처벌보다 더 나은 대안임이 분명하다"라는 말은 형사사법 제도에 대한 실용주의적 근거에 대한 일반적 반응이다. 이 제안은 분명 가치가 있기는 하지만, 문제는 다시 실질적인 부분이다. 치료는 가능한가? 어떤 치료인가? 사실을 말하자면 사이코패스에게 효과적인 치료는 존재하지 않는다는 것이다. 이는 또한 반사회적 범죄자에게도 마찬가지다. 그래서 사이코패스 범죄자를 사회로부터 배제할 수 없다면 이미 다수의 살인을 저질렀던 사이코패스의 상습범죄를 어떻게 막을 것인가? 교도소 수감자의 약 25%가 사이코패스로 진단되었다는 것을 상기해 보자. 더 많은 수의 교도소 수감자들이 반사회적 인격 장애를 가지고 있다.

정확하게는 교도소란 처벌이고 수감자들에게는 바람직하지 않기 때문에 우리의 선한 본성은 사이코패스를 공감능력이 있고, 점잖으며 법을 준수하는 시민으로 바꿀 마법 약을 상상하며 매력적이라고 생각하게 된다. 아, 이 생각은 황당함을 넘어 더 최악이다. 과학은 그러한 약을 가지고 있거나 심지어 그러한 약에 대한 유의미한 실험과도 완전 동떨어져 있다. 게다가 경험에 근거해 추측해 볼 때도 궁극적으로 그러한 약의 발견은 있을 것 같지 않다. 어쨌든 만에 하나 우리가 운이 좋을 경우에 대비하여 그러한 치료를 목표로 해 보자. 그때까지는 그러한 치료가 진행 중이라거나 가까이라도 접근한 척도 하지 말자.

의미론적으로 자유의지라는 표현이 의미하는 바는 무엇일까?[7] 자유의지를 가진다는 말은 우리의 선택과 결정이 반드시 인과적 공백에서 이루어져야만 한다는 것을 뜻한다는 의미론적 주장은 오류가 있다. 철학자 에디 나미아스Eddy Nahmias가 실험을 통해 보여준 바대로 보통의 언어 사용자들은 인과적 공백 속에서 선택한 자유의지를 의미하고 있지 않다. 무엇보다도 그들에 있어 그 뜻은 지식과 의도, 자제력이 있다는 것이다.[8] 물론 단어의 의미는 변형되고 변화하며, 아마도 자유의지의 의미는 인과적 공백이란 생각을 반영하기 위해 바뀌어야 할 것이다. 만약 그렇다면 의미 변화를 위한 납득할 만한 주장이 필요하지만, 우선 데이비드 흄의 통찰과 조화를 이루어야만 한다.

흄은 인과관계 그 자체가 책임으로부터 면제되는 것이 아니라고 주장했다. 오히려 그것은 특정 종류의 원인이다. 예를 들어 말에서 떨어져서 등불을 넘어뜨려 헛간에 불이 났다고 가정해 보자. 우리는 화재가 고의가 아니라 우발적으로 발생했다고 말한다. 아니면 망상에 빠져서 버스 기사가 실제로 버스 기사로 변장한 아돌프 히틀러라고 믿고 버스 기사를 몽둥이로 때렸다고 가정해 보자. 이는 특정 종류의 원인

---

7   내 책 *Touching a Nerve*의 내용을 그대로 언급하고자 한다. 7장 "자유의지, 습관, 그리고 자제력"에서는 내가 여기서 할 수 있는 것보다 훨씬 더 자세히 이 문제를 다룬다.

8   E. Nahmias et al., "Surveying Freedom: Folk Intuitions about Free Will and Moral Responsibility," *Philosophical Psychology* 18, no. 5 (2005): 561–84.

이 없는 경우이다. 행위 수행의 의도, 자제력, 상황에 대한 합리적이고 정확한 지식, 하고 있는 행동에 대한 의식적 인식이 없는 것이다.

흄의 주장대로 중요 질문은 **어떤 종류의 원인들이** 자제력을 약화시키거나, 상황인지를 방해하는지, 그리고 형사사법제도가 책임을 판단함에 있어 인과관계의 선행사건들에 있어서의 그러한 차이를 고려하는지 여부이다. 바로 답해 보면 '그렇다'이다. 이러한 문제에의 그의 지혜에 관해서는 아리스토텔레스가 수많은 동일 주장들을 먼저 한 바 있었다. 아리스토텔레스가 말했듯이 술을 많이 마셔서 국가기밀을 폭로하는 사람과 비자발적으로 술에 취해 국가기밀을 폭로하는 사람 사이에는 책임의 차이가 크다. 후자를 처벌하는 것은 헛될 것이다. 마찬가지로 완전히 망상에 빠진 사람은 구금될 필요가 있을 수 있지만, 처벌은 무익하다.

이제 버니 메이도프Bernie Madoff를 생각해 보자.[9] 그는 약 20년 동안 아주 교묘한 폰지 사기를 치고 있었으며, 사람들로부터 (**그야말로 천문학적인 단위의**) 약 650억 달러를 사취했던 뉴욕의 금융가이다. 2008년 세계금융 위기 이후 수많은 메이도프 투자자들은 자신의 돈을 그의 펀드에서 인출하기를 원했지만, 폰지 사기였던 그 펀드는 붕괴되었다. 그의 아들과 대면했을 때 메이도프는 마침내 자신의 범행을 자백했고, 아들들은 경찰에 알렸다. 그런데 여기 문제가 있다. 당신이 무엇을 하고 있는지 알지 못하고, 비범한 자제력을 발휘하지 못하며, 기존 투자자들에게 연 10%를 지불하기 위해 새로운 투자자들을 계속 끌어들이

9　이 놀라운 이야기를 담은 영화는 다음의 다이애나 B. 엔리케스(Diana B. Henriques)의 책을 기반으로 한다: *The Wizard of Lies: Bernie Madoff and the Death of Trust* (New York: Times Books/Holt, 2011).

려 하는 의도가 없다면 역사상 가장 큰 폰지 사기를 실제로 칠 수는 없다.

메이도프는 꼬리가 잡히지 않기 위해 자제력을 발휘하며 계획을 짜고 교활하게 행동했다. 그는 범죄적으로 정신이상이었다. 그는 강요당한 것이 아니었다. 그의 머리를 겨누는 총도 없었고, 가족이 굶주린 것도 아니고, 갈취도 전혀 없었다. 다른 모든 사람들처럼 메이도프는 인과적 장치인 뇌를 가지고 있다. 그게 무슨 문제가 되겠냐고? 메이도프가 우발적으로 또는 자신이 하는 일이 무엇인지 알지 못한 채 폰지 사기를 쳐왔다는 것을 납득할 배심원은 전혀 없을 것이다. 자유의지에 대한 언급은 여기서 전혀 할 필요가 없다. 메이도프의 책임을 묻는 데는 그가 자제력과 고의 그리고 지식이 있었으며, 합법적 변명거리가 없다는 것으로 충분하다. 이는 상식이 요구하는 바이며 또한 법이 요구하는 바이다.[10]

"자유의지는 환상이다"라는 말의 의미는 자제력의 뇌와 자제력 없는 뇌 혹은 자제력이 약화된 뇌 간의 차이가 없다는 것인가? 자제력 관련한 차이가 없다고 가정하는 것은 딱 잘라 말해 신경과학적 사실과 상충한다. 자제력은 어린 시절 동안 발달하는 뇌의 기능이며, 부상과 약물 그리고 중독이나 뇌수막염과 같은 상황 악화에 민감하다. 설치류는 이후의 더 큰 보상을 위해 만족감을 즉시 지연시킬 수 있다는 의미에서 자제력을 보여준다. 설치류들은 일단 시작했던 행위를 멈출 수 있고, 자멸적인 욕구를 억제할 수 있으며, 그 밖에도 다양한 모습을 보여준다. 그리고 여기서 나는 쥐에 대해 말하고 있다. 어떤 인간도

---

10 이러한 설명은 꽤나 단순화한 것이다. 다음을 참조. A. Davenport, *Basic Criminal Law: The Constitution, Procedure, and Crimes*, 5th ed. (New York: Pearson, 2017).

자제력을 가지지 못한다는 생각을 유지하려는 것은 도저히 믿기 힘들다. 반면 인간은 쥐보다 훨씬 더 큰 자제력을 가지고 있는 것으로 보인다. 우리는 아주 오랫동안 만족감을 지연시킬 수 있으며, 일단 시작한 행위를 멈출 수 있고, 목표를 추구하는 동안 집중을 방해하는 오락들을 무시할 수 있다. 완벽하지는 않지만, 항상 그렇지는 않지만, 대부분 인간에 있어 충분히 자주 그렇다.

기본적으로 당신의 행위를 의도했다면, 당신이 한 일에 대해 알고 있다면, 정신에 이상이 없다면, 그리고 결정을 강요받지 않았다면(총구로 당신 머리를 겨누지 않았다면), 당신은 스스로의 행위에 책임이 있다. 이 간단한 책임 요건들은 일반적으로 실질적 목적을 위해서는 충분하다.[11] 중요한 것은 형사사건에서의 법적 견해들은 흔히 인생의 복잡성에 민감하다는 것이다. 예를 들어 만약 정당방위의 차원에서 살인을 했다면 처벌 감경의 상황을 주장할 수 있다. 판례법에서 재판부의 의견에 대한 민감성은 형사소송의 세 단계, (법적) 능력competency 확정, 유죄 확정, 선고 모두에 적용된다. 이 세 단계 중에 비자유의지론자들은 어느 것을 해체하기 원할까? 세 단계 모두일까? 오직 (법적) 능력만인가? 오직 선고만인가? 오직 유죄 확정만인가?

때때로 비자유의지론자들은 자신들은 사회로부터 범죄자들을 제거하는 것에 동의한다고 선언하며, 세상의 메이도프들에게 그들은 나쁜 사람들이며, 그들이 고의로 야기시킨 큰 혼란과 피해에 대해 책임이 있다고 말하는 것을 그만 두기만을 바란다. 그러한 감상은 친절과 동정심에서 우러나왔을 수 있겠지만, 나는 가끔 희미하게 풍기는 독선의

---

11 내 책 *Touching a Nerve*, 180쪽에서 내가 언급한 부분이다.

CONSCIENCE

냄새를 맡는다. 버니 메이도프 그의 뇌는 인과적 기계이기 때문에 그는 책임도 없고 나쁜 사람이 아니라고 말하기를 바란다면, 어떻게 해서든 그렇게 말해라. 그렇게 해서 기분이 나아진다면 아마도 나름 좋은 일이다. 하지만 메이도프의 피해자들에게는 자기위로를 위한 훈련으로 참아 넘기기에는 그 대가가 너무나도 커서 받아들일 수 없을지도 모른다.

끝으로 이 문제에 대해 법률학자의 견해를 듣는 것은 필수적이다. 펜실베이니아 대학교 로스쿨의 스티븐 모스Stephen Morse에게 구해본다.

> 수많은 사람들이 믿고 있는 바와 판사나 다른 사람들이 때때로 말하는 바와는 달리 자유의지는 어떤 법리의 한 부분인 법적 기준이 아니며, 형사책임의 기초조차도 아니다. 형법의 법리는 이른바 책임의 근거를 감경하는 결정론determinism이나 보편인과율universal causation의 이치와 전적으로 일치한다. 결정론이 진실이라고 해도 어떤 사람들은 어떤 행위를 하고 어떤 인간들은 그렇게 하지 않는다. 어떤 사람은 금지된 정신 상태를 형성하지만 어떤 사람은 그렇지 아니하다. 어떤 사람은 범죄를 저지를 때 법적으로 정신이상이나 강압에 의해 행위하지만, 대부분의 피고인들은 법적으로 정신이상이었다거나 강압 속에 행위하지 않는다.[12]

우리의 양심과 그것이 어떻게 작동하는지에 대해 이 모든 것이 우리에게 어떤 영향을 미치는가? 신경생물학적 관점에서 보면 양심의 판단은 상호작용과 통합, 가치평가와 (선택적) 주의(력) 배정attentional allocation 시뮬레이션과 에뮬레이션,[13] 정서와 자제력의 전체 집합을 포함시킨다

---

12 Stephen J. Morse, "Lost in Translation? An Essay on Law and Neuroscience," *Current Legal Issues* 13 (2010): 533.

는 것은 어느 정도 분명하다. 만약 겉보기에 점잖던 사람이 왜 뇌물을 받거나 아동 성추행 또는 위증하는 식으로 양심에 반하여 행위했는지에 대한 정확한 설명을 구한다면 신경과학은 아직 그렇게 정확한 신경생물학적 답변을 해줄 수 없음을 인정해야만 한다. 심리학이라고 더 나을 수는 없다. 우선 각 개인의 (뇌신경의) 접속 방식은 비록 공통 주제와 경로가 존재한다 할지라도 고유하다. 이 단계에서 당신의 특정 접속 방식을 밝히기 위해서는 당신의 뇌를 분해해야만 할 것이다.

그러나 적어도 일반적 관점에서 10여 년 내의 새로운 기술과 새로운 지식으로 인해 지금보다 더 많은 것들을 말해줄 수 있을 것이다. 그럼에도 불구하고 신경생물학적으로 가능한 대답은 정확하고 완벽할 것 같지는 않고 그저 지극히 일반적일 듯싶다. 운이 좋다면 그것은 범법자가 나쁜 사람이라거나, 그가 악에 굴복했다거나, 그의 '이드id'에 자신의 '초자아superego'가 압도당했다거나, 또는 그가 일시적으로 정신이 이상했다고 단순히 말하는 것보다 더 풍부하면서도 더 만족스러울 수 있다.

우리의 사회생활에 대해 신경생물학의 집합적 이해에 기반한 의문들은 여러 방향으로 퍼져 나간다. 형법에 대해 가능한 함의는 아마도 가까운 장래가 아닌 길게 보았을 때지만, 염려스러운 질문 조합을 야기할 것이다.[14] 또 다른 질문 조합은 치료에 필요한 바로 그 사회적 관계로부터 단절시켜버리는 정신적 트라우마로 고통 받는 사람들을 대

---

13 (옮긴이) 에뮬레이션은 종종 다른 사람의 성과를 일치시키거나 능가할 목적으로 다른 사람의 행동, 동작 또는 성취를 모방하거나 재현하는 과정을 말한다.

14 특히 다음을 참조. Owen D. Jones, Jeffrey D. Schall, and Francis X. Shen, *Law and Neuroscience* (New York: Kluwer, 2014); 또한 Kiehl and Sinott-Armstrong, *Handbook on Psychopathy and Law*.

CONSCIENCE

상으로 한 임상실험에 관한 것이다.[15] 왜냐하면 정보기술과 소셜 미디어가 우리의 사회적 세계를 변화시키고 있기 때문에 건강하지 못한 형태의 고립이 더욱 일반적이 되고 있는지 여부에 대한 다른 의문들이 제기되고 있다. 만약 늘어가는 사회적 고립이 유비쿼터스의 결과물들이라면 소셜 미디어의 정신적 손실은 얼마나 될 것인가?[16]

게다가 아마도 유전적으로 연결된 듯한 특정 유형의 신경생물학적 기질들이 우리를 한 방향으로나 혹은 이념적으로 그리고 정치적으로 이러저러하게 줄 세우며 기울어지게 한다는 것을 보여주는 정치과학자들과 신경과학자들의 결론은 전반적으로 서로 다른 일련의 이슈들을 제기한다. 그러한 지식은 우리가 서로에 대해 더욱 이해하게 해줄 것인가, 아니면 우리를 더 분열시키게 할 것인가? 그 지식은 의견충돌에 대한 실질적인 해결책을 만들도록 우리의 결의를 더욱 다지게 할 것인가, 아니면 서로에 대해 도덕적 바보라고 치부하는 게 더 쉽다는 것을 사람들이 깨닫게 된다는 의미인 것인가?

계속 던지게 되는 질문 하나는 이것이다. 우리 중 누가 진정한 도덕적 권위자인가? 의견충돌에서 신뢰할 만한 해결을 원할 때 우리는 누구를 의지할 수 있는가? 도덕적 권위자에 대한 갈망은 전적으로 그럴 수 있는 것이 그러한 권위자로부터의 판단은 더 쉽게 자신의 결정을 할 수 있게 해주고 우리 자신의 양심을 진정시킬 수 있기 때문이다. 소크라테스는 도덕적인 척 하는 사람들의 무리들, 특히나 비판할 여지가 없다거나 비판할 수 없다고 주장하는 사람들을 우리에게 경고

---

15 예를 들어 Bonnie Badenoch, *The Heart of Trauma* (New York: Norton, 2018)를 참조할 것.
16 Sherry Turkle, *Alone Together: Why We Expect More of Technology and Less of Each Other* (New York: Basic Books, 2011).

하며 다시금 개입한다. 소크라테스는 우리가 소위 도덕적 권위자에게 통제권을 넘겨줌으로써 책임에서 벗어날 수 없음을 상기시킨다. 소크라테스는 마녀를 화형시키거나 귀족을 교수형에 처하거나 우리의 문제를 소정의 적에게 책임을 뒤집어씌우며 몽둥이와 횃불을 들게 하는 그러한 일들을 하도록 선동하는 폭군을 당연히 두려워했다. 확신은 지식의 적이다.

도덕적 지혜는 학계, 특히 도덕철학자들 사이에서 발견된다고 가정할 수 있다. 물론 그랬다면 좋겠지만, 내 자신의 경험상 그 가정은 착각이었다. 학문적 철학의 안락한 삶 속에서 실천적 지혜는 끝없는 망설임이나 선호하는 이념으로의 변함없는 고집으로 대체되며 부족해질 수 있다. 다른 한편으로 시카고 대학교에 있는 실천적 지혜 센터Center for Practical Wisdom가 그 이름에서도 알 수 있듯이 복잡한 삶을 살아가는 수많은 측면에서 현명한 의사결정에 무엇이 필요한지를 이해하는 데 전념하고 있다는 점을 주목할 필요가 있다.[17] 해당 센터의 연구 성과는 망설임과 이념적 버티기 모두를 회피하려는 것으로 보인다.

어쨌든 우리 모두는 정규교육은 부족할지언정 신뢰할 만하게 공정하며 선견지명이 있는 판단력을 가졌고 대체로 도덕적 오만과 부패를 피하는 사람들을 알고 있다. 예를 들어 정규교육이 전혀 없었을 때에도 이누이트 캠프에서는 많은 지혜가 있었다. 모든 문화와 모든 사회에서는 다른 사람들보다 좀 더 근거와 지혜를 가진 것처럼 보이는 사람들이 일부 존재하는 경향이 있다. 그러나 그러한 사람들조차도 항상 그리고 모든 상황에서 현명하지는 않다. 기껏해야 그들은 나머지 우리

---

17 실천적 지혜 센터(Center for Practical Wisdom), "About," 2018년 9월 12일 검색, http://wisdomresearch.org/Arete/About.aspx.

들보다 가끔 그저 조금 더 현명할 뿐이다. 두리뭉실하여 불분명하더라도 가장 좋은 조언은 아마도 스스로에게 폭넓은 인생 경험을 가지게 하고, 그 아름다움과 공포 속에서 인간이 처한 상황에 노출되도록 해주는 것일 것이다. 최선을 다하라. 물론 그때라도 실수는 할 것이다.

어떤 식이든 우리는 타인의 판단을 신뢰하는 것과 전적인 신뢰를 보류하는 것, 공동체의 기준을 존중하는 동시에 그 결함을 인정하는 것, 자신의 양심에 따른 판단을 신뢰하는 것과 최선의 동기에도 불구하고 종종 실수하고 양심이 흔들릴 수 있음을 인정하는 것 사이에서 균형을 찾고자 노력한다. 그 균형을 찾기 위한 알고리듬이나 규칙은 존재하지 않는다. 하지만 우리는 사회 경험에서 계속 배우려고 노력할 수 있으며, 종종 그러한 노력을 통해 결과물을 얻기도 한다. 예를 들어 물구나무서기에서 균형을 잡는 법을 배울 때 뇌가 무엇을 하는지는 정확히 알지 못한다. 시간이 지나면서 요령을 터득하게 되지만, 사회적으로 복잡한 세상에서 균형을 찾는 법을 배울 때와 같은 훨씬 더 큰 범위에서 뇌가 어떤 일을 하는지에 대해 우리는 알지 못한다.

전시, 정치적 혼란시기, 그리고 지진과 허리케인과 같은 자연재해 여파 동안의 도덕적인 진퇴양난이 벌어진다. 독일 태생의 내 친구 트루디Trudy는 나치 독일의 폴란드 침공 때 걸음마를 할 즈음의 아기였다. 2년 후 그녀의 아버지는 스탈린그라드Stalingrad 전투에서 전사했다. 그가 스탈린그라드 전선으로 떠나기 전에 독일이 러시아와의 전쟁에서 결국 패배할 것이 분명하다고 설명하면서 그녀의 어머니에게 권총 한 자루를 건네주었다. 그는 러시아군이 베를린으로 진격할 때 그들은 당연히 복수를 할 것이라고 예측했다. 끔찍한 운명을 피하기 위해 그는 아내에게 두 딸과 함께 총으로 자살해야만 한다고 말했다. 이렇게 생각할 수밖에 없을 정도로 고통스러웠던 트루디 아버지의 지시는 전쟁의 무모함으로 인한 절망뿐만 아니라 엄청난 사랑과 압도적인 공포에 의해 촉발된 것이다. 알고 있는 바와 같이 동부 전선에서의 전쟁 결과는 그의 말이 맞았지만, 교묘하고 단호하게 트루디의 어머니는 스탈린그라드의 함락 이후 며칠 동안 식량도 없이 터널이나 소금 광산에 숨는 식으로 진격하는 러시아 군인들에게서 피해가면서 독일 서쪽으로 자신의 딸들과 함께 간신히 탈출했다. 트루디는 오래된 순무 하나를 발견했을 때의 순전한 전율을 기억했다. 두 아이를 버리는 일은 전혀 선택 사항이 아니었다.

2011년 3월 쓰나미 이후 일본에서 보고된 바에 따르면, 쇼핑객들은 조용히 식료품들을 그 선반에 되돌려 놓았으며, 다른 사람들을 위해 그들이 필요했던 것보다 더 적게 음식을 샀다고 한다. 사람들은 사용 가능했던 한 대의 공중전화를 사용하기 위해 긴 줄에서 인내심을 가지고 기다렸으며, 어떤 사람들은 갈 곳 없는 사람들을 위해 자기 집을 개방하기도 했다. 공동체 정신이 널리 퍼졌고, 진심 어린 것이었으며, 전통적 가치에 깊은 뿌리를 두고 있었다. 전하는 바에 따르면 그 일들은 기본적으로 물질적인 방식으로 다른 사람들을 구호한 것뿐만 아니라 사람들 간에 유대감을 굳건히 했다고 하며, 그 자체로 회복력을 향상시키고 더 큰 협력의 동기 부여를 해주는 긍정적인 특징이었다.[18]

전 세계적으로 재앙이 흔하게 있는 일은 아니지만, 대부분의 일상 생활에서 친절하고, 관대하며 용기 있는 다수의 소소한 행위들은 결국

---

18 C. E. Barrett, S. E. Arambula, and L. J. Young, "The Oxytocin System Promotes Resilience to the Effects of Neonatal Isolation on Adult Social Attachment in Female Prairie Voles," *Translational Psychiatry* 5 (2015): e606, https://doi.org/10.1038/tp.2015.73.

다른 사람들의 삶에서 의미 있는 차이를 만들어내게 된다. 품위와 정직의 미덕을 유지하는 것은 또한 사람들이 큰 난관과 비극을 어떻게 대처하는지, 어려운 시절에 타인들에게 어떻게 반응하는지에 있어서도 지극히 중요하다. 많은 글들에서 미국 유명인사와 정치가들이 정직, 친절, 품위와 같은 사회적 덕목을 업신 여긴다는 최근 풍조를 보여주고 있다. 이러한 사람들은 그렇게 품위를 비웃는 행동으로 널리 존경 받고 있기에, 덕목을 깔보는 행동은 소수에서 다수로 퍼져나가게 된다.[19]

영향력이 큰 위치에 있는 사람들이 이기적인 것과 천박한 것을 숭배하게 되면 사회적 비용이 발생하게 된다. 건강한 사회에서의 중요한 가치인 대중적 신뢰는 국가적 차원에서 부패가 일반화될 때 그 기반이 약화된다. 신뢰는 우리의 커다란 차이에도 불구하고 서로 간에 협상할 수 있게 해주는 것이며, 신뢰가 증발되어 버리면 우리 모두에게 남는 것은 서로 간의 차이뿐이다. 몬태규 연구실의 규범 변화에 대한 연구(4장 참조)에서 봤듯이 품위와 정직에 대한 이러한 변화는 우리가 인식하지 못하는 사이에 일어날 수 있다.

우리 중 그 누구도 도덕적으로 완벽하지는 않지만, 우리의 수많은 지도자들 사이의 부정직함과 수치심의 부족 수준으로 무질서와 갈등 고조를 예견하게 된다. 규범은 덕에서 벗어나 탐욕과 비정함으로 옮겨가고 있다. 모든 연령층에 있어 이러한 추세에는 많은 예외들이 있으며, 그러한 사람들의 용기는 존경할 만하다.[20]

---

19 그 예로서 다음을 참조. Steven Brill, *Tailspin: The People and Forces behind America's Fifty-Year Fall and Those Fighting to Reverse It* (New York: Knopf, 2018); Thomas Frank, *Rendezvous with Oblivion: Reports from a Sinking Society* (New York: Holt, 2018).

브리티시컬럼비아British Columbia 퀸샬럿Queen Charlotte 해협 건너편 산 너머로 여름 새벽이 밝아오는 것을 나는 보고 있다. 뉴스에서는 미국에 망명을 원하던 온두라스 가족이 멕시코와의 국경에서 구금되는 장면을 계속해서 보여주고 있었다. 부모들은 서로 분리되었고 아이들은 부모로부터 떼어져서 동물 우리와 닮은 캠프에 수용되었다. 젖먹이와 걸음마 배우는 아기들은 자기 엄마에게서 떼어져서 '아기 돌봄' 시설에 보내졌다. 이러한 행위의 배후에 있는 정책을 불법 입국에 대한 '무관용 정책zero tolerance'이라고 부른다. 구류자들이 얼마나 해당 시설에서 수감될지 혹은 엄마들이 그의 아기들과 재회할 수 있는 어떤 절차가 시행되고 있는지 대해 아무도 몰랐다. 일부 십대 어린이들은 이미 한 달 동안 억류되어 있었고, 부모들은 자기 아이들과 따로 떨어져 추방될 것이라는 것을 두려워했다. 기자들은 지금까지 어린이들의 수용 시설에 들어가는 것이 금지되었다. 법무장관은 이런 종류의 고통을 안기는 것이 미국에 입국하려는 망명 신청자들을 막기 위한 정책의 필수적인 특징이라고 인정했다.[21]

나는 눈에 띄게 배가 뒤틀리는 것을 느끼고 있었다. 나는 뭔가 해야만 했지만, 선택권은 제한되어 있었다. 다시 한번 내 양심이 나를 조르고 있었다. 이념과 그 이념의 이름으로 모든 도덕적 의구심들을

---

20 Steve Schmidt, in Hayley Miller, "GOP Strategist Quits 'Corrupt' Part of 'Feckless Cowards,' Will Vote for Democrats," *HuffPost*, June 20, 2018, https://www.huffingtonpost.com/entry/steve- schmidt-renouncesgop_us_5b2a4ce8e4b05d6c16c96a05; Richard Parker, "American Internment Camps," *New York Times*, 2018년 6월 20일 검색, https://www.nytimes.com/2018/06/20/opinion/americaninternment-camps.html.

21 CNN, "Sessions Admits Policy Is a Deterrent," 2018년 6월 19일 검색, https://www.cnn.com/videos/politics/2018/06/19/sessions-defends-controversial-immigrationpolicy-deterrent-sot.cnn/video/playlists/senator-jeff-sessions.

합리화하려는 무한한 열정은 내가 사회 영역에서 가장 두려워하는 바이다. 자신의 도덕적 입장이 옳다는 확신은 소크라테스를 심히 괴롭힌 것이었고, 이제 그것은 나를 괴롭히고 있었다. 나의 생각은, 스탈린을 비판했다는 이유로 소련 굴라그Gulag 수용소에서 강제 노동 11년형을 살았던 뛰어난 역사가이자 소설가 알렉산드르 솔제니친Aleksandr Solzhenitsyn (1918–2008)에게로 향했다.

이념, 그것은 악행이 오랫동안 찾던 정당성을 부여하고 악행을 저지른 자에게 필요했던 확고부동함과 투지를 불어넣어주는 것이다. 그것은 자신과 타인의 눈에 자신의 행위가 나쁜 것이 아니라 선한 것으로 보이게 하여 자신의 귀에 비난과 저주가 들리지 않게 하고, 칭찬과 존경을 받게 해주는 사회이론이다. 종교재판의 대리인들은 기독교를 내세워, 외국 영토에 대한 정복자에게는 조국의 위대함을 찬양하고, 식민지 개척자에게는 문명화, 나치에게는 인종을, 자코뱅당원(초기와 후기)에게는 평등과 형제애, 후세의 행복이라는 이름으로 자신들의 의지를 강화하던 방법이 바로 그것이다. 악행을 저지르는 자가 없으면 (수용소)군도도 존재하지 않았을 것이다.[22]

---

22 Aleksandr I. Solzhenitsyn, *The Gulag Archipelago 1918-1956*, trans. Thomas P. Whitney and Harry Willetts (New York: HarperPerennial, 2007), 174.

감사의 글

이 책을 집필하는 데 많은 친구들이 도움을 주었다. 로저 빙엄Roger Bingham과 나는 지난 20년 동안 도덕성에서 이념, 더불어 분자생물학에 이르기까지 다양한 주제에 대해 이야기를 나눴으며, 그의 지혜와 폭넓은 지식에 감사드린다. 로저는 신경 시스템의 진화와 인지의 여러 측면에서 생물에너지학적 제약의 중요성에 대해 나를 일깨워주었다. 그는 해당 주제에 대해 우리 모두보다 앞서 있었다.

데버러 세라Deborah Serra와 나는 자주 차를 마시며 도덕적 의사결정에서 뇌의 역할과 기질, 경험, 삶의 상황에서의 개인차로 인해 하나의 규칙에 모든 것을 맞추는 도덕적 체계를 갖는 것이 어떻게 부적절하게 되는지 대해 논의했다. 그녀의 예리하고 비판적인 사고와 재치 있는 유머 감각 그리고 다소 서투른 이 책의 초판을 읽고 솔직하게 바꿨으면 하는 부분들을 권유해준 크나큰 친절에 영원히 감사할 것이다. 댈러스 보그스Dallas Boggs 선장과 수 펠로우즈Sue Fellows 대위도 친절하게 원고를 읽어주고, 여러 차례 멋진 저녁식사를 함께하며 애정 어린 조언을 아끼지 않았다.

언제나 그렇듯 폴 처칠랜드Paul Churchland는 나의 집안 내 비평가이자, 원고 교열 편집자, 기댈 수 있는 사람, 긴장을 풀어주고 숨 돌리게 해주는 사람 그리고 상식의 원천이었다. 내가 모두 다 잊어버리고 대신에 라즈베리 텃밭이나 늘리는 게 낫겠다고 생각할 때 폴은 나를 붙잡아주었다.

도덕적 인지의 기원을 다뤘던 2017년 토스카나 신경과학 고등학술연구원Neuroscience School of Advanced Studies 여름 강좌에 참석하여, 도덕적 의사결정과 양심이라는 개념에 직접적으로 관련된 그들 연구실의 데이터를 아낌없이 공유해 준 리드 몬태규Read Montague와 래리 영Larry Young에게도 특별히 감사를 드린다. 딜 에이어스Dill Ayers, 켄 키시다Ken Kishida, 존 쿠비John Kubie, 존 히빙John Hibbing은 모두 초기 원고에 대해 소중한 피드백을 해주었으며, 정말 어리석은 실수를 피하는 데 큰 도움을 주었다. 하지만 실수는 여전히 존재할 수 있다.

앤 처칠랜드Anne Churchland는 신경생물학에서의 의사결정과 함께 뇌가 여러 시간대에 걸쳐 다양한 제약 조건을 통합하여 결정을 내리는 방식에 대해 가르쳐주었다. 그녀의 관점은 도덕철학자들이 일반적으로 도덕적 맥락에서의 의사결정을 오해하는 이유에 대한 새로운 통찰을 주었고 공리주의와 칸트주의의 결함을 더 정확하게 이해할 수 있게 해주었다. 여기에 더해 앤은 대뇌피질의 초기 진화를 이끈 원인에 대한 자신의 직감을 공유해주었다.

마크 처칠랜드Mark Churchland는 어린 시절부터 도덕적 동기 부여의 기원에 대한 문제를 고민해 왔으며, 우리는 수십 년 동안 이러한 문제와 도덕적 확실성moral certainty, 도덕적 오만, 이념에 관한 소크라테스의 경고에 대한 이야기를 나눴다. 마크는 사회적 습관과 기술 그리고 행동과 선택이 기저핵basal ganglia에서 얼마나 밀접하게 연계되었는지에 대한 신경생물학적 관점의 잠재력을 볼 수 있게 도와주었다.

노튼Norton의 수석 편집자인 에이미 체리Amy Cherry는 여러모로 도움이 되었으며, 특히 책의 초기 원고에 대한 조언을 해주었다. 명확하고 매끄러운 문장을 쓰도록 격려해주었고 반사적으로 고집을 부리던 나도 에이미의 지혜를 받아들여 안심할 수 있었다. 함께 일하는 것이 즐거웠으며 특히나 효율적이고 박식했던 교열 담당 스테파니 히버트Stephanie Hiebert에게도 빚을 지고 있다. 자신들의 삽화를 사용할 수 있게 허락해 준 안우영Woo-Young Ahn, 존 히빙, 켄 카타니아Ken Catania 그리고 나를 위해 삽화를 그리고 수정해 준 줄리아 쿨Julia Kuhl에게도 고마움을 전한다. 마지막으로 재정적 지원을 아끼지 않은 카블리 재단Kavli Foundation에도 감사드린다.

에필로그

일반적으로 학자로서 번역서를 낸다는 것은 크나큰 도전이다. 그것은 다음의 두 가지 이유에 근거한다고 나는 생각한다. 첫째는 원저의 용어를 다른 언어로 그대로 옮겨 놓는다는 것이 매우 어려운 일이기 때문이다. 한 문화의 언어와 다른 문화의 언어는 서로 용어, 용법, 언어 체계 등에서 차이가 있다. 영어로는 그 단어의 의미와 느낌을 어느 정도 아는 듯해도 막상 한국어로 옮기기가 애매한 단어들이 많이 있다. 그것은 번역자의 한국어나 영어 실력이 부족해서일 수도 있지만 대개의 경우 필연적으로 존재하는 영어와 한국어 간의 문화적 간극에 의한 것이기도 하다. 그 단어에 1:1 대응하는 말을 찾기가 무척이나 까다로운 그런 단어들 말이다. 이것은 그 반대의 경우도 마찬가지이다. 한국어로 번역하기 어려운 영어 단어들이 있는 것과 동일하게 영어로 번역이 어려운 한국어 단어들도 상당하다. 다시 말해 맥락에 따라 번역을 하는데도 한계가 있는 그러한 단어들이 많이 존재한다.

둘째는 다른 사람의 의식의 흐름을 그대로 쫓는다는 것이 결코 쉽지 않기 때문이다. 번역자는 원저자의 의식의 전개를 그대로 따라가며 번역을 해야 하는데 내재된, 습관화된 생각의 진행 상황은 사람마다 매우 다르다. 원저자는 그가 가진 배경 지식과 논리를 전개로 A를 생각한 후에 B를 제시하였는데, 번역자의 입장에서는 그것이 매우 생경한 논리 흐름일 수 있다.

어찌되었든 여기서 이러한 번역자의 궤변을 장황히 늘어놓는 이유는 이 책 또한 번역자의 많은 노고가 담겨 있음을 독자들에게 어필하기 위해서임을 고백한다. 이 책의 번역은 주로 내가 연구년을 미국에서 보내던 시기에 이루어졌다. 나는 위 두 가지 번역자의 난제를 최대한 해결하기 위해 고군분투했다.

먼저, 신경과학 전문 용어들을 최대한 이해하고 친숙해지려고 애썼다. 나는 연구년 기간 동안 UCLA에 머물며 나의 원래 연구주제에 대한 리서치에 더하여 나의 학문적 기반을 공고히 할 공부와 글씨기에 몰두했다. 그 가운데 하나가 바로 본 번역서인 《양심》이다. 나는 리서치를 진행하면서 상당한 시간을 할애해 다양한 강좌를 수강했다. 그중에서는 내가 이 번역서를 제대로 번역하기 위해 들었던 여러 개의 신경과학 관련 강좌들이 있다. 나는 의대에서 개설된 포스닥 대상 신경해부학 강의를 포함해 심리학, 신경과학, 생물학, 정신의학과 행동과학 등 다각적인 학문 분야에서 개설된 뇌신경과학 강좌에 참여했다. 해당 강좌들은 나로 하여금 Basal ganglia, nucleus accumben, Caudate nucleus 등의 전문적인 신경과학 용어들에 보다 친숙하도록 만들었을 뿐만 아니라 뇌에 대해 해부학적 차원, 철학적 차원, 심리학적 차원, 생물학적 차원, 신경과학적 차원 등의 다차원의 시각에서의 나의 이해를 북돋았다. 혹자가 내게 언제부터 본격적으로 신경과학과 도덕교육에 관심을 갖기 시작했느냐고 질문한다면, 2010년 전후이며, 특히 2013

년 패트리샤 처칠랜드의 《브레인트러스트: 뇌, 인간의 도덕성을 말하다 *Braintrust: What Neuroscience Tells Us about Morality*》(휴머니스트, 2017)를 읽은 이후부터가 아닐까 하고 답할 것이다.

다음으로, 나는 패트리샤의 의식의 흐름을 놓치지 않고 그대로 되밟기 위해 번역하는 내내 매우 집중하여 원서를 탐독했다. 때로 이해가 잘 되지 않는 부분은 다시 그 이전 장, 혹은 그 전전 장으로 되돌아가 다시 문장들을 곱씹으며 읽어 내려왔다. 이를 위해서는 상당한 집중력과 인내심이 요구되었다. 한 문장을 이해하기 위해 몇 날 동안 고민하면서 패트리샤의 다른 논문들과 저서들을 찾아보기도 했다. 또한 패트리샤를 직접 만나 대담을 나누며 나의 궁금증들을 해결했다. 특히 그녀와 내가 산악 들쥐와 대초원 들쥐의 옥시토신에 대해 이야기하며, 우리 둘 모두 젖먹이 아이를 키울 때 아이 생각만 해도 자신들의 유선이 자극되었던 경험담을 나누면서 서로 공감했던 장면을 나는 결코 잊을 수 없을 것이다.

이러한 나의 노력에도 불구하고 나는 본 번역서가 완벽하다고 장담하지는 못하겠다. 독자들의 애정 어린 조언과 격려를 기대할 뿐이다.

서초동에서

박경빈

찾아보기

지은이·옮긴이

지은이

패트리샤 처칠랜드(Patricia Smith Churchland)

캘리포니아 주립대학교 샌디에이고(USCD)의 철학과 명예교수이다. 분석철학자이며 신경철학과 정신철학으로 잘 알려져 있고, 신경철학을 개척한 공로로 맥아더 펠로십(MacArthur Fellowship)을 수상한 바 있다.

최근 저서 《신경 건드려보기(Touching a Nerve: Our Brains, Our Selves)》(철학과현실사, 2014)를 비롯해 《브레인트러스트(Braintrust: What Neuroscience Tells Us About Morality)》(휴머니스트, 2017) 《뇌처럼 현명하게(Brain-Wise: Studies in Neurophilosophy)》(철학과현실사, 2015) 《뇌과학과 철학(Neurophilosophy: Toward a Unified Science of the Mind-Brain)》(철학과현실사, 2006) 등 다수의 책을 출간하였다.

옮긴이

박형빈(Hyoungbin Park)

서울교육대학교 윤리교육과 교수로 재직 중이다. 미국 UCLA 교육학과에서 Visiting Scholar를 역임했으며, 도덕교육, 윤리교육, 인성교육, 인공지능윤리, 신경도덕교육, 평화·통일교육, 민주시민교육, 신경윤리, 도덕심리, 윤리상담, 탈북학생 등에 관심을 갖고 연구하고 있다. 《도덕지능 수업》《인공지능윤리와 도덕교육》《뇌 신경과학과 도덕교육》(2020 세종도서) 《통일교육학: 그 이론과 실제》《도덕교육학: 그 이론과 실제》《학교생활 나라면 어떻게 할까? (초등인성수업 1)》《가정생활 나라면 어떻게 할까? (초등인성수업 2)》《사회생활 나라면 어떻게 할까? (초등인성수업 3)》 등의 저서와 《윤리적 동기부여》(공역) 《윤리적 감수성》(공역) 《윤리적 판단력》(공역) 《윤리적 실천》(공역) 《어린이 도덕교육의 새로운 관점》(공역, 2019 세종도서) 등의 번역서를 출간하였다. 논문으로는 〈뉴럴링크와 인공지능 윤리〉〈도덕교육신경과학, 그 가능성과 한계: 과학화와 신화의 갈림길에서〉〈사이코패스(Psychopath)에 대한 신경생물학적 이해와 치유 및 도덕 향상으로서의 초등도덕교육〉〈복잡계와 뇌과학으로 바라본 인격 특성과 도덕교육의 패러다임 전환〉 등 다수가 있다.

양심Conscience

도덕적 직관의 기원

초판 발행 2024년 1월 20일

지은이 패트리샤 처칠랜드(Patricia Smith Churchland)
옮긴이 박형빈
펴낸이 김성배

책임편집 최장미
디자인 안예슬, 엄해정
제작 김문갑

발행처 도서출판 씨아이알
출판등록 제2-3285호(2001년 3월 19일)
주소 (04626) 서울특별시 중구 필동로8길 43(예장동 1-151)
전화 (02) 2275-8603(대표) | 팩스 (02) 2265-9394
홈페이지 www.circom.co.kr

ISBN 979-11-6856-173-1 (93400)